国家出版基金项目
NATIONAL PUBLICATION FOUNDATION

三江源科学研究丛书

王光谦 总主编

空中水资源的输移与转化

李铁键 李家叶 傅汪 王光谦——著

长江出版社
CHANGJIANG PRESS

总 序

三江源被誉为“中华水塔”，它地处世界屋脊——青藏高原的腹地，是世界高海拔地区生物多样性最集中的地区，湿地湖泊星罗云布，长江、黄河、澜沧江等大江大河在这里发源，孕育和滋养着中华大地的山林万物，哺育出灿烂的中华民族文明历史。

近几十年来，由于自然环境和人类活动的影响，三江源区雪山冰川退缩，湖泊和湿地发生显著变化，生物种类和数量锐减，沙化和水土流失面积扩大，水源涵养能力急剧减退，水量变化威胁到长江、黄河流域的水安全。正确认识和保护好三江源区的生态环境，对中国的可持续发展和生态安全具有十分重要的战略作用。

《三江源科学研究丛书》是由长江出版社组织三江源研究领域的专家和学者，基于他们的长期研究，对三江源区涉及的生态、环境、水资源等问题的一个全面总结。其中，针对日益严重的生态环境问题，《青藏高原陆地生态系统遥感监测与评估》《三江源区优势种植物矮嵩草繁殖策略与环境适应》《三江源区水资源与生态环境协同调控技术》《空中水资源的输移与转化》探讨了水资源以及生态环境保护和治理对策，为水资源与生态环境协同发展提供了科学支撑；《南水北调西线工程调水方案研究》《黄河上游梯级水库调度若干关键问题研究》《南水北调西线工程生态环境影响研究》《黄河上中游灌区生态节水理念、模式与潜力评估》等专著针对我国水资源南北分布不均衡的问题，详细探讨了南水北调的方案、运行调度、生态与环境影响、水资源高效利用等问题，是西线南水北调方面较为全面和权威的研究成果。这些专著基本上覆盖了三江源研究中水科学领域的方方面面，具有系统性、全面性的特点，同时反映了最新的研究成果。

我们相信，《三江源科学研究丛书》的出版，将有助于三江源相关研究的进一步发展。同时，丛书在重视学术性的同时，力求把专业知识用通俗的语言介绍给更为广大的读者群体，使得保护三江源成为每一个读者的自觉，保护好中华民族的生命之源。

中国工程院院士　青海大学校长

王光谦

SANJIANGYUAN

三江源科学研究丛书

KEXUE YANJIU CONGSHU

高原雪山

SANJIANGYUAN

三江源科学研究丛书

KEXUE YANJIU CONGSHU

三江源风光

藏羚羊

牦牛

高原苔藓

高原地质

冻土

草甸

前言

水是生命之源。自古以来人类就择水而居，四大文明古国均发源于大江大河。江河中的水是最直接的水资源；随着人类对水资源需求的日益增长和对水循环过程的认识更加全面，水资源的内涵和外延逐渐发展。存储在江河、湖泊、地下含水层等可被人类直接利用的淡水被定义为传统水资源，也称为“蓝水”；相对传统水资源（蓝水），Falkenmark 提出了被植物直接利用的水资源，称为“绿水”，并发展为广义的“绿水”，即被植被、土壤等蒸散发消耗的水。绿水的提出改进了人类对水资源的认识，丰富了水资源开发利用中的可持续性和生态性内涵，推动了“水足迹”“虚拟水”等概念的提出与普及。

从水循环的视角来看，蓝水（流）和绿水（流）代表陆地水循环过程中的两个不同分支，蓝水代表地表/地下径流，绿水代表地表蒸散发流；这两者是陆地水循环中最关键的环节，但没有封闭由海至陆的空地水循环过程。降水是蓝水和绿水的总和，是陆地水资源的直接来源。降水由空中水转化而来，受控于空中水的水平输送格局及其向降水转化的局地气候条件，空地耦合的水循环过程是决定不同地域自然地理条件和陆地水资源特征的关键所在。全球上空大气中瞬态存在的水物质总量约为 1.3 万 km^3，而全球多年平均降水量约为 50 万 km^3/a，可见空中和地表及海表间的水物质交换量远大于空中瞬态存在的水物质量。空中水物质输送是全球水循环，特别是海陆间水循环带来陆地降水的关键，海洋上蒸发的水物质随大气环流源源不断地输送到陆地上空，并为陆地带来每年约 11 万 km^3 的降水，完成形成陆地水资源的重要使命。

鉴于水循环的空中环节的重要性，本书尝试从水资源视角研究空中水循环，探索空中水资源的定义，并分析空中水资源的输移与降水转化规律。具体而言，本书提出了空中水资源的定量评价方法，将空中水物质通量分解为白水通量和背景水通量，白水代表的是空中通过的有降水潜力水物质通量，即空中水资源，而背景水则是与当地降水无关的水物质通量。在白水基础上，定义了白水比率、白水饱和度、白水降水效率三个特征参数，并由白水降水效率评价空中水资源的降水转化特征。为了研究流域尺度的空—地水资源宏观关系，本书提出了流域宏观的白水比率、白水饱和度、白水降水转化率，拓展了白水及其降水转化分析的应用场景。针对空中水物质的水平输移及降水转化的路径，本书提出了“单位迹线”的概念，并用该方法来解构降水的水物质来源及输送路径，实现了不同地区降水的有效溯源。此外，本书还提出了构建水汽输送网络、划分空中流域的方法。

本书提供了大量关于空中水资源输移与转化的案例分析：首先分析了空中水资源的输送格局；其次对全球和地区尺度的白水比率、白水饱和度等空中水资源特征进行分析；随后分析不同尺度和地区的空中水资源降水效率，对比结果表明，白水理论能更好地揭示空中水资源的降水转化特征；最后对全球和我国典型流域进行流域尺度的空—地水资源转化关系分析。

本书由王光谦提出理论构想与创新思路，李铁键负责空中水资源输移与转化研究体系的构建，李家叶和傅汪分别对白水理论和水汽输送路径进行了深入具体的研究，苏洋参加了研究工作并负责部分案例计算。本书主要工作受科技部国家重点研发计划项目（2016YFE0201900、2017YFC0403600）、国家自然科学基金重点项目（91547204）、水沙科学与水利水电工程国家重点实验室（2017-KY-04）等的资助。

本书尝试从水资源的角度为空中水资源评估、空中水资源输送、空地水转化等研究提供新的工具与初步案例，希望能够为空地水资源耦合研究与开发利用提供新的视角，从而更好地认识水循环过程和水资源来源，科学开展空地水资源统筹管理。由于作者水平所限，书中难免出现纰漏，敬请读者批评指正！

作 者

2019 年 10 月于清华园

CONTENTS

目录

CONTENTS

第1章 绪 论

水是地球生命之源。距今约5000年前的良渚文化就已经掌握了筑坝技术实现对地表水资源的主动利用(张志军,2019;王宁远,2019),是中华文明光辉的里程碑。如图1.1所示,在良渚古城的西北,良渚先民建造了一个由10条堤坝和长约5km的长堤共同构成的古代水利系统,实现了防洪、防潮、航运、灌溉和滩涂围垦等综合功能,是世界上最早、规模最大的水利工程。良渚的古代水利系统成为遗址,大禹治水以神话故事流传于世间,而都江堰、京杭大运河等大型水利工程依然在新时代发挥着重要的水利价值。因此人类对水资源的认识和利用与人类文明和社会发展密切联系,中华文明史也是一部水利史。

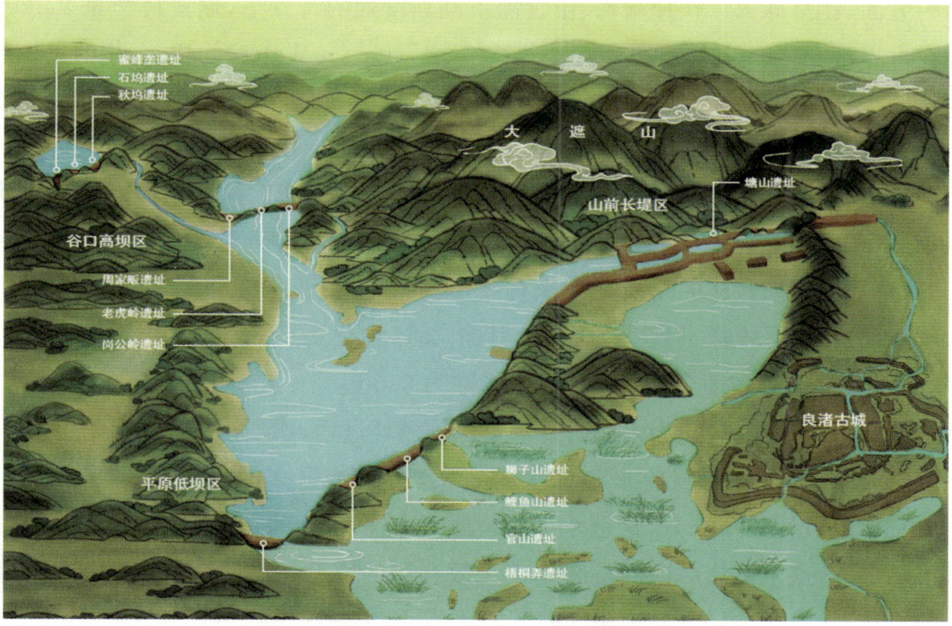

图1.1 良渚古城外围大型水利工程(王宁远,2019)

几千年来,与人类关系最密切的自然资源就是地表水资源,如河道、湖泊里的水,是能够被人类直接利用的淡水资源,另外一部分被农作物、生态系统等蒸散发间接利用。随着人口的快速增长,人类对水资源的需求也越来越高,越来越多的地表水资源在水利工程的调控下得以高效利用。而这些地表水资源之所以能够源源不断地养育人类,得益于行星尺度的全球水循环系统。

对地球系统而言，水物质的总量是有限的，海洋里储存了超过 1.3 亿 km^3 的水，而大气中的水量不到 1.3 万 km^3，但因为有源源不断的太阳辐射使得水物质周而复始地蒸发、输送及降水，产生了全球尺度的水循环，更新可供利用的水资源。全球每年的降水量接近 50 万 km^3，陆地上占了 11 万 km^3，其中约 7 万 km^3 通过蒸散发回到大气，剩下的 4 万 km^3 通过地表/地下径流回到大海（Trenberth et al.，2007），海洋水、大气水与地表水的大规模循环更替，塑造了地球生态系统和人类存在的基础。

在水循环过程中，降水是陆地地表水资源的重要来源，对地表自然生态环境的形成与演变具有深远的影响（Knapp et al.，2002；Knapp et al.，2008；Beier et al.，2012；Barnett and Facey，2016）。在气候变化的背景下，6000 年前的北非被称为"绿色撒哈拉"，年降水量超过 250mm，现在年降水量不足 50mm，沙漠面积超过 900 万 km^2，自然生态环境发生了系统性的变化（Kröpelin et al.，2008）；我国西北部的塔里木河流域，在过去几十年中冰川不断退缩，下游河道的径流量逐渐减少，不到 100mm 的年降水量已难以支撑其社会经济与自然生态的可持续发展（Xu et al.，2010；Tao et al.，2011）。

另一方面，在全球人口快速增长、粮食需求剧烈增加的背景下，瑞典科学家 Falkenmark（1995）在世界粮农组织（FAO）大会上提出了"绿水"（Green Water）的概念，指的是植被蒸散发所消耗的水资源，相对于绿水，传统意义的水资源被称为"蓝水"（Blue Water）。随着研究的深入，Falkenmark 和 Lannerstad（2005）又将绿水扩展为一定区域在一定时间内植被的有效蒸腾和地表、冠层、水面等蒸发的总量，这个广义的概念为全面认识水循环过程中不同环节的水所承载的功能提供了新的视角（程国栋和赵文智，2006；李小雁，2008；Liu et al.，2009）。从空地水物质转化的物质平衡来看，广义的绿水与蓝水之和等于降水，有学者研究发现全球陆地上 65%的降水转化为绿水，其余 35%转化为蓝水（Ringersma et al.，2003；Trenberth et al.，2007），即全球尺度的径流系数为 0.35。

蓝水和绿水概念的提出，为人们研究水资源的循环过程、物质形态与作用价值提出了新的视角。Savenije（2000）依照蓝水和绿水的定义，给出了更多的概念：深蓝水（Deep Blue Water）和白水（White Water）。深蓝水指的是地下水；白水指的是地表拦蓄或裸地蒸发直接返回大气的部分，这个概念对应的是绿水中无效利用的部分。这两个概念只是细分了原来的蓝水和绿水，并没有拓展空地水循环的其他环节，而本书提出的白水概念表达了与地表水资源（蓝水和绿水）相对应的空中水资源概念，与 Savenije 提出的白水概念不同。

纵观人类发展历史，地表水资源的高效利用和开发大多离不开水利工程，除地表水利工程外，空中水资源的开发利用及管理开始被提上日程。中国气象局在 2012 年就提倡空中水资源的开发（中国气象局，2012），提出了"依靠科技进步合理开发空中水资源""建立多学科、多渠道的空中水资源开发机制"等建议，并强调"综合考虑空中水资源的开发与地表水资源的调配、利用，逐步形成空中水与地表水、地下水相结合的三层立体水资源保障体系"的重要意义。此外，美国土木工程师协会(American Society of Civil Engineers，ASCE)在2018年审批通过了关于空中水资源管理的第275条政策声明(ASCE，2018)，其中特别强调了“全球水资源正在经历着人口增长和环境保护双重竞争的需求压力，区域的自然降水变得更加敏感，而精心规划的空中水资源管理策略将有可能在最小化成本和减少新建设施的条件下为自然水资源提供显著的增量，空中水资源开发技术将对农业和供水有重大的意义。”

1.1 研究对象

本书的主要研究对象是空中水物质尤其是作为资源可被利用的那部分，空中水物质泛指大气中所包含的水物质，即大气水；与地表水资源相对应，我们一般将空中具有资源价值、存在开发潜力的那部分水物质称为空中水资源(张继群和万育生，2004；张良等，2006；李家叶等，2018)。空中水物质具有复杂的相态及运动特征，相比于地表河道相对固定的输送边界，空中水物质的输送规律具有更大的不确定性。因此，空中水物质的资源化评估及降水转化规律是目前的研究难点。

从物质守恒与水循环的角度分析，无论是气候演变，还是地理格局的影响，降水量及其变化的根本原因是上空输送的水物质的多寡，或本地产生降水的天气、气候条件的变化。撒哈拉沙漠常年受到副热带高压带的控制，盛行的下沉气流向四周辐散，难以形成降水条件，类似的如西亚的沙漠地带、北美西部沙漠、南美智利西部的沙漠等；而我国西北部的塔里木盆地深居内陆，四周环绕天山山脉、帕米尔高原和昆仑山脉阻挡了湿润水汽的输送，盆地内降水条件差，共同形成了其降水量稀少的关键因素。

那么能否从水物质的输送条件与当地的降水条件这两个要素出发，用定量的方式分析不同地区降水和水资源差异的内在原因？图1.2表达了海洋水汽向陆地输送的概化过程。

从海洋蒸发的水汽随着大气环流源源不断地向内陆输送，在没有合适的降水条件时，大量的水物质从高空飘过(如图1.2中的甲地)。在遇到地形抬升等有利于水汽辐合成云致雨的条件时，远道而来的水物质得以形成降水(实现了空中水资源向地表水资源的自然转换)，于是造就一方湿润的气候(如图1.2中的乙地)。随着水汽输送的进一步深入，或大山的阻隔，或输送距离太长，深居内陆的地区往往只剩稀少的空中水物质能够达到，因此也就形成了干旱的气候(如图1.2中的丙地)。

从这个视角来看，不同地区降水的多寡，既要看空中水物质的输送量的多寡，同时也要看当地的降水条件。降水作为空中水向地表水转换的关键环节，是空中水实现其水资源价值的重要过程。对于全球水循环而言，空中水物质通量终究会通过降水实现空地转换，其中对于陆地而言，即是地表水资源的重要来源；而对于局地而言，其上空的降水转换是决定本地水资源多寡的关键因素。因此，为了深入研究某个地区的地表水资源的多寡，需要从其上空输送水物质通量及其降水转换条件两方面开展深入研究。

图 1.2　水物质输送、地理格局与气候条件示意图

此外，为了研究地表水资源与空中水资源的耦合关系，实现高效的水资源管理，就需要全面了解空中水资源资源的输移及降水转换过程。本书以空中水物质的水平输送与沿程降水转化为切入点构建统一的空地水循环转化模型，如图 1.3 所示。本书在地表水资源（蓝水和绿水）的基础上厘清了空中水资源的概念，创新性地提出白水概念，用以代表空中水资源的丰沛程度，这个概念可用于分析局部地区的降水潜力和空中水资源的气候特征；进一步研究其降水转化的比例系数，实现对空地水转化的宏观把握，将为空地水循环研究与水资源统筹管理提供一个新的视角和工具。

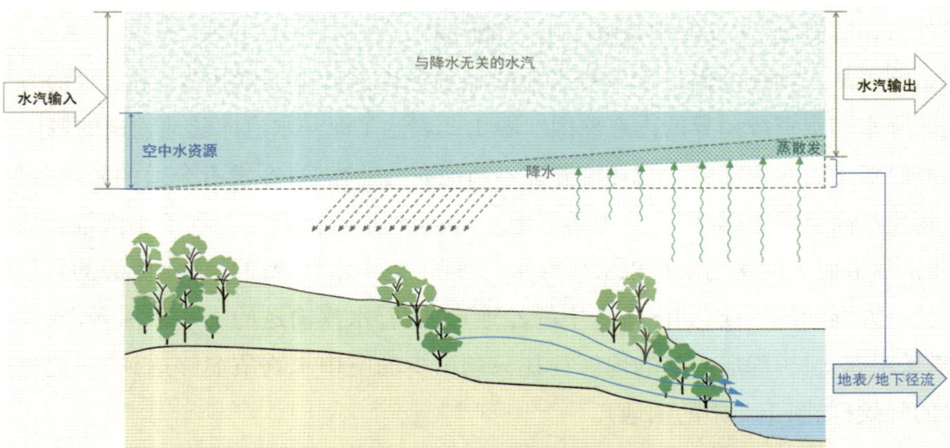

图 1.3　空中水物质输送及沿程降水转化概化图

1.2 研究现状

空中水物质的特征分析与降水转化研究，离不开对空中水物质的监测。1892 年，法国科学家 Gustave Hermite 和 Georges Besançon 首次采用携带仪器的无载人小气球对高空大气进行测量，开启了探空气球的时代。通过探空气球的记录数据分析，1902 年法国科学家 Léon Tesseirenc de Bort 和德国科学家 Richard Assmann 分别发现了平流层的存在。随着无线电传输技术和测量仪器的进步，1958 年探空气球的高空测量范围达到了 25km 以上（Willemse and Furger，2016）。美国发射了世界上第一颗试验性气象卫星"泰罗斯"（TIROS）1 号，第一次实现了基于天基的全球尺度的大气监测（Stroud，1960）；随后，越来越多的水汽及降水观测卫星被发射上天，实现了大范围的业务观测与应用，如美国的 NOAA 系列气象卫星（Committee on Science，Space，and Technology，2012）、TRMM（Kummerow et al.，1998）、Aqua（Parkinson，2003）等，而我国 1977 年开始研制风云系列气象卫星，累计成功发射 17 颗卫星，目前 7 颗卫星在轨运行，为水物质输送研究与天气预报提供了大量的数据（许健民等，2010）；另一方面，Bevis et al.（1992）提出了利用 GPS 的湿延迟效应进行水汽含量的反演，基于 GPS 的三维层析技术大大提升了水汽廓线的反演精度和空间分辨率（宋淑丽等，2004；曹云昌等，2006）。

空中水物质的含量、相态特征及输送路径的监测对大尺度水循环以及降水转化研究具有重大意义。以这些监测数据为基础，许多学者大量开展关于空中水的特征研究，这些研究主要分为以下四个方面：①空中水物质的含量分析，即地球上空一个时刻或一段时间内的平均状态量；②空中水物质的输送研究，即空中水物质输送路径和降水来源解析；③空中水物质的降水转化研究，即空中水物质向降水转化的效率问题；④空地水物质的耦合关系研究，即在一定区域内空中水物质的输送收支问题，本质是通量问题，研究空中水物质的净输入通量与地表降水、蒸发及径流之间构成的平衡关系。

1.2.1 空中水物质的含量研究

从水的相态来看，空中水物质包含气态（水汽）、液态（雾、云中的水滴）和固态（冰晶、雪花等），其中又以气态为主；而从空中水物质的垂直分布来看，距离地表越高，水物质含量则越低。

1978 年，联合国教科文组织（UNESCO）根据国际水文计划（IHP）的成果公布的全球上空大气中水汽总量为 12900km^3，如果将这些水汽全部凝结成液态水并均匀分布于地球表面，相当于 25.4mm 水深（Valentin Ignat′evich Korzun，1978；UNESCO，1978）。Randel et al.（1996）总结了国际上不同学者和机构对全球大气中水汽含量的计算结果，得到平均值为

25.5mm，不同数据间相差10%左右，证明了该结果的可靠性。国内学者也开展了此类工作，吴伯雄（1959）利用1956年全国月平均探空资料，分析了不同季节我国上空水汽含量分布。刘国纬（1984）采用全国100多个探空站的探空资料分析了我国空中水汽含量的时空分布，得出我国大陆空中水汽总量为144.5 km^3，折合平均水深为15.1mm。

随着对云降水的研究不断深入和遥感技术的发展，采用卫星进行大规模的云观测使得空中水物质含量的研究不仅仅停留在气态水方面（Grody，1976；Rossow and Schiffer，1991；Drake，1993；Weng and Grody，1994；Solheim et al.，1998；李兴宇等，2008）。Drake（1993）发表了基于国际卫星云气候计划（ISCCP）观测数据（Rossow and Schiffer，1991）的全球云分布和云水路径（CWP，包含液态云水和固态云水）结果；Weng and Grody（1994）采用当时最先进的微波辐射计SSM/I进行云中的液态水含量反演，得到了更准确的结果，此后涌现了大量类似研究（Solheim et al.，1998）。李兴宇等（2008）采用ISCCP的云水路径数据进行分析，得出我国空中平均云水含量为0.07mm，远小于空中的水汽含量。

随着观测和计算机模拟技术的快速发展，特别是全球大气再分析数据的研究与成果，使得全球范围内的空中水物质含量的精细评估得以实现（赵天保等，2010；谢潇等，2011；Bosilovich et al.，2017）。从云水路径的统计结果可以发现，一般降水过程的降水量都是远大于当时空中存在的云水路径，降水过程存在着复杂的相态变化，降水量与云水路径、总水物质含量的关系都十分复杂（Heymsfield，1977；Pruppacher and Klett，1997；Holloway and Neelin，2009；Hagos et al.，2018），因此研究瞬态或平均的空中水物质含量时，无法对降水、径流等需要时间累积的通量进行平衡关系研究。空中水物质含量研究表征的只是一个时刻的状态量或一段时间内的平均量，可直观地用于某一时刻空中水物质含量的宏观分析，但难以与降水、蓝水和绿水等水循环过程中的通量建立起水量平衡关系。

1.2.2 空中水物质的输送研究

我们所能直接获得的气象数据资料绝大多数是基于场的描述，而水汽通量作为直接提供的一种水汽运动参量，被广泛地应用于水汽输送相关的各类研究中。水汽通量是指在单位时间内通过某个断面的水物质量，一般用大气的水汽含量与风速的乘积来计算。水汽通量的一种典型应用是对空间上的每一点（Berrisford et al.，2011；Trenberth et al.，2011；Dimri，2012）或者对闭合区域（丁一汇和胡国权，2003；苗秋菊等，2005）作水汽收支平衡分析。例如，Yoon and Chen（2005）使用ERA-40再分析资料和4种不同的降水数据分析了印度地区的水汽收支情况，发现该地区45%～55%的降水都由印度季风低压产生；施小英和施晓晖（2008）使用NCEP/NCAR再分析资料计算了青藏高原东南部在夏季的外部水汽输入量。另外，有些学者基于水汽通量来研究水汽输送中的高强度通道（Zhu and Newell，1994，1998）或者降水转化效率问题（蔡淼，2013；王光谦等，2016）。

水汽通量场描述了在某个瞬时时刻或者某时段平均的空间各点的水汽输送强度和方向，在一些研究中用来分析区域的水汽输送时空特征或者水汽来源（Renhe，2001；谢安等，2002；周长艳等，2005）。例如，张宇等（2019）对三江源地区的水汽通量场进行经验正交函数（EOF）分解，得到该地区水汽输送的两种主要模态，即自西北向东南输送的西风带水汽和自南向北输送的南亚季风水汽。但是，由于水汽通量不能表示空中水汽的真实输送路径，这类关于水汽来源的研究大多以定性分析为主。与此不同的是，一些学者也尝试在水汽通量场上进行水汽运动的演算，发展出能够追溯降水水汽的蒸发来源地的水汽追踪模型（Atmospheric Moisture Tracking Models），如 Van der Ent et al.（2010）基于均匀混合假设提出的 WAM（Water Accounting Model）模型。

基于拉格朗日观点的迹线才是水汽在空中输送时真正的运动路径，因此以迹线为分析对象研究水汽输送问题，比基于水汽通量的方法在理论上更合理，在近几年也受到了越来越多的重视。

首先，如何从大气状态场中计算出空气运动的迹线，这涉及数值计算的问题。学术界对这一问题研究较早，在方法上已经比较成熟，并且诞生了相关的专业软件（详见第 4.2.2 小节）。Stohl（1998）对计算迹线的常用数值算法和相关问题进行了总结，并详细分析了计算结果的误差来源及其影响程度。目前迹线的计算大多采用 Petterssen（1940）提出的一种具有二阶精度的算法，其本质上是一种二阶龙格库塔方法。Barras and Simmonds（2009）也曾使用 4 阶龙格库塔方法计算迹线，但 Draxler and Hess（1997）和 Stohl（1998）都指出采用高阶数值方法并不能有效提高迹线计算的精度。

对于用迹线做水汽分析的已有大量研究，从方法的粒度来看可以分为几种不同的层次。一种最为简单的方式是只根据迹线的位置来粗略判断区域降水的水汽来源。例如，赵阳等（2016）计算了 2008 年长江中下游地区暴雨降水的水汽来源迹线，能够找到来自中低纬海洋的三支主要水汽汇流路径，与理论分析的结果相符；曾勇等（2017）利用迹线分析了新疆地区一次强降水事件的不同水汽来源和各自所占比例（迹线数量的比例）。迹线本身只表示水汽输送的路径，而实际的水汽输送强度还与沿迹线运动的水汽物质量有关，所以这类简单方法不能反映真实的输送强度。改良的方法还考虑迹线上的比湿（质量水汽含量）信息，比湿越大，水汽沿迹线输送的强度也越大，所以根据每条迹线在降水位置的比湿大小来确定这条迹线对降水的贡献权重。Jiang et al.（2017）基于这种方法分析了我国华北地区的水汽来源，计算出来源于孟加拉湾—南海、太平洋、印度洋的水汽对华北地区降水的贡献分别为 33.8%、30.9%和 10.7%，另外还有部分来源于大陆。马梁臣等（2017）、江志红等（2011）也进行了类似的研究。但是，这种方法同样存在较大局限，因为迹线上的水汽含量与降水强度没有直接对应关系，并不是水汽越多，产生的降水就一定越多。

另外一种更为精确的手段是考察迹线上比湿的变化率，而非比湿的绝对量。Stohl and

James(2004)较早对这一方法进行研究。单一迹线上的水汽满足水量守恒公式 $e-p=m\cdot dq/dt$，式中 m 是沿迹线运动的单位空气微团的质量，dq/dt 是比湿变化率，e 和 p 分别表示空气微团上水汽的增加或减小。利用比湿数据，根据公式可以计算出每条迹线在每个位置的水汽物质量的变化，再把垂直方向上所有的迹线结果累加起来，就能够计算出总的地面蒸发量和降水量。Stohl and James(2004)采用该方法(后文称为 Stohl 方法)对全球所有地区的多年平均蒸发量和降水量进行了估计，对比基于欧拉方法的估计结果发现两者的相关系数可达 94%，并且与实际观测数据也高度吻合，此外作者还对局部区域降水的水汽来源进行了分析。Stohl 法及其提供的计算模型(FLEXPART)已被广泛应用于区域水汽来源分析及其他相关研究中(Chen et al.，2012；Sun and Wang，2015；Li et al.，2016)。Stohl and James(2005b)进一步对全球 39 个流域进行了水量收支平衡研究，结果表明，基于 Stohl 方法计算得到的流域净降水量($P-E$)与流域实测径流量之间的相关系数为 87%。Gimeno et al.(2010)采用 Stohl 方法分析了海洋水汽向大陆输送的关系，提取出海洋上重要的水汽供应区及其所影响的陆地区域。

尽管 Stohl 方法已经相对成熟，但是仍存在一定局限。该方法可以给出水汽沿迹线运动时各时刻的蒸发量和降水量，但无法确切地知道蒸发和降水之间的直接对应关系，在分析特定区域降水的水汽来源时，迹线上的强蒸发区域所吸收的水汽并不一定在研究的区域内产生降水，可能会继续输送到别的地区，因此分析得到的蒸发源区只是笼统意义上的强蒸发区，并不是对研究区域的降水实际贡献最大的地区。因此，一些学者也基于某些假设提出了能够精确考虑水汽源汇对应关系的迹线分析方法。Sodemann et al.(2008)提出，以产生降水的位置向前回溯迹线，只有在比湿变化率大于一定阈值(0.2 $\mathrm{g kg^{-1}\ 6h^{-1}}$)且此时迹线的高度在大气边界层以下时，才判定为降水的来源水汽；当迹线的比湿小于一定阈值(0.05g $\mathrm{kg^{-1}}$)时，说明此时水汽含量很低，停止向前回溯；最后按照一定规则将降水总量分配到每个满足条件的水汽来源区。这种方法已经应用于精确的水汽输送源汇分析中(Sodemann and Stohl，2009；张亚宁等，2019)。除此之外，Dirmeyer and Brubaker(1999)和 Sun and Wang(2014)也提出了计算水汽源汇关系的其他方法，并得到一定应用(Brubaker et al.，2001；Dirmeyer and Brubaker，2007)。

针对大量迹线的信息处理问题，目前通常采取两种方式。一种是基于网格的统计，也就是在球面空间上划分网格，对每个网格单元上的所有迹线计算所研究参量的累计值，包括分布密度、水汽含量、蒸发和降水量等，获得相关参量的空间分布。Stohl 方法就是基于这种方式计算地面的总蒸发和总降水。这种空间上的统计必然会损失迹线所包含的输送方向的信息。另外一种常用的方法是迹线聚类，即根据迹线的位置、方向、水汽含量等属性，采用合适的聚类算法将具有相似性的迹线簇合并为一类，并给出每种类别的代表迹线或平均迹线(Li et al.，2016a；Li et al.，2016b；Chen and Luo，2018)。迹线聚类方法对迹线的概化程度较高，丢失了大量细节信息，主要提供总体水汽量的统计结果和大致的输送方向。

总体而言，基于迹线的水汽输送分析方法经历了仅考虑迹线位置→考虑水汽含量→考虑水汽含量的变化率→精确考虑水汽源汇对应关系的不同阶段，已经积累了大量研究基础，但是目前对于水汽源汇关系的研究还缺少统一的模型框架，并且对大量迹线表现出的结构性特征以及如何挖掘宏观规律的研究还较少。

1.2.3 空中水物质的降水转化研究

空中水要向地表水转化，其主要的方式就是降水，因此，研究空中水向降水转化的效率（一般简称为降水效率，Precipitation Efficiency）具有重要的科学意义（Sui et al.，2007）。我们根据直观的感觉，将单位面积降水量与单位大气柱内水汽含量的比值称为降水效率，两个同量纲的物理量相除后得到一个无量纲的比值，这是因为我们通常采用以 mm 作为降水量大小的评价，但是实际上降水量是一定时段内的累计量，其量纲为$[LT^{-1}]$，是通量，方向固定为垂直向下，而大气中的水汽含量是标量，两者的平衡关系隐含着降水的累计时间以及空中水汽的更新时间两个不同的时间概念，因此，采用这个计算方法不能准确评估降水转化效率。无论计算云水路径还是总水物质含量，都无法与降水过程进行匹配，必须考虑降水过程所伴随的复杂的水汽凝结转化为液态水或凝华为固态水的物理机理。

气象领域研究的降水效率的对象大多是降水云系，按照降水机理对场次天气过程进行分析，其大多涉及云降水的微物理过程（陶诗言等，1979；黄美元和徐华英，1999；傅云飞等，2003）。Braham（1952）将降水效率定义为降水量与假绝热上升凝结的水量之比；Hobbs et al.（1980）将降水效率定义为降水强度与凝结速率的比值，得出冷锋处的降水效率为 30%～50%。陈秋萍等（2005）将降水效率定义为单位时间内降水量与云内凝结液态水含量之比，采用雷达数据分析了单体对流雨中的成熟阶段的降水效率约为 30%，而多单体合并对流雨的降水效率在成熟阶段可以超过 60%。采取这些计算方法能够比较准确地评估小尺度短时间的降水转化效率，但是不适用于大尺度长时间的统计分析，具有一定的局限性。

蔡淼（2013）在他的博士论文中提出了一种基于大气水分收支方程的降水效率的计算方法，该方法首先定义了在一段时间内研究区域内的水物质总量 GQ_m：

$$\begin{aligned} GQ_m &= \text{总水物质初值} + \text{总水物质输入} + \text{地面蒸发} \\ &= \text{总水物质终值} + \text{总水物质输出} + \text{降水} \end{aligned} \tag{1-1}$$

同理可以得到水凝物总量 GQ_h 的表示式：

$$\begin{aligned} GQ_h &= \text{水凝物初值} + \text{水凝物输入} + \text{净凝结} \\ &= \text{水凝物终值} + \text{水凝物输出} + \text{降水} \end{aligned} \tag{1-2}$$

因此，蔡淼定义了两种不同的降水效率：

1）一定范围，一段时间内，降水总量占总水物质量的比率称之为总水物质的降水效率

EQ_m，如式(1-3)所示：

$$EQ_m = 降水总量 / 总水物质量 \tag{1-3}$$

2)一定范围，一段时间内，降水总量占水凝物总量的比率称之为水凝物的降水效率 EQ_h，如式(1-4)所示：

$$EQ_h = 降水总量 / 水凝物总量 \tag{1-4}$$

两种定义各有侧重，总水物质的降水效率能够反映空中水转化为降水的比率，由于总水物质中，水汽占主要部分，因此输入的总水物质量对该结果起关键作用；而水凝物的降水效率源于气象领域对降水过程的水凝物的分析需求，将小尺度的场次天气过程升尺度为大尺度长时间的统计结果。蔡淼按照这个定义计算了我国 2011 年的总水物质的降水效率 $EQ_m = 18\%$，水凝物的降水效率 $EQ_h = 77\%$，该结果的提出具有一定的创新性。

1.2.4 空地水物质的耦合关系研究

为了研究地表流域的水量平衡，我们常常将流域看作一个整体，研究流域上空的降水、流出流域的地表/地下径流以及流域内蓄存量的变化；与之匹配，为了研究空中水的水量平衡，我们也需要选定一个固定的三维空间，分析输入和输出的水物质通量以及空间内蓄存量的变化。如图 1.4 所示，上部分是空中水的水量平衡关系，下部分是地表水的水量平衡关系，两者相互耦合。

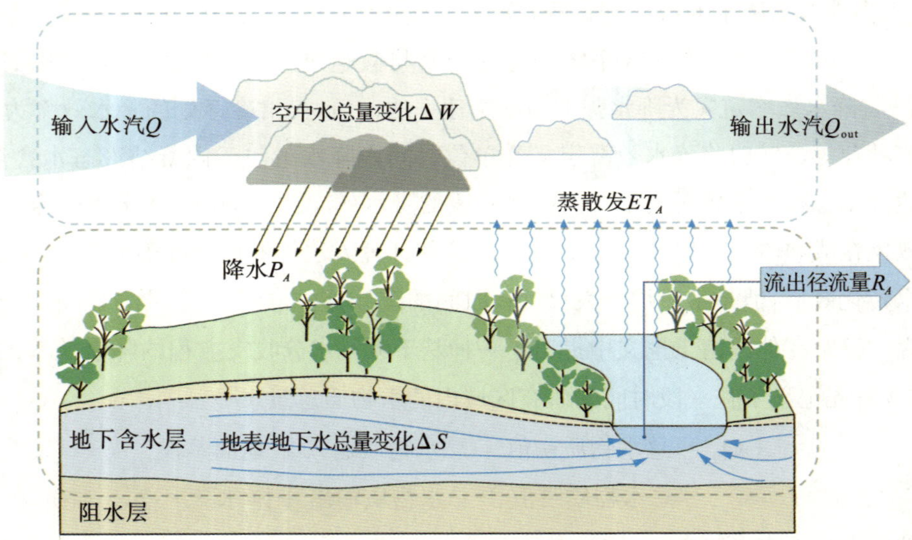

图 1.4 空地水物质收支平衡关系

我们可以得到以下水量平衡关系，其中空中水和地表水之间通过降水 P 与蒸散发 ET 实现水物质的交换。

$$Q - Q_{out} + \Delta W = P_A - ET_A \tag{1-5}$$

$$R_A + \Delta S = P_A - ET_A \tag{1-6}$$

如果研究的是年尺度或更长的时间，不考虑这段时间内流域上空的空中水物质的变化量 ΔW，则输入的空中水物质量 Q 减去输出的水物质量Q_{out} 就等于流域内的总降水量 P_A 减去蒸散发量 ET_A ，同时不考虑地表和地下水储蓄量的变化量 ΔS，那么也等于流出流域的径流量 R_A ，如式(1-7)所示：

$$Q - Q_{out} = P_A - ET_A = R_A \tag{1-7}$$

通过式(1-7)，可以建立流域的空中水物质净收支量($Q - Q_{out}$)与流域总降水量 P_A 、蒸散发量 ET_A 和径流量 R_A 之间的平衡关系。

Benton and Estoque(1954)利用探空资料计算了北美大陆上空的水汽输送收支量，采用平衡关系得到北美上空各月份的蒸散发量，结合气候分析与水文数据验证了该蒸散发量具有很高的可靠性。Rasmusson(1967)用更丰富准确的气象观测资料，详细分析了北美大陆上空不同气压层的水汽输送特征，并验证了其与降水和蒸散发量的水分平衡关系。Oki et al.(1995)通过欧洲中期天气预报中心(ECMWF)的再分析资料计算了全球约前 70 个流域的水汽净输入通量，即输入量与输出量之差，并与径流量进行对比，得到了较好的一致关系，但也指出准确观测水汽输送和径流数据的重要性。

国内学者也开展了大量的空地水物质收支平衡研究，徐淑英(1958)采用我国 1956 年的探空数据计算了我国东部的水汽输送特征和 7 月的水分平衡关系，得到 1956 年 7 月我国东部的蒸散发量大于降水量，属于水汽源地。刘国纬和周仪(1983)采用探空资料，得出 1977 年我国大陆上空的水汽总输入量为 18569 km^3，总输出量为 16346 km^3，净输入量为 2223 km^3，与我国当年的径流量误差为 12%。蔡淼(2013)采用美国国家环境预报中心(NCEP)的再分析资料，得出我国大陆 2011 年全年水汽总输入量为 22.6 万亿 t(22600 km^3)，总输出量为 20.5 万亿 t(20500 km^3)，净输入量为 2.1 万亿 t(2100 km^3)，与刘国纬和周仪的结果基本一致。

1.3 研究内容

1.3.1 存在问题

空中水物质的海陆间水平输送是地表水资源的主要来源，如何分析空中水物质的输送及其向降水的转化是研究地表水更新量的关键问题，目前研究中还存在以下若干问题：

1)基于迹线的空中水汽输送路径的水汽源汇的解耦问题。空中水汽在水平输送过程中伴随着垂直的降水和蒸发过程，因此，在采用迹线的观点跟踪大气水与地表水交换的过程时，我们很难清晰地解析一个地区的降水来源，因此很难计算出贡献某地区降水的水汽输送路径过程。

2)基于局地水资源通量观点的空中水资源评估方法。采用水汽含量、云水路径等状态量的统计结果不是通量观点下的水资源量的表达,难以与降水、径流等通量建立准确有效的对比评估;此外,对于给定的封闭流域采用通量的方式计算空中总水物质的收支平衡结果,只能在宏观上与流域的总降水量或径流量建立等式关系,难以从空间分布上微观地分析局地水资源丰富程度及空中水物质的降水转化过程。

3)关注水循环过程的降水效率的沿程分析方法。气象领域会对某一场次的降水过程进行细致的分析,尽可能通过数值模拟等还原云中真实发生的大气水与降水的转化过程,得到的是对场次降水的微观分析,但并不能反映宏观上空中水资源的降水转化效率,难以统一全球水循环视角下的空中水资源输移及转化的系统性理论。

4)采用总水物质通量或水凝物通量对空中水资源降水效率评估的局限性。按照总水物质量(通量)计算的降水效率并不能准确反映能影响降水部分的空中水的真实转化比率,在长时段统计中计入晴空水物质量(通量)会降低实际与降水有关的水物质向降水转化的表达;而采用水凝物总量计算的降水效率也存在一定的局限性,在式(1-3)中忽略了所研究区域内在这段时间内水汽与水凝物的循环转化过程,对于大尺度流域而言,水凝物的净凝结量的长期统计非常复杂,由于空中的水凝物的瞬态含量以及输入输出相对于降水量而言都是小量,统计时间越长,该统计结果会越来越接近于1,存在一定的问题和局限性。

因此,如何进行准确的空中水资源的输移与转化研究,依然需要开展大量的研究工作。人类已开发了几千年的地表水资源,而空中水资源是地表水资源的来源,储蓄量远大于地表水资源,因此,急需研究空中水资源的可信评估、利用技术及管理办法,这些研究离不开对空中水物质输送过程及降水转化的认识。为了清晰地表达空中水资源并建立相关理论体系,我们定义与蓝绿水类似的空中水资源的概念,这个物理量既不是总水物质通量,也不是水凝物通量,借鉴地表水资源里的蓝水和绿水,考虑到降水过程一般伴随云的出现而存在,常规认知中云的颜色一般为白色,我们将这个物理量命名为白水(White Water),与 Savenije (2000)提出的白水含义不同。

1.3.2 研究内容

本书将从水资源的概念出发,厘清空地水资源的循环转化过程,提出空中水资源的物理概念与评估方法,建立空中水资源输移与转化的理论基础。主要研究内容包括以下四个方面:

1)厘清空地水资源的概念及其循环转化过程。研究空中具有降水潜力的水物质通量的定量评估,提出白水的概念,用其来代表空中水资源。基于白水的概念,提出白水比率、白水饱和度和白水降水效率三个特征参数,研究这些特征参数的时空分布及其反映的物理含义。

2)提出空中水资源输送路径的解构与计算方法。研究基于迹线的空中水资源输送路径的有效分解,提出降水的单位输送迹线,用于全球任意地区降水来源的可信溯源分析。对全球强降水地区进行迹线分析得到全球强降水的输送格局,同时对三江源地区进行案例研究,得到三江源地区的降水来源及输移过程。

3)基于白水的理论体系进行全球尺度及局地的案例分析研究。开展全球尺度及局地尺度的空中水资源的性质研究,包括白水特征参数的分布及降水转化特征,以三江源地区和塔里木盆地进行对比分析,验证理论的有效性及潜在价值。

4)提出空地水资源的耦合分析方法。开展流域白水的相关性质研究,并对全球尺度的典型流域进行对比分析,从流域尺度建立完整的空地水资源循环过程分析结果。

1.3.3 章节安排

图 1.5 显示了本书的章节安排,本书核心贡献是将空中水通量分解为白水(通量)和背景水(通量),并围绕白水展开一系列的理论分析与案例研究。

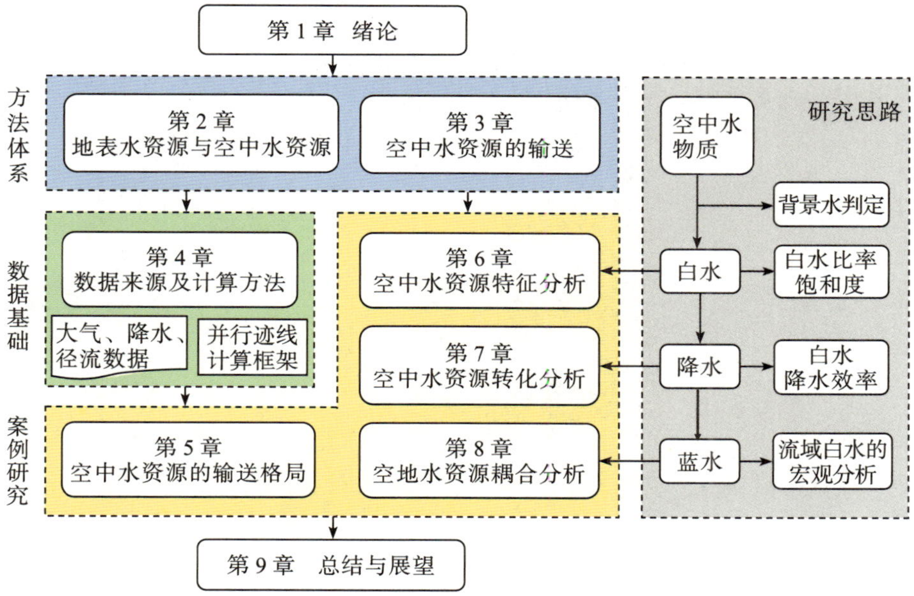

图 1.5 本书的章节安排

第 1 章为绪论,开展空中水资源输移与降水转化研究的背景调研与研究意义分析,提出白水概念用以代表空中水资源的创新性想法。

第 2 章阐述地表水资源及空中水资源的概念体系,为本书的核心理论创新。首先,厘清水循环及水转化过中水资源的概念与内涵,在地表水资源(蓝水和绿水)的基础上扩展了空中水资源(白水)的概念。其次,建立了白水的概念与方法体系,深入分析了背景水的判定与计算方法,论证白水计算的可行性与可靠性。再次,围绕白水的概念,提出了白水比率与白水饱和度两个特征参数；围绕降水转化过程，提出了白水降水转化效率用以代表空中水资源的自然转化程度。

第 3 章建立了降水来源的输送迹线分析方法。核心是以降水为目标建立一个地区降水来源的输送格局。以这个理论为指导，在第 5 章中分析了全球强降水的输送迹线，并以三江源地区为研究案例，详细分析了三江源地区降水的输送格局及规律。

第 4 章介绍了本书研究的数据来源及输送路径的计算方法。本书的大气资料主要来源于 ERA-Interim 数据产品，研究时间范围为 1979—2017 年。因为需要计算全球尺度的迹线分析，涉及巨大的计算量，所以提出了一套并行的计算框架，保证了分析方法的有效实现。

第 6 章到第 8 章为白水案例研究，分别展示了白水比率、白水饱和度及白水降水效率的时空分布；通过空地水资源的耦合分析，揭示流域白水的宏观参数与流域降水转化的内在关系，揭示了流域水循环过程的水资源转化过程。

本书的最后一章为总结与展望，总结本书的主要成果与可能的创新点，并提出研究的不足之处与研究展望。

第 2 章 地表水资源与空中水资源

2.1 地球上的水及其循环转化

2.1.1 地球上的水

假如从太空中看地球，我们会看到白色的云层，深蓝色的海洋以及黄色和绿水相间的陆地。如果有足够倍数的望远镜，我们还能观察到对流云层的风雨交加，长江黄河的滚滚水流，以及太平洋上的朵朵浪花。这些都体现了水的存储载体及其永不停息的运动。

当讨论地球上总共有多少水的时候，我们可以把地球当作一个整体，就像拿起一杯水杯讨论水杯里有多少水一样。但当我们去细分地球上不同载体包含多少水的时候，就不可避免会被运动的水所干扰，比如问长江里有多少水时，我们可以采用此时此刻的长江或者长时间平均的长江进行水存蓄量评估。同理，对于地球的水也一样，我们采用长时间平均的方法去评估海洋里有多少水、大气中有多少水，而这个量在统计意义上是最符合这个问题的答案，而对于目前相对稳定的地球环境，这个量也会在长时间内基本保持一致。

根据 1993 年由牛津大学出版社出版的 *Water in Crisis:A Guide to the World's Fresh Water Resources* 的数据，全球水储量分布如表 2.1 所示。

表 2.1 全球水储量分布

水体		水量(10^3 km^3)	淡水百分比(%)	总水量百分比(%)
海水		1338000	—	95.54
冰川和永久积雪		24060	68.6	1.74
地下水	淡水	10530	30.1	0.76
	咸水	12870	—	0.93
土壤水		16.5	0.05	0.001
地表冰和永久冻土		300	0.86	0.022
湖泊	淡水	91	0.26	0.007
	咸水	85.4	—	0.006

续表

水体	水量(10^3 km^3)	淡水百分比(%)	总水量百分比(%)
大气水	12.9	0.04	0.001
沼泽水	11.47	0.03	0.0008
河流水	2.12	0.006	0.0002
生物水	1.12	0.003	0.0001

注:由于四舍五入,百分比之和可能不等于100%。

2.1.2 全球水循环

地球上的水无时无刻不在运动,从全球的视角来看,海洋上蒸发的水在大气环流的作用下向陆地上输移,并在合适的条件下凝结成云进而降落到地表上来,降落到地表的水一部分蒸发回到大气里,另外一部分顺着河流回补到海洋里。

根据Trenberth等人(2007)早期的统计结果(图2.1),全球水循环中涉及的环节及通量如下:

1)海洋上的蒸发量(OE):$413\times10^3 km^3/a$;

2)海洋上的降水量(OP):$373\times10^3 km^3/a$;

3)海洋向陆地净输送量(OL):$40\times10^3 km^3/a$;

4)陆地上的降水量(LP):$113\times10^3 km^3/a$;

5)陆地上的蒸散发量(LE):$73\times10^3 km^3/a$;

6)陆地向海洋的输送量(SF):$40\times10^3 km^3/a$。

全球水循环

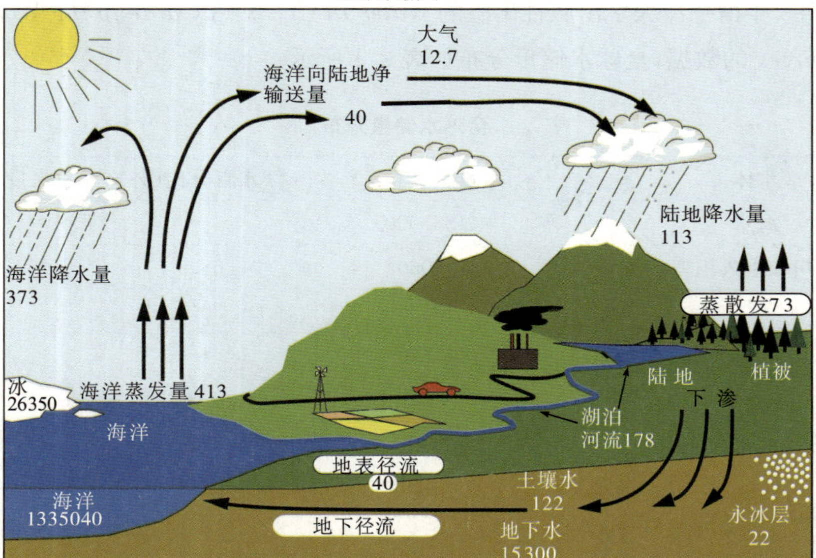

单位:10^3km^3(储量),$10^3km^3/a$(通量)

图2.1 全球水循环主要环节及年通量值(来源于Trenberth et al.,2007)

在这个水循环过程中,海洋上的蒸发量 OE 减降水量 OP 等于海洋向陆地的净输送量 OL,也等于陆地向海洋的输送量 SF,也等于陆地上的降水量 LP 减蒸散发量 LE,即平衡关系如下所示:

$$OE-OP=OL=SF=LP-LE$$

但大尺度的通量统计依然存在很大的不确定性,现代卫星遥感提供了大尺度的监测数据,但依然需要大气模式等进行同化以得到更全面细节的数据。2011 年 Trenberth 等人(2011)采用 8 种再分析数据对全球水循环中关键环节进行了对比分析,得到不同再分析数据产品的统计结果,如表 2.2 所示。

此外,本书采用了 ECMWF 于 2019 年最新推出的 ERA5 再分析数据(https://www.ecmwf.int/en/forecasts/datasets/reanalysis-datasets/era5)进行对比分析,并且对于海陆水物质循环的环节在原有净输送通量 OL(Net)的基础上,补充海洋向陆地输送(O2L)及陆地向海洋输送(L2O)的总通量,该统计结果有助于分析海洋向陆地输送水汽的多寡及对陆地降水的贡献度。

表 2.2　基于不同资料的全球水循环统计结果

数据源	OE	OP	OL		LP	LE
			Net	O2L,L2O		
Paper2007	413	373	40	—	113	73
MERRA	409	411	40	—	117	86
JRA	515	474	30	—	105	72
R1	440	403	30	—	122	94
R2	506	487	—	—	122	100
ERA-40	449	487	38	—	112	79
ERA-I	456	412	36	—	119	82
CFSR	461	471	43	—	129	72
C20R	490	450	—	—	125	86
ERA5	468	428	44	307,263	121	79

注:Paper2007 时间范围为 1979—2000 年(Trenberth et al.,2007),ERA-40 时间范围为 1990—1999 年,其余数据源的时间范围为 2002—2008 年;单位为 $10^3 km^3/a$。

根据表 2.2 统计的数据,我们发现,不同再分析数据得到的结果基本一致,基本可以掌握全球水循环的基本事实,可以发现在众多再分析数据中,ERA5 的统计结果最符合水循环中的守恒关系。此外,本书通过最新的 ERA5 数据分析了海洋向陆地双向的传输,如果认为海洋的水汽和陆地蒸散发的水汽对降水的贡献是一致的,我们会发现提供陆地降水的水物质有 80%是来自海洋向陆地提供的水汽输入,而陆地本身蒸散发只占了 20%;另一方面,降水的转化率(降水量除以空中的水物质总通量,即海洋向陆地输送量和陆地蒸散发量之和)只有 31%,也就是实际转化为降水的海洋水汽只占了输入水汽的 31%,空中水物质的开发利用依然具有很大空间。

2.1.3 空地水转化

全球水循环让不同水体里的水进行相互转化,从而使得不同水体能够保持动态平衡的状态。比如说,海洋里的水蒸发向大气水转化,大气水通过降水向地表水转化,地表水通过蒸发又会回到大气,同时也会通过径流回归海洋,在这些环节里转化最频繁也是对人类及生态系统最为密切的是空地水转化。采用表 2.2 中 ERA5 的统计结果,地球陆地上一年的降水量为 $121\times10^3km^3$,也就是平均每天有 $332km^3$ 的降水发生,每秒有 $3.84\times10^6m^3$,即每秒就会有 384 万吨大气水通过降水从天上转移到地表。

从表 2.1 中,我们知道大气中总水物质含量并不多,当我们用大气中的总水物质含量 $12.9\times10^3km^3$ 除以地球表面每年的总降水(海洋上的降水加上陆地上的降水,采用 ERA5 数据为 $549\times10^3km^3$)再乘以一年 365 天,即得到平均约 8.6 天大气水就会更新一遍,体现了空地水转化的高效性。表 2.3 列出了主要水体的更新时间(数据来源于联合国 1977 年 *Water Development and Management* 的会议报告)。

表 2.3　　主要水体的更新周期(UN,1978)

海洋	高山冰川	湖泊	土壤水	河流	大气水
2500 年	1600 年	17 年	1 年	16 天	8.6 天

2.2 地表水资源

人类生活在地表之上,对水资源的开发利用也基本上只是水圈薄薄的一层,传统水资源研究一般也只关注地表水与地下水,即狭义水资源概念仅限于河道、湖泊和地下含水层中可被人类直接利用的径流性水资源,而不包括被植被等生态系统利用的降水,水资源的利用实践也主要涉及地表水和地下水的开发与配置(刘昌明和陈志恺,2001;王浩等,2004)。考虑到水资源的间接价值,Falkenmark(1995)提出了绿水以及广义的绿水(Falkenmark and Lannerstad,2005)的概念,蓝水与绿色的概念丰富了地表水资源的研究体系,推动了水资源的研究进展。

下面我们将分别对两种不同的地表水资源进行介绍:径流性水资源——蓝水及陆地生态系统水资源——绿水。同时,当我们考虑地表水资源的稳定性时,就需要了解其来源——降水的分布特征与演变规律。

2.2.1 径流性水资源——蓝水

人类很早就对河流、湖泊中水作为水资源进行利用和研究，最开始只是笼统地称之为水资源，开始关注土壤水及有效降水后，便尝试对水资源的内涵和外延进行扩充，直到 1995 年之后 Falkenmark 将这些传统的看得见的直接被人类利用的水资源称为“蓝水”。按照传统水资源(狭义水资源)的定义，其主要包括河流、湖泊及地下蓄水层等淡水资源，这些水体属于地表径流和地下径流，因此也称之为径流性水资源，但不同水体的更新速度不一样如表 2.3 所示。本书所关注的是参与水循环中更新比较快的部分，也就是河流中的水。

为了准确把握一条河流的水资源量，就需要在河道断面上进行监测，于是便有了水文站，也就有了水文学，水文学是水资源学的基础。狭义水资源的评估主要就是依赖河流年径流量的监测结果得到，如表 2.4 所示，是全球部分大江大河的年径流量(来源于 RivDis2.0 数据库，共包含 3681 个实测水文站，访问地址：http://nelson.wisc.edu/sage/data-and-models/riverdata/index.php)。

表 2.4　　全球部分大江大河年径流量

河流	水文站	流域面积(km^2)	年径流量(km^3)	统计年份
亚马孙河	Obidos	4618746	5414	1968—1995
刚果河	Brazzaville	3475000	1264	1984—2002
密西西比河	Brainerd	2926034	537	1945—1975
湄公河	Mukdahan	391000	252	1924—1987
长江	大通	1705383	789	1976—1979
黄河	三门峡	688421	38	1976—1979

不同的数据源得到的结果可能会有所出入，上述结果也仅代表了特定时期。在气候变化的背景下，全球的水文情势也发生了较大的变化，同时随着人类对河流的取水量越来越大，河道里径流也会受到影响，也因此有了天然径流量的评估方法(即实测径流量的还原水量)，本书中不再详述。

2.2.2 陆地生态系统水资源——绿水

1995 年 Falkenmark 提出绿水时只是针对雨养农业而言，到了 2005 年将其扩展为土壤与植被的蒸散发流，与蓝水、降水形成了封闭的水量平衡关系，因此，我们采用降水量减去蓝水量计算得到广义的绿水量。李小雁等(2007)在回顾陆地生态系统绿水资源时发现这个物理量与区域土壤水资源的概念是一致的(苏人琼和陈远生，2000；夏自强和李琼芳，2001)，因此得到了中国各地区及全球绿水量的分布情况，摘录部分如表 2.5 所示。

表 2.5　　中国部分地区及全球绿水分布

地区	降水量(亿 m^3)	蓝水量(亿 m^3)	绿水量(亿 m^3)	绿水占降水的比例(%)
华南区	9401	5287	4114	44
长江中下游	12115	6198	5917	49
云贵高原	6918	3256	3662	53
四川盆地	5889	3143	2746	47
华北区	3607	1044	2563	71
东北区	4621	1535	3086	67
晋陕区	2202	576	1626	75
蒙宁区	3340	483	2857	86
甘新区	3726	1079	2647	71
青藏区	9196	5108	4088	44
全国	61889	28171	33718	54
全球	1135000	410000	725000	64

从表 2.5 中,可以发现我国各地区的绿水比例为 44%～86%,总体围绕全球的 64%上下分布,但也能够明显发现我国西北地区绿水占降水比例达 70%以上,而南方地区的平均比例不到 50%,这说明我国西北地区的绿水具有较大的开发潜力,可以采取雨水集流结合地表覆盖等水保措施提高绿水的生产力。

在绿水的研究进展中,Rockstrom and Gordon 将植物蒸腾部分称为生产性绿水,而把土壤、地表填注以及植物截留的蒸发统称为非生产性绿水(Rockstrom,1999;Rockstrom and Gordon,2001),这里的非生产性绿水也被 Savenije(2000)称为白水。这样的区分有助于人类对绿水利用的细致管理,从而通过工程等措施提高绿水的生产力。

此外,绿水和蓝水之间具有相互转化的作用机制,程国栋和赵传燕(2006)通过西北干旱地区的生态需水研究指出蓝水和绿水在流域上、中和下游间存在相互转换关系,需要以流域整体统筹考虑蓝水和绿水的利用与管理。例如在我国干旱区内陆河流域,上游山区为蓝水形成区,绿水主要向蓝水转化,在平原区蓝水主要向绿水转化。李小雁(2008)总结绿水研究的关键科学问题指出,绿水概念的提出为流域水资源管理提供了新的思路,流域水资源评价与管理要以降水为基本水资源,综合考虑蓝水和绿水两部分,协调流域上、中、下游生态、生产和生活用水,充分开发利用非生产性绿水资源,平衡自然生态和人类用水。

2.2.3　地表水资源的来源——降水

降水是地表水资源的来源,是空中水向地表水转换的重要环节。在这里我们指的是从空中降落到地面上的水汽凝结物,如雨、雪等形式垂直降水,此外,还有大气中水汽直接在地表或低空形成的凝结物,如霜、露等,也称之为水平降水。这些水平降水对于特定地区的植物生长也起到了重要的作用，具有重要的意义（Munné-Bosch，et al.，1999；刘文杰等，2001；阎百兴和邓伟，2004）。本书主要关注的是雨、雪等形式的垂直降水，因此在没有特殊强调时，均指代的是垂直降水。

对于降水研究的论文和专著已经有很多，本书中就不再赘述。下面列举目前国际上比较主流的降水产品（Sun et al.，2018），如表 2.6 所示。

表 2.6　全球主流高分辨率降水产品

数据集	空间分辨率	空间范围	时间分辨率	时间范围
CRU	0.5°	全球	30d	1901—2017 年
GPCC	0.5°	全球	30d	1901—2013 年
GPCC-Daily	1.0°	全球	1d	1988—2013 年
CPC-Global	0.5°	全球	1d	1979—2017 年
TRMM 3B43	0.25°	50°S—50°N	30d	1998 年至今
TRMM 3B43	0.25°	50°S—50°N	3h/1d	1998 年至今
PERSIANN-CCS	0.04°	60°S—60°N	30min/3h,6h	2003 年至今
PERSIANN-CDR	0.25°	60°S—60°N	3h,6h/1d	1983 年至今
CMORPH	0.25°/8km	60°S—60°N	30min/3h/1d	2002 年至今
GPM	0.1°	60°S—60°N	30min/3h/1d	2015 年至今
MSWEP	0.1°/0.5°	全球	3h/1d	1979 年至今

上表中的前四个降水数据产品基于地面站点观测数据分析得到，而后面的数据以卫星遥感观测为主，通过地面站点辅助校对产生，可以发现，随着卫星观测及数据同化技术的发展，全球降水观测的时空分辨率都得到了进一步的提升，以 GPM（The Global Precipitation Measurement Mission）为标杆，30min 10km 分辨率的降水数据产品将成为未来研究重点。

本书的研究将采用基于地面站点观测数据插值的 CPC-Global 数据产品作为主要分析对象，基于该数据的全球降水分布与对比验证请浏览 4.1.2 小节，没有特殊说明，本书涉及的降水结果均是该产品的计算结果。

2.3　空中水资源——白水

2.3.1　白水的定义

全球水循环是地球上最大尺度的物质能量输送过程，目前采用卫星遥感技术已实现了全球范围的空中水物质含量、水平输送与垂向降水的监测（Kawanishi et al.，2000；Stephens et al.，2002；Parkinson，2003；Joyce et al.，2004；Hou et al.，2014；Sun et al.，2018），也因此可以计算得到全球水循环的各个环节的通量值。

从流域水量平衡关系来看，降水是流域内蓝水和绿水的来源。而对于降水本身而言，水平输送的空中水物质是降水的主要来源，但非所有空中水物质都会转化为降水，因此，从水资源的角度来看，如果我们将空中总的水物质通量看作空中水资源的话，我们会高估水资源的量；当如果只把降水看作空中水资源的话，我们也会低估水资源的量，因为每次降水并不一定会充分将所有可能转化的水物质都转化为降水，或者已具备降水条件但实际上没有发生大规模降水，这种情况下我们可以通过人工影响天气的方法促进降水发生从而增加降水量。因此，我们需要提出一个合理的空中水资源概念及其评估方法，基于这个概念，将有助于我们完善水资源概念以及更好地统筹管理与综合利用空地水资源。

在气象领域，广泛采用云水资源概念来描述和评估空中水资源，蔡淼(2013)总结了不同气象学者对云水资源概念的辨析，提出云水资源是存在于云中可以通过一定技术手段被人类利用的那部分水物质，但不包括自然降水过程已经沉降的部分。参考地表水资源的概念，我们认为将水资源概念从陆地扩展到空中时，其内涵不应仅是人工影响天气可增加的那部分降水，而应是进入一定区域内具有发生降水潜力的全部水物质，包括自然降水的部分。

本书提出将空中水物质通量(Q)分解为白水(通量)(Q_W)和背景水通量(Q_B)。白水(通量)代表了具有转化为降水潜力的水物质通量，背景水通量代表了无法转化为降水的水物质通量。大气水与降水、地表水的转化关系如图 2.2 所示，空中水物质通量分解为白水(通量)和背景水通量，其中一部分白水(通量)向降水通量转化，降水通量转化为蓝水通量和绿水通量，而绿水通量则回补到空中水物质通量。

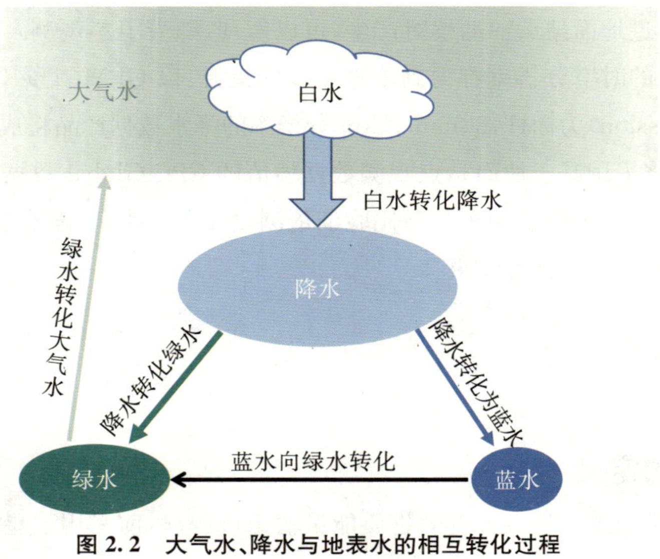

图 2.2　大气水、降水与地表水的相互转化过程

本书将白水(通量)向降水通量的转化比例定义为白水的降水转化率(White Water

Precipitation, *WPR*),因此,不考虑存蓄量的变化,可以将式(1-7)改写为下列方程组:

$$Q = Q_W + Q_B \tag{2-1}$$

$$P_A = WPR \cdot Q_W \tag{2-2}$$

$$R_A = P_A - ET_A \tag{2-3}$$

式中, Q 为总水物质通量, Q_W 为白水(通量), Q_B 为背景水通量, P_A 为流域总降水量, R_A 为流域出口的径流量, ET_A 为流域的总蒸散发量。

基于以上出发点,式(2-1)研究白水(通量)与背景水通量的分布特征,可用于定量评估不同地区不同季节白水(通量)的丰富程度,代表了该地区可转化为降水的空中水物质通量的大小。式(2-2)研究不同地区降水与白水的比值关系,可用于定量评估不同地区不同季节的降水转化比例,代表了该地区白水的天然降水利用的程度高低。式(2-3)研究降水向蓝水与绿水的转化特征,属于传统水资源研究的范畴。

按照上述介绍,白水可以从两个方面进行定义,一个是单点的定义,另外一个是流域的定义。式(2-1)到式(2-3)是流域尺度白水及其相关变量的表达。

对于单点,将白水定义为长时段统计通过该点具有降水潜力的空中水物质的通量;相应地将背景水定义为长时段统计通过该点不具备降水潜力的空中水物质的通量。白水(通量)和背景水通量共同组成了总水物质通量。

对于流域,将白水定义为长时段统计进入一定流域/区域具有降水潜力的空中水物质的通量;相应地将背景水定义为长时段统计进入一定流域/区域不具备降水潜力的空中水物质的通量。同样地,流域的白水(通量)和背景水通量共同组成了进入流域的总水物质通量。

白水概念的提出是为了将空中水物质的通量分解为具备降水潜力部分和剩余部分,考虑到降水过程不可能将空中水利用完毕,不可降水的部分会时刻存在,所以本书将其命名为背景水。白水(通量)和背景水通量将空中水物质通量分解为是否可能转化为降水的两部分,其定量评估将有助于揭示不同区域气候特征与降水关系背后的内在原因,对气候和水资源特征分析具有重要的研究意义。

2.3.2 白水的计算方法

(1)白水的单点计算方法

本书的定义和计算暂不考虑大气的垂向分层,白水(通量)及其计算的相关变量均指地表到一定高度大气的总量或平均量。为简化表示,以下各物理量均为垂向积分或平均后的值,不再单独说明。

首先,考虑单点的总水物质通量 q 和背景水通量 q_B ,根据定义,其计算表达式如式(2-4)和式(2-5)所示:

$$q = \frac{\int_t TCAW \cdot \|u\| \mathrm{d}t}{\int_t \mathrm{d}t} \tag{2-4}$$

$$q_B = \frac{\int_t TCBW \cdot \|u\| \mathrm{d}t}{\int_t \mathrm{d}t} \tag{2-5}$$

式中，t 为时间，量纲为[T]；u 为风速矢量，量纲为[LT^{-1}]；$TCAW$ 为单点的垂直积分总水物质含量（Total Column Atmospheric Water），$TCBW$ 为该点的背景水汽含量（Total Column Background Water），两者的量纲都是[L]；因此 q 和 q_B 的量纲均为[L^2T^{-1}]，为单宽通量。

它们的方向（单位长度向量）分别采用式(2-6)和(2-7)计算得到，其中时间积分代表的是这段时间内通量输送的矢量和。

$$e_T = \frac{\int_t TCAW \cdot u \mathrm{d}t}{\left\|\int_t TCAW \cdot u \mathrm{d}t\right\|} \tag{2-6}$$

$$e_B = \frac{\int_t TCBW \cdot u \mathrm{d}t}{\left\|\int_t TCBW \cdot u \mathrm{d}t\right\|} \tag{2-7}$$

需要注意的是，由于风速矢量不断变化，以上通量及其方向的具体计算结果会受到时间离散尺度的影响，过小的时间分辨率会夸大对通量大小的估计。

按照白水（通量）q_W 的定义可以得到其计算式如式(2-8)所示：

$$q_W = q - q_B = \frac{\int_t TCAW \cdot \|u\| \mathrm{d}t}{\int_t \mathrm{d}t} - \frac{\int_t TCBW \cdot \|u\| \mathrm{d}t}{\int_t \mathrm{d}t} \tag{2-8}$$

对于式(2-8)右端，考虑在某些瞬间实际的空中水物质含量 $TCAW$ 可能小于当时的背景水汽含量 $TCBW$，此时不宜将负值计入白水（通量），应将此时段的具有降水潜力的水物质含量赋值为0。定义 $TCWW$ 为在这种处理方式下的实际用于累计的水物质含量（Total Column White Water），如式(2-9)所示。在这种条件下，$q_W = q - q_B$ 不严格成立，但在较合理的 $TCBW$ 取值下，此处偏差应为小量。

$$TCWW = \begin{cases} TCAW - TCBW, & TCAW \geqslant TCBW \\ 0, & TCAW < TCBW \end{cases} \tag{2-9}$$

因此，在本书中，实际采用 $TCWW$ 进行白水（通量）q_W 的统计分析，计算式如(2-10)所示：

$$q_W = \frac{\int_t TCWW \cdot \|u\| \mathrm{d}t}{\int_t \mathrm{d}t} \tag{2-10}$$

同理，定义白水(通量) q_W 的方向(单位长度向量)，如式(2-11)所示，其中时间积分代表的是白水(通量)在这段时间内输送的矢量和，因为风速矢量积分时，作为其不同时刻系数的各水物质通量($TCAW$ ，$TCBW$ ，$TCWW$)大小不同，所以 e_T 、e_B 和 e_W 各不相同。

$$e_W = \frac{\int_t TCWW \cdot u \mathrm{d}t}{\left\| \int_t TCWW \cdot u \mathrm{d}t \right\|} \tag{2-11}$$

我们发现白水(通量)的计算受背景水通量的直接影响，因此背景水汽含量 $TCBW$ 成为评估白水(通量)的关键因素，本书将在 2.3.3 小节对该物理量进行深入分析。

若考虑一种理想状态，即空中水物质足够丰富，在相应的天气条件下处于水汽饱和状态进行输送，此时用 q_S 表示这一饱和水物质通量，如式(2-12)所示：

$$q_S = \frac{\int_t TCSW \cdot \|u\| \mathrm{d}t}{\int_t \mathrm{d}t} \tag{2-12}$$

式中，$TCSW$ 为某地在该海拔高程该地表气温下理想条件的垂直积分饱和水汽含量(Total Column Saturation Water)，计算方法见 2.3.3 小节。

对应地，我们可以得到饱和情况下的白水(通量) q_{WS} ，一般为白水的最大可能量，如式(2-13)所示：

$$q_{WS} = q_S - q_B = \frac{\int_t (TCSW - TCBW) \cdot \|u\| \mathrm{d}t}{\int_t \mathrm{d}t} \tag{2-13}$$

同理，可以定义以上 q_S 和 q_{WS} 两个通量的方向，不再赘述。

(2)白水的流域计算方法

考虑进入一定流域或区域的白水(通量)的计算，其本质是计算进入一个封闭的垂直截面的侧表面的通量，只需要沿着流域/区域的封闭边界对白水(通量)进行积分即可。

首先，我们可以得到一段时间内进入一定流域/区域的总水物质通量和背景水通量，用 Q 和 Q_B 表示，如式(2-14)和(2-15)所示：

$$Q = \frac{\int_t \oint_S \frac{1}{2} TCAW \cdot (\boldsymbol{u} \cdot \boldsymbol{n} + |\boldsymbol{u} \cdot \boldsymbol{n}|) \mathrm{d}S \mathrm{d}t}{\int_t \mathrm{d}t} \tag{2-14}$$

$$Q_B = \frac{\int_t \oint_S \frac{1}{2} \overline{TCBW} \cdot (\boldsymbol{u} \cdot \boldsymbol{n} + |\boldsymbol{u} \cdot \boldsymbol{n}|) \mathrm{d}S \mathrm{d}t}{\int_t \mathrm{d}t} \tag{2-15}$$

式中，S 为流域边界；$\boldsymbol{n}$ 为 S 上指向流域内的单位法向量；$TCAW$ 为边界上空中总水物质含量，$\overline{TCBW}$ 为整个流域内背景水汽的空间加权平均值，通过式(2-16)计算得到；$\oint_S \mathrm{d}S$ 表示沿边界积分。积分后可以得到 Q 和 Q_B 的量纲为$[\mathrm{L^3T^{-1}}]$，表征的是一定时间内进入该流域的总水物质通量和背景水通量。

对于流域而言，输入的空中水物质按照各自的输送路径行进，$TCBW$ 为空中水物质在流域内输送路径上的背景水汽含量，是位置和时间的函数，空中水物质的降水潜力受输送路径上各处背景水含量 $TCBW$ 的影响。因此，在计算流域背景水的时候需要对流域内各处的背景水进行加权处理。为了简化处理，本书将权重取为通过该位置的总水物质通量，如式(2-16)所示：

$$\overline{TCBW}=\frac{\int_0^W\int_0^L q\cdot TCBW\,\mathrm{d}l\,\mathrm{d}w}{\int_0^W\int_0^L q\,\mathrm{d}l\,\mathrm{d}w} \tag{2-16}$$

式中，l 代表输送路径的长度，w 代表垂直于输送路径的宽度。需要说明的是采用这个方法计算的结果并非精确结果，精确计算还需要分析输入水汽在流域内的输送路径（王光谦等，2016）。

此时，我们可以得到进入流域/区域的白水（通量）Q_W 的表示式，如式(2-17)所示：

$$Q_W=Q-Q_B=\frac{\int_t\oint_S \frac{1}{2}TCAW\cdot(\boldsymbol{u}\cdot\boldsymbol{n}+|\boldsymbol{u}\cdot\boldsymbol{n}|)\,\mathrm{d}S\,\mathrm{d}t}{\int_t \mathrm{d}t}-\frac{\int_t\oint_S \frac{1}{2}\overline{TCBW}\cdot(\boldsymbol{u}\cdot\boldsymbol{n}+|\boldsymbol{u}\cdot\boldsymbol{n}|)\,\mathrm{d}S\,\mathrm{d}t}{\int_t \mathrm{d}t} \tag{2-17}$$

与单点定义的白水（通量）计算式(2-8)类似，考虑输入水汽含量与背景水汽含量的大小，实际统计 Q_W 时也采用 $TCWW$ 进行计算，如式(2-18)所示：

$$Q_W=\frac{\int_t\oint_S \frac{1}{2}TCWW\cdot(\boldsymbol{u}\cdot\boldsymbol{n}+|\boldsymbol{u}\cdot\boldsymbol{n}|)\,\mathrm{d}S\,\mathrm{d}t}{\int_t \mathrm{d}t} \tag{2-18}$$

与单点不同，$TCWW$ 需要扣除的是流域内的平均背景水汽含量 $\overline{TCBW}$，代表的是输入水物质含量小于流域内平均背景水汽含量时，则认为对白水（通量）没有贡献，但不计入负值，如式(2-19)所示：

$$TCWW=\begin{cases} TCAW-\overline{TCBW}, & TCAW\geqslant\overline{TCBW} \\ 0, & TCAW<\overline{TCBW} \end{cases} \tag{2-19}$$

同样若考虑空中水物质处于水汽饱和状态输送，此时我们用 Q_S 表示这一水物质通量，如式(2-20)所示：

$$Q_S = \frac{\int_t \oint_S \frac{1}{2} TCSW \cdot (\boldsymbol{u} \cdot \boldsymbol{n} + |\boldsymbol{u} \cdot \boldsymbol{n}|)\,\mathrm{d}S\,\mathrm{d}t}{\int_t \mathrm{d}t} \tag{2-20}$$

此处的 $TCSW$ 值是流域边界上的垂直积分饱和水汽含量，代表的是输入的最大可能水物质通量。同理，可以得到饱和情况输入的白水(通量) Q_{WS} ，为输入流域最大可能的白水(通量)，其表达式如式(2-21)所示：

$$Q_{WS} = Q_S - Q_B = \frac{\int_t \oint_S \frac{1}{2}(TCSW - \overline{TCBW}) \cdot (u \cdot n + |u \cdot n|)\,\mathrm{d}S\,\mathrm{d}t}{\int_t \mathrm{d}t} \tag{2-21}$$

2.3.3 背景水的计算方法

背景水的含义是与降水过程无关或不影响降水的那部分空中水物质，其判别标准和计算方法将会影响与降水过程有关的白水。最直观的一种做法是直接取总水物质含量的一定比例作为背景水，但很明显这个判定方法具有明显的局限性，当总水物质含量特别低的时候，基本上全部水物质都属于背景水不可发生降水；而当总水物质含量特别高的时候，能发生降水的部分也会更多，因此背景水与总水物质含量并非是一个简单线性的比例关系。

从背景水的物理含义出发，可以从两个角度进行分析：一个是晴空天气时的大气垂直积分总水物质含量，考虑一般的降水无法在晴空状态下发生，同时降水发生后也不可能将空中的水汽完全消耗干净，将晴空天气状态的水汽含量作为空中不可利用的背景水汽含量具有一定的科学依据；另外一个是从降水发生的临界条件的角度出发，研究不同气温下临界降水事件发生时空中水物质的含量水平，对一定频率百分位数区间的降水事件发生时的气温与总水物质含量进行回归分析，建立临界降水事件发生时不同气温下的背景水含量函数关系，从而说明在一定气温下空中水物质含量只有达到一定水平后才有可能发生降水事件，低于这个水物质含量水平的可以认为就是背景水汽，是与降水无关的水物质。下面将分别展开两种思路的判别与计算方法。

(1)晴空水汽法

一般来说晴空中的水汽在自然过程中是不会发生降水的，因此，背景水汽含量最直接的判别方式就是统计晴空大气的垂直积分水汽含量(即气象学科的大气可降水量，Precipitable Water)，本书把这种判定方法称为“晴空水汽法”。

Iqbal(1983)提出了空中水汽含量与地表水汽压等物理量的经验关系；杨景梅和邱金桓(1996)研究了我国可降水量同地表水汽压关系的经验表达式，结果验证良好；姚展予等

(2001)用 GMS-5 卫星资料反演晴空大气的水汽分布，采用地面资料反演有云天大气的水汽分布，两个方法融合得到淮河流域全天候的水汽场分布。

大气可降水量的研究已经非常成熟，既可以通过卫星观测反演得到，也可以依据地面观测物理量建立的经验公式进行推算。欧洲中期天气预报中心(ECMWF)于 2007 年发布 ERA-Interim 再分析数据集，提供了垂直积分总水物质含量(包括固液气三种相态)以及云覆盖度数据(见本章 4.1 节"数据介绍"中的 4.1.1 小节)。考虑到固液相态的水物质占空中水比例非常小，在低云覆盖度可忽略不计，因此直接统计低云覆盖度下的总水物质含量值作为背景水汽含量。

对任意一个地区，采用云覆盖度(Total Cloud Cover，*TCC*)小于 0.1 来近似晴空状态，统计每个年内顺序日的垂直积分总水物质含量(Total Column Water，*TCW*)的多年平均值作为该地区该顺序日的背景水汽含量。目前采用的数据时间范围为 1979 年到 2017 年，共 39 年，也就是一个地区每个顺序日只有 39 次统计，在这 39 天数据内可能会出现云覆盖度都大于 0.1 的情况，无法得到该地区该顺序日的背景水汽。因此定义晴空日比例作为背景水汽的统计质量：统计符合晴空条件的天数除以年总天数，得到一个 0 到 1 的统计指标，数值越大，证明越多的天数的背景水汽含量是通过真实数据平均得到的，而非通过后续插值得到。

按照上述统计方法得到了全球背景水汽年均含量分布(图 2.3)，可以发现其分布规律呈赤道高两极低的基本特点，同时海拔越高，背景水含量越低。

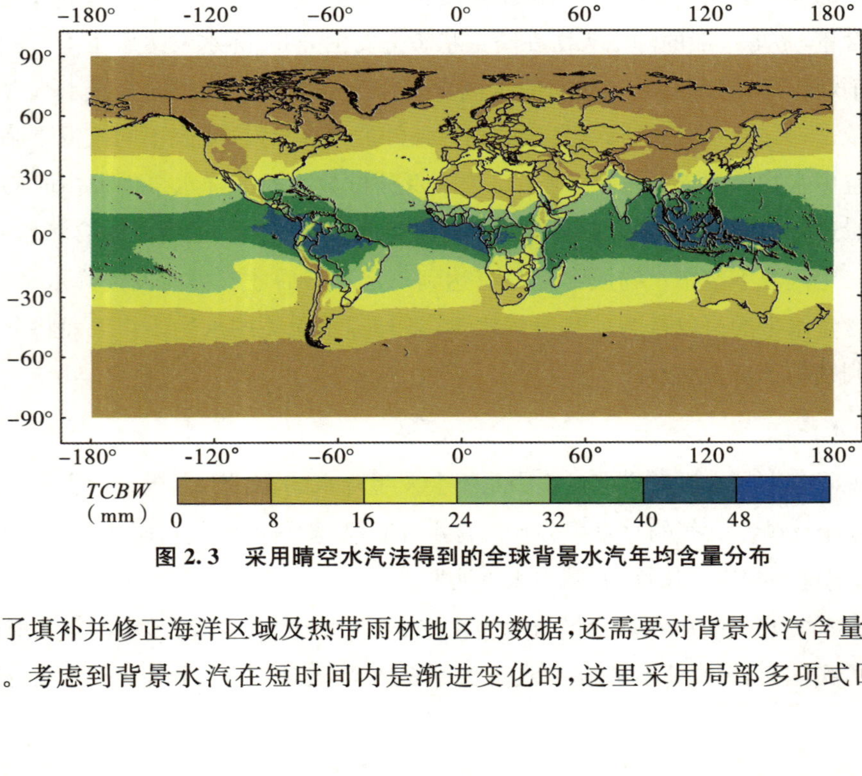

图 2.3　采用晴空水汽法得到的全球背景水汽年均含量分布

为了填补并修正海洋区域及热带雨林地区的数据，还需要对背景水汽含量序列进行二次加工。考虑到背景水汽在短时间内是渐进变化的，这里采用局部多项式回归 LOESS

(Locally Weighted Regression)函数(Cleveland,1979,1981)进行拟合,一方面抹除空白点;另一方面可以让背景水随顺序日的变化更加光滑,避免可能出现的偶然天气导致的偏离数据。在回归处理的过程中,将晴空日比例指标作为 LOESS 函数中 span 参数的依据,使得回归结果更加可靠。

图 2.4 显示了对应的晴空日比例分布,大部分陆地地区处于 0.9 以上,有的甚至在 0.99 以上,证明了该方法的可行性。但在陆地上也存在一些晴空日比例低,即统计质量低的地区,主要出现在热带地区,包括亚马孙热带雨林、刚果热带雨林、印度尼西亚地区等,年内约只有 30%的天数是晴空日,因此,这些地区的统计分析对数据质量更加敏感。关于赤道上的统计质量问题,一方面可能是来自再分析数据的准确性问题,Trenberth et al.(2001)专门分析了两种主流的再分析数据 NCEP/NCAR 和 ECMWF 在赤道上的准确性问题,结果显示 ECWMF 再分析数据在同化温湿度廓线时出现了较大的误差;另外一方面可能与人类对热带雨林复杂的强对流、强蒸散发的天气系统的认识不足有关,亚马孙热带雨林和刚果热带雨林的水热平衡与水循环依然是目前研究的重点和难点(Shuttleworth,1988;Shukla et al.,1990;Gat and Matsui,1991;Eltahir and Bras,1994;Matsuyama et al.,1994;Pokam et al.,2012)。因此,在这些地区数据质量会在一定程度上会影响该地区的白水及相关统计参数的准确评估。

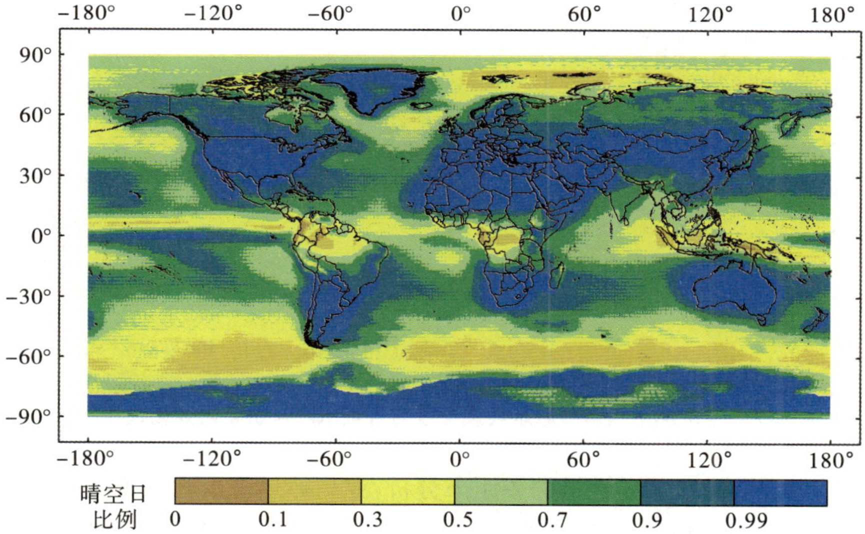

图 2.4 全球多年(1979—2017)统计年内晴空日(*TCC*<0.1)比例

图 2.3 显示的是年平均的结果,代表了总体背景水汽含量的水平,下面选取全球典型气候区进行年内顺序日的背景水汽含量分析,绘制了总水物质含量 *TCW* 与背景水汽含量的年内顺序日过程,如图 2.5 所示:

1)热带雨林气候:亚马孙热带雨林中部(3°S,65°W),海拔高程约为 100m,多年平均气温约为 25℃，背景水汽含量约为 45mm，晴空日比例约为 0.3。

2）亚热带季风气候：长江流域中下游地区（31°N，118°E），海拔高程约为 10m，多年平均气温约为 16℃，背景水汽含量约为 20mm，晴空日比例约为 0.9。

3）温带海洋性气候：欧洲西海岸（47°N，1°E），海拔高程约为 100m，多年平均气温约为 11℃，背景水汽含量约为 14mm，晴空日比例约为 1.0。

4）温带大陆性气候：塔里木盆地中部（40°N，83°E），海拔高程约为 1000m，多年平均气温约为 12℃，背景水汽含量约为 9.6mm，晴空日比例约为 1.0。

5）高原山地气候：青藏高原中部（33°N，88°E），海拔高程约为 5000m，多年平均气温约为 −5℃，背景水汽含量约为 2.3mm，晴空日比例约为 0.9。

6）热带沙漠气候：撒哈拉沙漠东北部平原（27°N，22°E），海拔高程约为 500m，多年平均气温约为 22℃，背景水汽含量约为 15mm，晴空日比例约为 1.0。

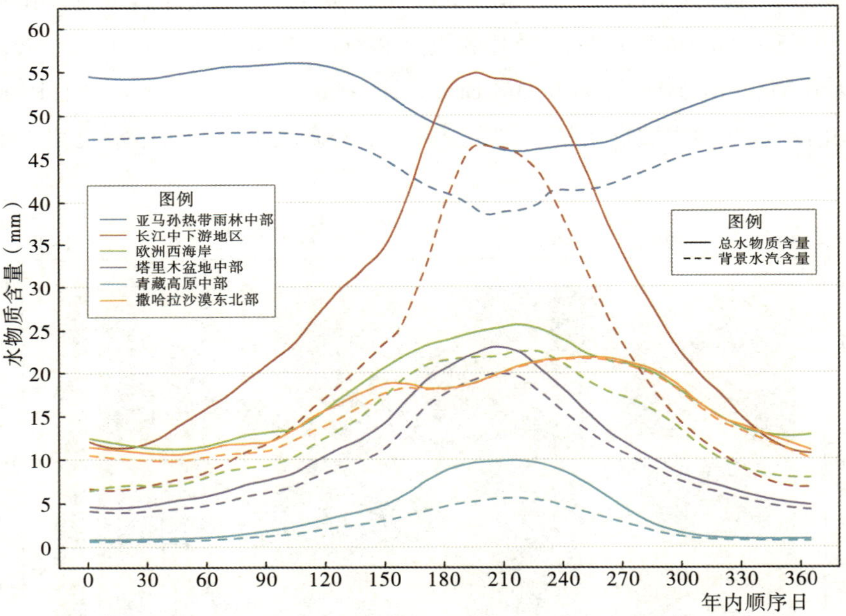

图 2.5　全球典型气候区总水物质含量与背景水汽含量年内变化过程

从背景水汽含量与总水物质含量的差距来分析，亚马孙热带雨林一年四季的背景水与总水物质都有较大差距，因此白水的输送丰富且相对均匀；长江流域中下游地区的总水物质和背景水的季节波动比较大，但差值在年内也是比较大且相对均匀，与亚马孙热带雨林的基本一致，但从相对比例来看，长江流域比亚马孙热带流域还高；欧洲西海岸、塔里木盆地的季节性特征与长江流域的基本一致，但绝对值少了一些；而青藏高原季节上的差异比较大，主要是在夏季；而对于撒哈拉沙漠而言，全年基本上差距都很小，说明虽然空中输送总水物质量不少，但与降水有关的白水非常少，因此也难以有降水事件的发生。上述分析与气候研究的基本规律是一致的。

从不同气候区的背景水差异来分析，可以看出背景水的整体水平与海拔高度密切相关，如最低水平的是青藏高原中部地区，背景水的含量在 0 到 6mm 之间。年内的波动与气温高度相关：亚马孙因为地处热带，常年在 20℃以上，季节特征不明显。而季节特征明显的长江流域中下游地区，冬季不到 10mm，而夏季最高可达到 45mm；塔里木盆地冬季不到 5mm，夏季超过 20mm；撒哈拉沙漠地区由于海拔低、温度高且波动小，所以背景水汽一直处于比较高的水平。

(2)临界降水法

影响降水事件发生的主要因素是水汽含量，且在不同气温下存在很大差异。因此，通过多年数据统计分析出不同地区不同气温下发生的一定频率百分位数降水事件发生的临界水汽含量，可以认为没达到这个临界条件的水汽含量就不能发生降水，因此也就得到了该地区在不同气温下的背景水汽含量。我们将这个基于一定频率百分位数降水事件发生的判别方法简称为“临界降水法”。

在具体操作中，统计发生降水事件（大于 0.1mm）当日的地表 2m 处气温（2 Meter Temperature，*T2M*）与大气垂直积分总水物质含量（*TCW*），然后对序列的 *T2M* 数据进行分组，每 1℃作为一个统计区间，统计该区间内所有降水日 *TCW* 的分布，选取低于 90 百分位数的点作为临界降水事件。对某地的全部气温区间进行上述选取操作后可以得到不同气温下临界降水事件发生时的水汽含量，对选取的这些数据序列采用指数函数进行拟合，函数形式如式(2-22)所示：

$$TCW = e^{k \times T2M + b} \tag{2-22}$$

因为沙漠地区降水事件特别少，所以无法采用这种方法进行准确统计，下面只选取剩下五个区域进行研究。如图 2.6 所示是不同气候区的降水事件发生时 *T2M* 和 *TCW* 的散点图，其中圆圈越大代表当日降水量越大，红色的点代表入选临界降水事件，红色虚线是采用式(2-22)函数拟合后的结果。

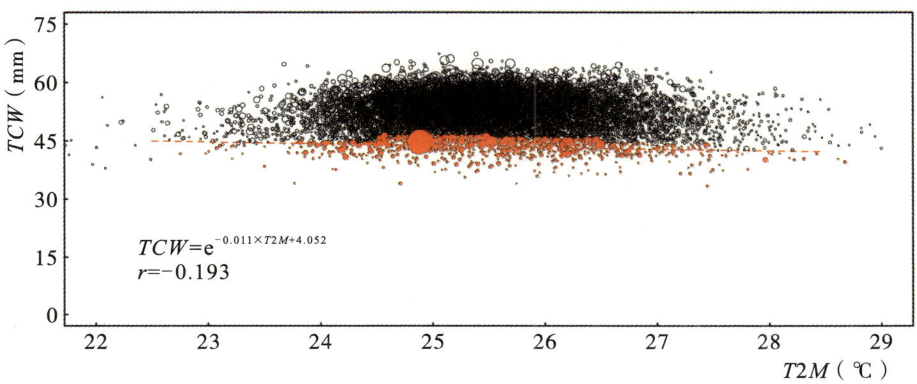

(a)亚马孙热带雨林中部

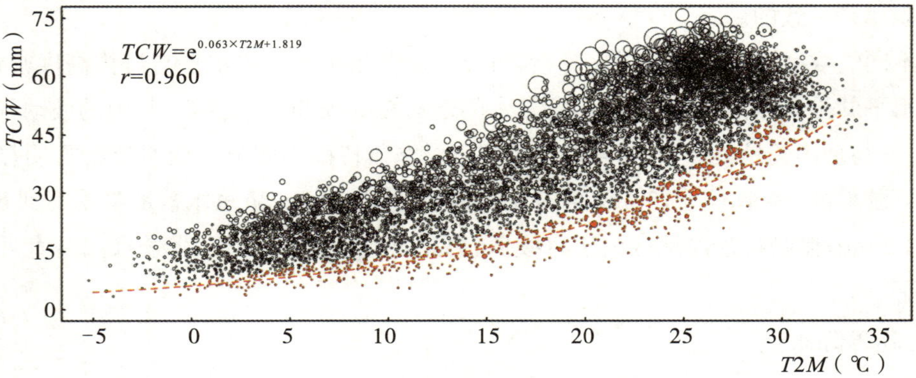

(b)长江流域中下游地区

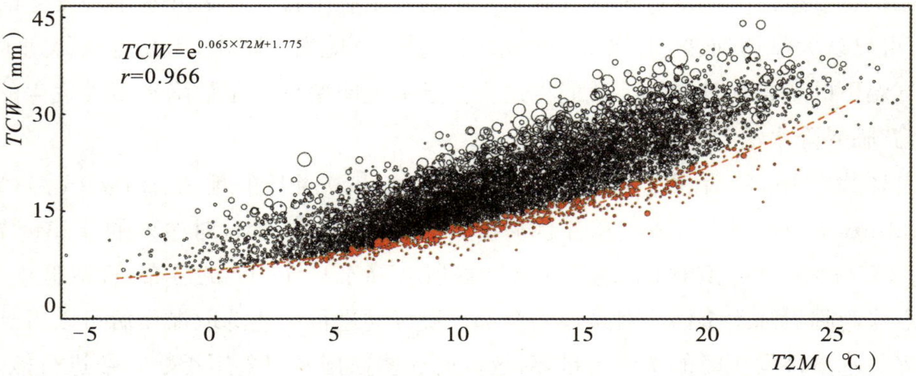

(c)欧洲西海岸地区

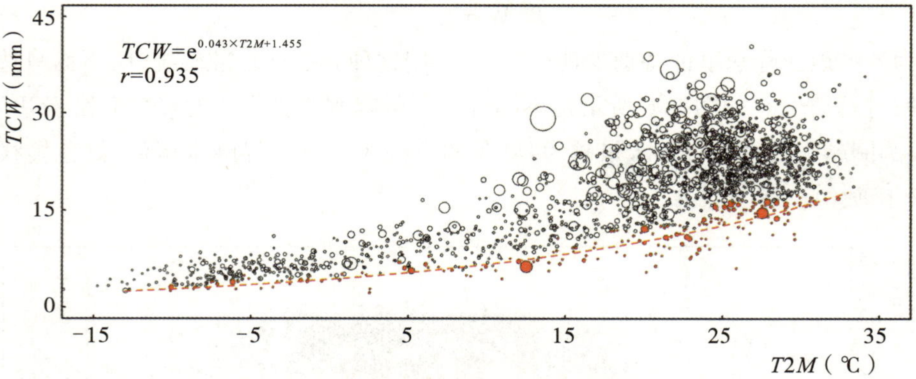

(d)塔里木盆地中部

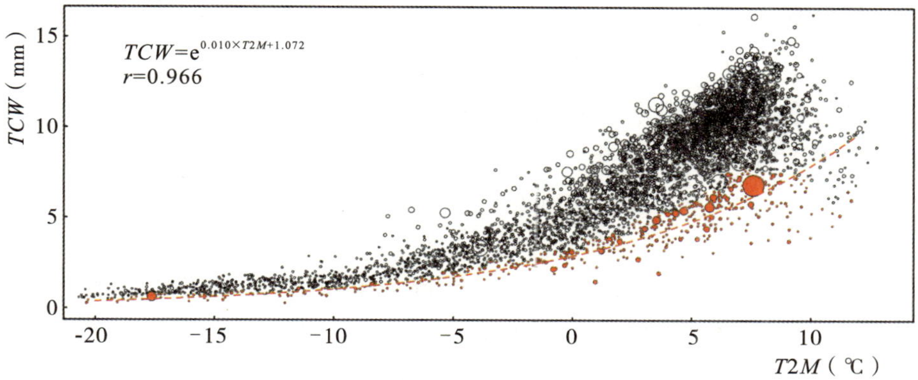

(e)青藏高原中部

图 2.6 不同气候区的降水事件发生时 *T2M* 与 *TCW* 的统计关系

图 2.6 标注了各个气候区拟合的关系式和相关系数。从拟合结果来看，除亚马孙河流域以外，其他地区的相关系数都在 0.9 以上，基本实现了下包络线的效果；同时从各自拟合的关系式来看，各个地区的系数值都不一样，这与当地的海拔高程与气候特征有明显的关系。

从降水事件的发生与 $T2M$ 和 TCW 的关系来看，除亚马孙河流域以外，其余地区基本上是气温越高，降水发生时所需要的水物质含量 TCW 越大，这与气温越高，大气饱和含水量越高有关。对于我国雨热同期的地区如长江中下游地区、青藏高原等，还呈现温度越高所发生的降水事件越多，同时降水量也越大的特征；而欧洲西海岸属于温度海洋性气候，全年的降水相对均匀，且大部分降水发生在春秋温度不高的季节。

(3)分析结果对比

上述结果验证了临界降水法的可行性，进一步，同时将上述拟合结果应用到多年平均的年内顺序日的 $T2M$ 上，可以得到年内顺序日的背景水分布特征，这样便可以与晴空水汽法的年内顺序日统计结果进行对比。

另外，根据各个地区的海拔和年内气温可计算空中饱和水汽的含量值。计算思路是通过气温与饱和水蒸气压的关系，假设整层大气都达到饱和状态，按照饱和绝热直减率从地表气温开始推算高空不同高度的气温，得到空中的饱和水蒸气压的垂直廓线，再根据饱和水蒸气压与水汽含量的关系，计算出水物质含量。

各个地区的地表气温 $T2M$ 提供了气温的初始值，按照每上升 1000m，气温下降 6℃的关系，可以计算出不同高度处的气温。本书采用的饱和水蒸气压与气温的经验公式是修正的 Tetens 公式(刘健文等，2005)：

$$E=6.112\,e^{\frac{17.67t}{t+243.5}} \tag{2-23}$$

式中，t 的单位为摄氏度，E 为饱和水气压。

根据克拉伯龙方程：$P_wV = n_w RT$，P_w 为饱和水气压，单位为 Pa；n_w 为水汽的分子数；V 为气体体积；R 为气体常数；T 为绝对温度。可以建立饱和水汽压与比湿的关系，然后在高程上进行垂直积分(积分下限为地表海拔高程，上限为 10000m)，得到垂直积分饱和水汽含量 $TCSW$，如式(2-24)所示：

$$TCSW = \frac{611.2 \times M_w}{0.006 \times \rho R}\int_{t_0}^{t_0-(10000-h_0)\times 0.006} \frac{e^{\frac{17.67\times t}{t+243.5}}}{t+273.15}dt \tag{2-24}$$

根据上述计算方法可以得到全球范围的饱和水汽年均含量，如图 2.7 所示。其分布规律与背景水汽年均含量(图 2.3)基本一致，赤道高两极低；海拔越高，水物质含量越低。统计结果表明，对任意区域，饱和水汽含量＞背景水汽含量。与背景水汽含量 $TCBW$ 一样，对每个地区都可以计算年内顺序日的饱和水汽分布，因此可以得到饱和水汽含量 $TCSW$、实际水物质含量 $TCAW$ 和背景水汽含量 $TCBW$ 三个物理量的年内顺序日对比结果。

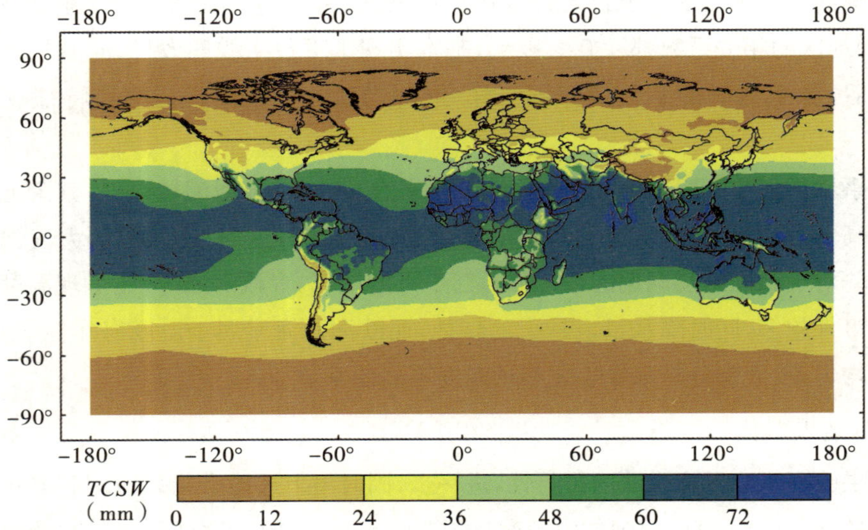

图 2.7　全球多年平均饱和水汽年均含量分布

将上述五个气候区的整层饱和水汽含量、多年平均实际总水物质含量、晴空水汽法和临界降水法两种方法计算的背景水汽含量的年内顺序日变化过程各自分别绘制到一张图中，可以实现不同的水物质含量的年内分布对比，同时分析两种计算方法的结果相同之处与差异性，如图 2.8 所示。

从上述结果来看，晴空水汽法采用晴空状态统计的背景水含量的顺序日分布特征与实际总水物质的很接近，而临界降水法采用临界降水事件发生时的气温与总水物质含量的关系计算的背景水汽含量的顺序日分布特征与饱和水汽的很接近，表明两种方法的原理不同。但从两种方法计算的背景水汽含量的结果来看，五个不同的气候区的结果基本上是一致的。偏差比较大的长江中下游地区和塔里木盆地，主要表现为春季临界降水法的结果要比晴空水汽法的大，而到了夏季，晴空水汽法的结果要比临界降水法的大，也就是春季云量比较多时并不一定会发生降水，而到了夏季云量即使比较少时也会有降水，这可能与长江中下游夏季的强对流天气有关。

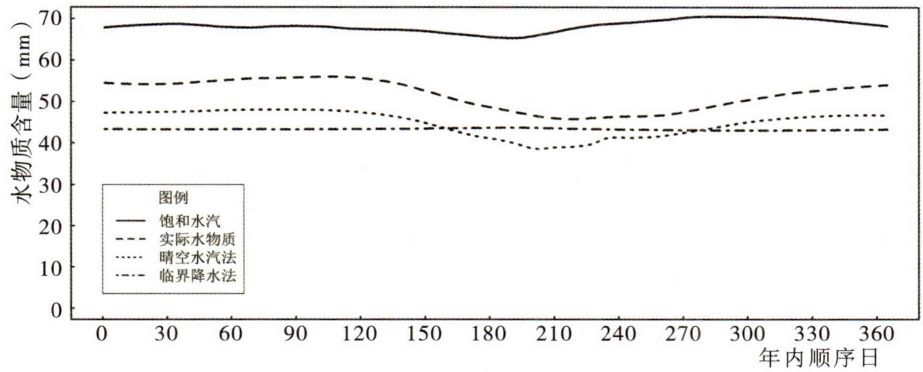

(a)亚马孙热带雨林中部

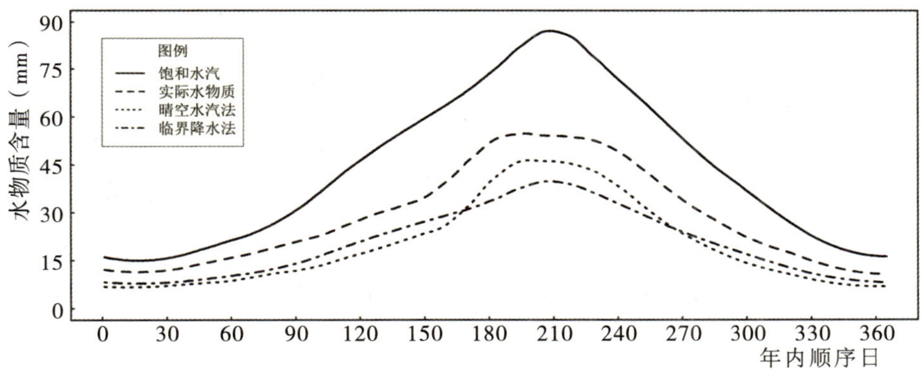

(b)长江流域中下游地区

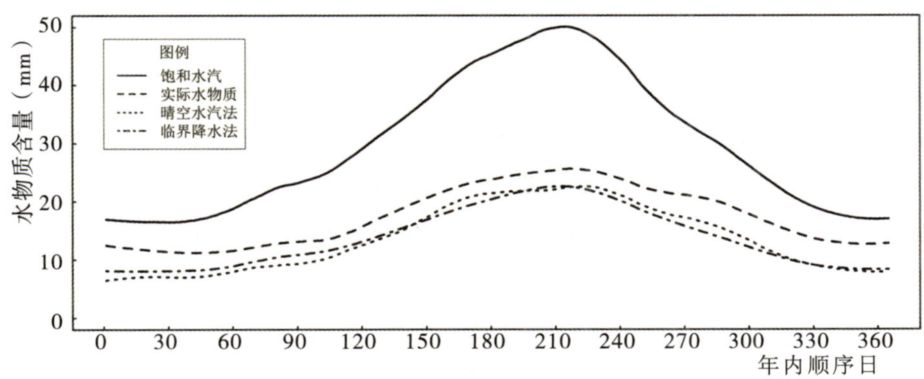

(c)欧洲西海岸地区

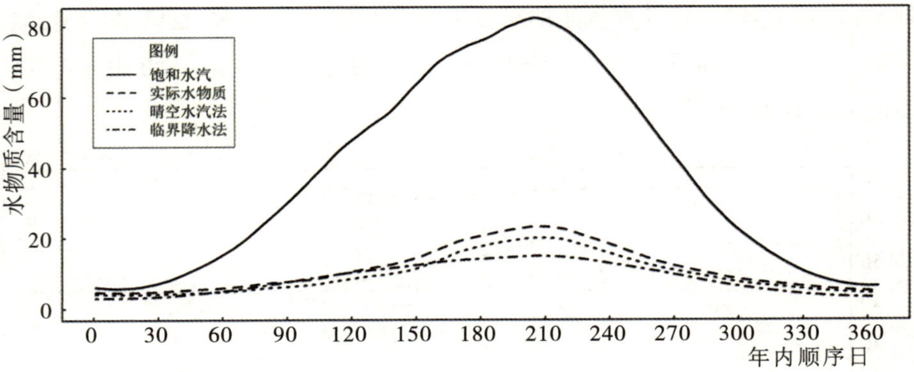

(d)塔里木盆地中部

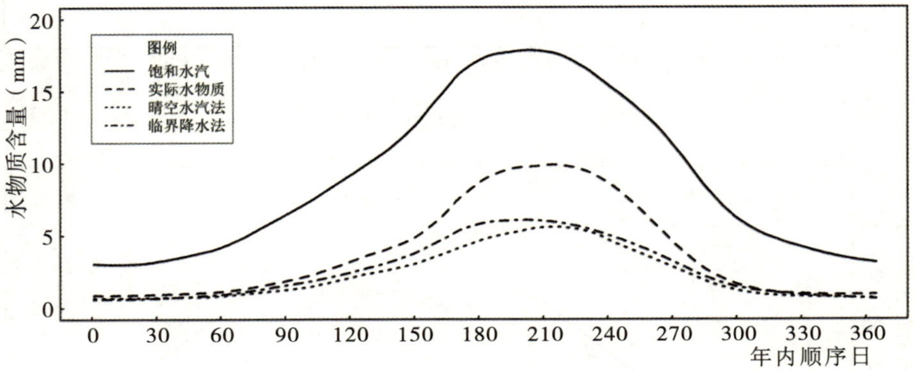

(e)青藏高原中部

图 2.8　不同气候区的饱和水汽含量、实际水物质含量及两种方法的背景水汽含量对比

综合考虑两种方法的优缺点，本书后续的研究均采用晴空水汽法得到的背景水汽含量进行计算。

2.3.4　白水比率

白水是空中水物质通量的一部分，我们可以采用白水占空中总水物质通量的比值作为一个地区的白水丰富程度的指标之一，称为白水比率。比率越大，也就证明这个地区的水汽输送中与降水有关的水汽输送过程和通量越多，也就是成云致雨的过程越多。

将某地白水（通量）与空中水物质通量的比值定义为白水比率（White Water Ratio），用 WWR 表示，表达式如式(2-25)所示：

$$WWR = \frac{q_W}{q} \tag{2-25}$$

因此，我们可以得到 WWR 为无量纲数，表征的是与降水有关的白水（通量）占空中总水物质通量的比值。

将单点的白水（通量）与总水物质通量的计算表达式代入式(2-25)，因为两个通量统计的是同一个时段，所以原来各自的时间分母可以约掉，得到白水比率的计算公式如式(2-26)所示：

$$WWR = \frac{q_W}{q} = \frac{\int_t TCWW \cdot \|u\| \mathrm{d}t}{\int_t TCAW \cdot \|u\| \mathrm{d}t} \tag{2-26}$$

2.3.5 白水饱和度

白水比率反映了白水(通量)占总水物质通量的比率，但各个地区由于地理位置等因素导致总水物质通量的差距很大，为了公平地表征白水(通量)在本地的丰沛程度，我们采用实际的白水(通量)除以饱和情况下的白水(通量)得到白水饱和度。

白水饱和度越大，也就说明这个地点的白水(通量)越接近于饱和状态(一般可认为就是上限状态，但实际上也会存在极少数超过饱和情况的短时天气过程，对长时段的统计分析影响不大)，因此，该变量可公允地表征不同地区的白水的饱和状态。

将实际的白水(通量)与饱和情况下的白水(通量)的比值定义为白水饱和度(White Water Saturation Ratio)，用 *WWS* 表示，其表达式如式(2-27)所示：

$$WWS = \frac{q_W}{q_{WS}} \tag{2-27}$$

因此，我们可以得到 *WWS* 为无量纲数，表征的是白水(通量)与理想饱和情况下白水(通量)的比值，表征的是白水的饱和程度。

将白水(通量)与饱和情况下的白水(通量)的计算表达式代入式(2-27)，同理两个通量统计的都是同一个时间，因此原来各自的时间分母可以约掉，可以得到白水饱和度的计算公式如式(2-28)所示：

$$WWS = \frac{q_W}{q_{WS}} = \frac{\int_t TCWW \cdot \|\boldsymbol{u}\| \mathrm{d}t}{\int_t (TCSW - TCBW) \cdot \|\boldsymbol{u}\| \mathrm{d}t} \tag{2-28}$$

2.3.6 白水降水效率

白水代表了空中水输送过程中与降水有关的水物质通量，因此其与降水之间的比可以表征某地白水自然转化降水的效率，值越大，代表这个地区消耗白水(通量)的效率越高。

将某地某时段的平均降水强度与相应时段白水(为通过该点至大气顶层单宽立面的水平向通量)的比值定义为白水降水效率(White Water Precipitation Efficiency)，用 *WPE* 表示，其表达式如式(2-29)所示：

$$WPE = \frac{P}{q_W} \tag{2-29}$$

式中，P 是$[LT^{-1}]$量纲，而 q_W 是$[L^2T^{-1}]$量纲，我们可以得到 *WPE* 的量纲为$[L^{-1}]$，表征

的是沿水汽输送路径上单位距离降水量占输送白水(通量)的比值。

将白水(通量)的表达式代入式(2-29),因为白水(通量)与降水量统计的都是同一个时段,所以原来各自的时间分母可以约掉,可以得到白水降水效率的计算表达式,如式(2-30)所示:

$$WPE=\frac{P}{q_W}=\frac{\int_t p\,\mathrm{d}t}{\int_t TCWW\cdot\|\boldsymbol{u}\|\,\mathrm{d}t} \tag{2-30}$$

同样地,我们可以考虑降水与总水物质通量的比率进行对比分析。将降水量与总水物质通量的比值定义为总水物质降水效率(Total Water Precipitation Efficiency),用 TPE 表示,其表示式如式(2-31)所示。

$$TPE=\frac{P}{q} \tag{2-31}$$

TPE 的量纲与白水降水转化率一样,都是$[\mathrm{L}^{-1}]$,表征的是沿水汽输送路径上单位距离降水量占输送总水物质通量的比值。

将总水物质通量的表达式代入式(2-31),同理因为总水物质通量与降水量统计都是同一个时段,所以原来各自的时间分母可以约掉,可以得到总水物质降水效率的计算表达式,如式(2-32)所示:

$$TPE=\frac{P}{q}=\frac{\int_t p\,\mathrm{d}t}{\int_t TCAW\cdot\|\boldsymbol{u}\|\,\mathrm{d}t} \tag{2-32}$$

2.4 本章小结

本章建立了白水的分析理论,通过两种不同的判别方法论证了区分背景水和白水的物理意义。晴空水汽法统计多年平均的晴空天气下的垂直积分水汽含量可以得到该地的年内顺序日的背景水汽含量,利用该方法给出全球背景水汽的分布图及晴空日比例分布图,对全球大部分陆地区域均表现出比较不错的统计效果;临界降水法建立了临界降水事件发生时地表/海洋表面气温 $T2M$ 与总水物质含量 TCW 的函数关系,高度符合指数函数拟合,但在降水稀少的地区无法准确得到相应结果。采用全球典型气候区对比了饱和水汽含量、多年平均水汽含量与两种方法的背景水汽含量,基本验证了两种方法结果的一致性,本书将采用晴空水汽法计算的背景水汽含量评估白水(通量)。

图 2.9 展示了本书提出的空中水物质含量与输送相关概念。

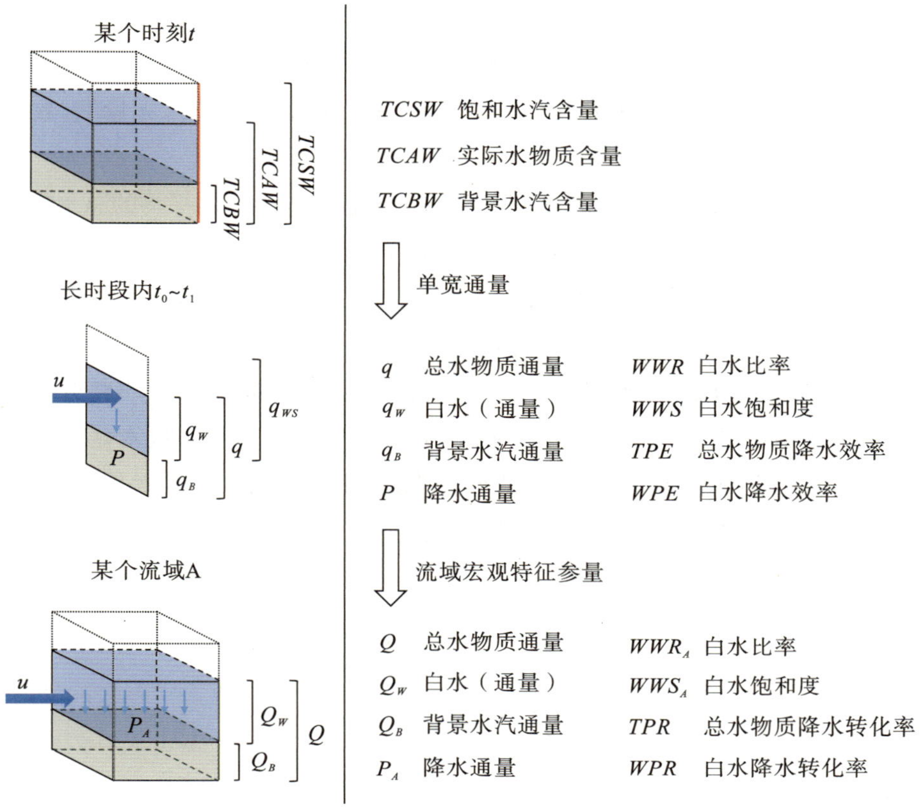

图 2.9　本书提出的空中水物质含量与通量相关概念示意图

为了评价白水及其降水转化的气象水文特征，本书提出了以下若干个空中水资源的特征参数：

1)白水比率 *WWR*：白水(通量)与总水物质通量的比值，用于评价空中水输送过程中具备成云致雨潜力的水物质的比例高低，无量纲，数值范围为 [0,1)。

2)白水饱和度 *WWS*：白水(通量)与饱和情况下白水(通量)的比值，用于评价白水(通量)的饱和程度；值越大，代表离饱和状态越近，无量纲，数值范围为 [0,1]。

3)总水物质降水效率 *TPE*：降水量与总水物质通量的比值，用于评价总水物质输送单位距离向降水转化的比例，量纲为$[L^{-1}]$。

4)白水降水效率 *WPE*：降水量与白水(通量)的比值，用于评价白水输送单位距离向降水转化的比例，量纲为$[L^{-1}]$。

同时考虑流域尺度的空地耦合分析，评价流域尺度的空地水量平衡及其降水转化的气象水文特征，建立并推导了流域宏观的特征参数(见第 8.1 小节)：

1)流域宏观白水比率 WWR_A：输入流域内的白水(通量)与总水物质通量的比值，用于评价从空中输入一定流域内具备成云致雨潜力的水物质的比例的高低，无量纲，数值范围为

[0,1)。

2)流域宏观白水饱和度 WWS_A：输入流域内的白水(通量)与饱和情况下白水(通量)的比值，用于评价白水(通量)的饱和程度；值越大，代表离饱和状态越近，无量纲，数值范围为[0,1]。

3)流域宏观总水物质降水转化率 TPR：流域降水通量与流域内平均的总水物质通量的比值，用于评价输入流域内的总水物质通量转化为降水的比例，无量纲。

4)流域宏观白水降水转化率 WPR：流域降水通量与流域内平均的白水(通量)的比值，用于评价输入流域内的白水(通量)转化为降水的比例，无量纲。

这些特征参数组成了白水及其降水转化的核心分析理论，基于此，本书将开展全球尺度的白水比率、白水饱和度、白水降水效率的时空分析，并以三江源和塔里木盆地为案例进行对比研究；同时开展全球主要流域及我国典型流域的空地耦合评价与相关性分析，进一步验证白水及降水转化特征参数的有效性与应用价值。

第 3 章 空中水资源的输送

在本书绪论及第 2 章中，从空中水物质资源化的角度建立了空中水资源的概念及其计算方法，但研究的对象是从外界到达某处的空中水物质，经过本地化的处理后得到具备降水潜力的空中水资源，并未深入分析空中水物质的来源及输送路径，因此，本章将围绕空中实际转化为降水的这部分空中水物质开展输送路径分析。考虑到空中水物质输送过程大多以气态存在，所以在本章中将“空中水物质输送”也简称为“空中水汽输送”，更符合日常使用习惯。

空中水汽输送是全球水循环中最为活跃的一个环节。陆地和海洋的水物质通过蒸发上升至空中形成水汽，再随着大气的运动转移到其他地区，在合适的条件下转化为降水重新回到地面或海面。空中水汽输送将蒸发和降水这两个水物质相态转化的主要环节联系起来，是海洋水物质向陆地供应的唯一途径。因此，空中水汽输送系统所表现出来的各种状态和性质，包括水汽的含量、输送强度、运动路径、蒸发源区位置等，都影响着降水的形成和分布，进而对全球各个区域的水资源条件和生态环境产生深远的影响。

水汽输送有着如此重要的作用，而目前我们对于水汽输送规律的认识和相关研究的开展仍然是不足的。水循环主要属于水文学的研究范畴，但是，空中的水汽输送环节其实很少直接作为水文学的研究对象，由于缺乏对这一环节的深入理解，水文上一般将降水作为给定的外部条件，而重点研究降水之后的陆面水文过程。当然我们也注意到，随着学科的发展，水文气象学这一交叉学科也逐渐发展起来，不再局限于地面的研究。但是，水文气象学主要从工程应用的角度出发，为了满足更精确和更长远的水资源管理需求，将气象预报模型与水文预报模型配合起来使用，或者研究宏观大尺度的气象遥相关事件对区域水文气象的影响。这里更多的是方法上的结合，理论层面上的融合与扩展还十分有限，能否将地面水文过程的理论体系延伸到空中，来描述和解释空中水汽输送的部分规律，还需要进一步深入研究。

降水的前序过程，包括大气环流、云降水的微物理过程(雷恒池等，2008)、降水的数值预报(陈德辉和薛纪善，2004)等理论和方法，实际都是气象领域的研究内容。但是，气象上的研究是以大气系统作为核心的研究对象，并没有从水循环的角度来直接研究水汽输送这一过程。大气是水汽的载体，理解大气的运动能够帮助我们理解水汽输送的规律，但两者并不等价，急需更专门的研究。另一方面，气象上对大气中的水汽通常是以欧拉观点的大气场参量来描述的，无论是宏观尺度的大气环流模型(李丽平等，2013)，还是适应不同尺度的数值天气预报模型(沈桐立,2015),都更多地是以欧拉方法来表述各物理方程。而水汽的输送在概念上就强调了是一种跟随质点的运动,需要基于拉格朗日方法,才能直接地反映出空中水汽输送的过程和空间模式。

随着大气观测手段的快速发展以及气象模式、气象资料同化技术的不断进步,我们已经能够获得时空分辨率高、数据比较精确的综合性全球大气参量资料,如已经在水文气象分析中得到广泛应用的各类再分析数据(赵天保等,2010)。一些学者在这些数据的基础上计算大气运动的拉格朗日迹线,来帮助分析全球性或区域性的水汽输送规律,这一领域已经取得了较为丰富的研究成果(Stohl and James,2005b,2004)。但是,基于迹线的水汽输送研究还存在一些问题没有得到妥善解决:第一,水汽在输送过程中伴随着蒸发、降水等水循环环节,包含着丰富的物理过程,而迹线只表示大气运动所经过的路径,仅仅提供一种位置信息,因此只有迹线对于我们研究水汽输送是不够的,还需要采用一定的方法给迹线赋予与实际物理过程对应的水量信息。第二,一条迹线只能表示单一微观水物质单元在空中的输送过程,而宏观水汽输送必定是大量迹线共同表现出来的群体性质,并且由于迹线与迹线之间的空间联系而形成某种宏观结构,如果能够刻画空中水汽输送系统中的这种结构性特征,对于我们理解水汽输送的宏观规律将有很大帮助。第三,面对数量巨大的迹线,如何借助统计分析和数据挖掘的手段对这些大规模数据进行处理分析,从中提取更高层面的信息来发现新的规律,也是一个需要深入研究的课题。

以上研究需求说明,目前我们还缺少一种模型工具来对空中水汽输送格局进行描述。这种描述应站在水循环的角度,将参与循环的水汽物质量作为核心描述对象,并且需要体现水汽在输送中的蒸发补给和降水损失等动态变化。同时,这种描述不同于气象模式中基于严格物理方程的研究范式,而应该更偏向于水文中的概念性描述方法,是将地面水文过程向大气圈延伸的一种理论探索。

3.1 水汽输送路径

3.1.1 水汽输送路径的概念

水汽输送路径是将流体质点作为观察对象,研究该质点在流体空间中从始至终的运动过程,也就是基于拉格朗日观点的迹线(Trajectory)概念,而不是基于欧拉观点的流线(Streamline)概念。流线描述的是同一时刻不同质点的速度方向,并不是空中水物质输送的真实路径。只有在理想的定常流动中,流线才与迹线重合。因此,水汽输送路径的研究应基于拉格朗日观点进行。现有一些研究也直接使用流线或者水汽通量对区域或大尺度的水汽输送路径进行分析(Renhe,2001;周长艳等,2005;张宇等,2019),能够揭示一定的规律,但在方法的严谨性和结论的精确性上存在局限。

本研究对水汽输送路径的完整定义是：单个含水空气微团（视为质点）在（三维）空间中的位置随时间变化所形成的路径。水汽输送路径是一种迹线，为便于描述，后文中我们有时也将水汽输送路径直接称作“迹线”。

与现有绝大多数关于水汽输送迹线的研究一样（例如，Stohl and James，2005b，2004；Sun and Wang，2014），本研究定义的水汽输送路径是将空气微团作为流体质点来研究，而不是直接将空气中的水汽视为质点。空气微团的运动路径与其中所含水汽的运动路径是相同的，但是，空气微团在沿着迹线运动的过程中会不断吸收或损失水物质，使得该气团的水汽含量沿程发生变化，而这一变化也就体现出水汽通过蒸发或降水与地面水物质发生交换的过程。因此，相对于直接研究水汽质点，这种将含水空气作为质点并允许其水汽含量沿迹线变化的研究思路能够更自然地描述水汽转化过程，也能够更方便地使用水汽含量等以空气为“主语”的数据资料进行定量分析。之所以强调这一点，是因为这样定义的水汽输送路径的概念并不严格符合物理上对于迹线的定义。一般来说，迹线中的质点是不可再分的最小物质单元，沿着迹线运动时不与外界发生物质交换，物质量始终恒定不变，而水汽输送路径则允许空气质点中水物质发生转化和交换，并不严格遵守这一规定。当然，这一部分变化量只占总物质量中的很小一部分。

研究水汽输送路径时我们主要关注两个方面的信息：迹线的位置以及迹线上的水量。因此，一条迹线 R 可以表示为

$$R(t)=\begin{bmatrix}\boldsymbol{x}(t)\\h(t)\end{bmatrix}$$

式中，$\boldsymbol{x}(t)$ 代表迹线的位置信息，表示为沿迹线运动的空气微团的三维坐标随时间变化的函数，即

$$\boldsymbol{x}(t)=\begin{bmatrix}x(t)\\y(t)\\z(t)\end{bmatrix}$$

式中，未加黑的 x,y,z 分别表示空气微团所处的经度、纬度和垂直高度。$h(t)$ 代表迹线的水量信息，表示为迹线水量随时间变化的函数。有时为了指代更为明确，我们会在某些物理量符号的上角标处标记迹线代号，表示这是从属于某条特定迹线的物理量。例如，$\boldsymbol{x}^{R_1}$ 表示迹线 R_1 的位置，h^{R_2} 表示迹线 R_2 的水量；而一般情况下，为了数学表达更简洁，我们倾向于省略上角标的迹线代号。

3.1.2 水汽输送路径的位置计算

空气微团的位置对时间的（随体）导数等于微团的运动速度，也就等于风场中在这一时刻、这一位置的风速。因此，迹线的位置满足常微分方程

$$\frac{\mathrm{d}\boldsymbol{x}(t)}{\mathrm{d}t}=\boldsymbol{v}(t,\boldsymbol{x}(t)) \tag{3-1}$$

式中，v 表示风速，是时间和位置的函数。将上式在三维坐标中展开，可写成

$$\frac{\mathrm{d}x(t)}{\mathrm{d}t}=u(t,x(t),y(t),z(t))$$
$$\frac{\mathrm{d}y(t)}{\mathrm{d}t}=v(t,x(t),y(t),z(t)) \tag{3-2}$$
$$\frac{\mathrm{d}z(t)}{\mathrm{d}t}=w(t,x(t),y(t),z(t))$$

式中，u，v，w 分别表示纬向风速、经向风速和垂向风速。现有一些公开气象数据集能够提供全球范围内不同大气高度层的风速信息，其中应用最为广泛的是各类气象再分析数据产品，例如欧洲气象数据中心（European Centre for Medium-Range Weather Forecasts，ECMWF）发布的 ERA 再分析系列产品、美国国家海洋和大气管理局（National Oceanic and Atmospheric Administration，NOAA）发布的 NCEP/NCAR 再分析产品等。利用这些风场数据，式(3-1)中等号右侧部分视为已知函数，这时再给定迹线在某一个时刻的位置 $x(t_0)=x_0$，我们就可以计算出一条迹线。迹线位置的计算也就等价于求解以下常微分方程初值问题

$$\begin{cases}\dfrac{\mathrm{d}x(t)}{\mathrm{d}t}=\boldsymbol{v}(t,\boldsymbol{x}(t))\\ \boldsymbol{x}(t_0)=\boldsymbol{x}_0\end{cases} \tag{3-3}$$

理论上，只要函数 $\boldsymbol{v}(t,\boldsymbol{x})$满足 Lipschitz 条件，式(3-3)就存在唯一解（李庆扬等，2000）。所谓 Lipschitz 条件，是指对任意时刻 t 和所考虑空间内任意两个位置 $\boldsymbol{x}_1$，$\boldsymbol{x}_2$，总是存在系数 $L>0$，使得

$$|\boldsymbol{v}(t,\boldsymbol{x}_1)-\boldsymbol{v}(t,\boldsymbol{x}_2)|\leqslant L|\boldsymbol{x}_1-\boldsymbol{x}_2|$$

我们认为自然界中的风场是连续场，并且相距不远的两地风速的变化不会过于剧烈（风速在空间上的导数存在上界），也就满足 Lipschitz 条件（林植林，2014）。因此，只要给定风场 $\boldsymbol{v}(t,\boldsymbol{x})$，对于任意给定的初始条件 $\boldsymbol{x}(t_0)=\boldsymbol{x}_0$，我们都可以唯一确定一条迹线（的位置信息）。

尽管式(3-3)存在唯一解，但一般情况下无法用解析方法求出精确解，只能采用数值方法求近似解。常微分方程初值问题的数值求解领域已有成熟的理论和方法，而且针对大气迹线计算这一专门问题也很早就有相关研究。Stohl(1998)总结了计算迹线的几种常用算法，并对计算结果的误差来源及其影响程度进行了细致的分析。随着迹线分析在各领域的应用愈加广泛，一些研究机构还开发了专门用于迹线计算和分析的软件工具，并公开给科研工作者使用。其中，NOAA 大气资源实验室开发的 HYSPLIT 模型（Draxler and Hess，1998；Stein et al.，2015）和挪威大气研究所开发的 FLEXPART 模型（Stohl et al.，2005a）是目前最为成熟、使用范围最广的迹线计算软件。

HYSPLIT 模型(Hybrid Single-Particle Lagrangian Integrated Trajectory Model)是一种用于计算和分析大气污染物输送、扩散轨迹的专业模型，最初于 1982 年开发，经过几十年的迭代发展逐渐趋于成熟，目前已更新至第 4 版。HYSPLIT 模型采用一种两次估计算法来计算迹线。设已知 t 时刻迹线的位置 $\boldsymbol{x}(t)$，需要计算经过单位时间步长 Δt 后迹线的位置 $\boldsymbol{x}(t+\Delta t)$。首先，假设空气微团在这段时间内运动速度不发生变化，从而初步估计该位置为

$$\boldsymbol{x}'(t+\Delta t)=\boldsymbol{x}(t)+\boldsymbol{v}(t,\boldsymbol{x}(t))\cdot\Delta t \tag{3-4}$$

然后，以此为基础更新对这段时间内平均速度的估计，计算最终的结果

$$\boldsymbol{x}(t+\Delta t)=\boldsymbol{x}(t)+\frac{1}{2}\left[\boldsymbol{v}(t,x(t))+\boldsymbol{v}(t+\Delta t,\boldsymbol{x}'(t+\Delta t))\right]\cdot\Delta t \tag{3-5}$$

我们从给定的初值条件 $\boldsymbol{x}(t_0)=\boldsymbol{x}_0$ 开始，采用上述公式依次计算后续时刻的位置，可得到迹线位置函数 $\boldsymbol{x}(t)$ 离散化的数值解。对于水汽输送路径问题，我们面临的情况往往是给定终点时刻迹线的位置，需要反推出水汽运动到该位置之前所经过的路径，也就是反向迹线计算(Back Trajectory)。这类问题与原问题并没有本质区别，我们可以从终点位置开始，仍然采用上述公式往前依次推算各时刻迹线的位置，只不过计算时需要使用负方向的风速，这是因为反向计算时迹线函数满足

$$\frac{\mathrm{d}\boldsymbol{x}(t)}{\mathrm{d}(-t)}=-\frac{\mathrm{d}\boldsymbol{x}(t)}{\mathrm{d}t}=-\boldsymbol{v}(t,\boldsymbol{x}(t))$$

虽然 HYSPLIT 模型的技术文档中没有明确指出，这种迹线计算方法其实就是 2 级 2 阶显式龙格-库塔(Runge-Kutta，简称 RK)法(李庆扬等，2000)，是一种基本的常微分方程初值问题的数值解法。该方法只有 2 阶的计算精度，并且计算误差逐步累积。时间步长 Δt 的大小对计算结果的精度有很大影响，但是过小的步长又将带来巨大的计算量。HYSPLIT 模型规定经过任意一个时间步长后迹线位置的变化不能超过空间网格的单元大小，从而以此为标准确定一个合适的时间步长。

挪威大气研究所及其合作机构共同开发维护的 FLEXPART 模型(Flexible Particle Dispersion Model)能够模拟计算大气或其他物质粒子在空中输运、扩散、干湿沉降等过程，已被应用于大气污染物输送和溯源、水汽输送等多方面的研究中。该模型的迹线计算模块同样基于 2 级 2 阶 RK 法，不同的是，该模型将任意位置的风速分为网格平均风速和中尺度脉动风速两部分，分别进行处理。网格平均风速采用 2 阶公式计算，而中尺度脉动风速的计算只有 1 阶精度。另外，FLEXPART 还考虑粒子的紊流扩散，在风速项中加上了基于马尔科夫过程模拟的紊流风速(Stohl et al.，2005a)。

本书针对研究需求，自主开发了一套面向水汽输送的迹线计算程序。该程序使用 Python 语言编写，调用科学计算库 scipy 提供的常微分方程初值问题求解函数 scipy. integrate. solve_ivp 来完成核心计算功能(Jones et al.，2001)。默认情况下 solve_ivp

函数使用 RK-5(4)算法对问题求解，即采用 4 阶方程来控制计算误差，但是计算步长的选取考虑了 5 阶信息(Dormand and Prince，1980)。另外，该函数还提供可选的 RK-3(2)算法(Bogacki and Shampine，1989)。根据以往的经验(Draxler and Hess，1997；Stohl，1998)，在计算迹线时，因为风场数据本身不够准确以及数据插值将带来更多误差，采用高阶数值求解方法并不能有效提高结果的准确度，却使得计算更为耗时，所以选用 RK-3(2)算法是比较合适的。

本书不直接使用现有软件工具而选择自行开发迹线计算程序，主要是出于以下考虑。首先，本书的研究需要应对大规模迹线的计算问题，而现有软件工具(包括 HYSPLIT 和 FLEXPART)均没有实现高效的并行计算模式，计算效率难以满足需求，为此，本书实现了一种高效的并行计算架构，能显著提高迹线计算的效率，具体设计将在第 4.2.3 小节予以介绍。其次，现有软件所提供的数据输入接口有限，即模型与可作为其输入的气象数据集相绑定，不能灵活使用各类数据产品。

还需说明的一个问题是，在用数值方法求解迹线问题时，要求给定任意时刻、任意位置的风速信息，但是我们所使用的三维风场数据其实是网格数据，只有在特定网格坐标处才能读到数值。因此，需要对风场数据进行时空插值。对于该问题本书采用一种多维变量线性插值法，算法细节请参考(Weiser and Zarantonello，1988)。

3.1.3 水汽输送路径的解构

水汽输送路径的概念描绘了这样一种概化的物理情景：迹线类似于在空中紧密填充但是互不连通的大量微小“水管”，水汽沿水管输送，并且在输送过程中有时会释放一部分水量形成降水，有时地面蒸发来的水分又会补充进来。这些“水管”的位置我们已经计算得到，接下来面临的问题是如何确定迹线上的水量。

沿迹线运动的空气微团所携带的水量由含水率决定。借助 ERA、NCEP/NCAR 等再分析资料提供的各时刻、各三维空间位置的比湿(一种质量含水率，等于气团所含的水汽质量与该气团总质量的比值)数据，我们可以直接得到任意空气微团的含水率及其沿迹线的变化，用比湿随迹线时间的函数 $q=q(t)$ 表示。假定空气微团的质量为 Δm，那么其中水汽的质量就等于 $q(t)\cdot\Delta m$。进一步地，水汽质量沿迹线的变化等于

$$e-p=\frac{\mathrm{d}q(t)}{\mathrm{d}t}\Delta m \tag{3-6}$$

式中，e 表示水汽的吸收量，p 表示水汽的损失量，$\mathrm{d}q(t)/\mathrm{d}t$ 是比湿的随体导数。这里还隐含了迹线的基本假定，即空气微团的质量 Δm 沿程恒定不变。水汽的吸收和损失必然会带来空气总质量的变化，但是这部分质量变化所占总质量的比重很小，将其忽略对研究影响不大(Stohl and James，2004)。

已有相关研究通常假定水分的吸收和损失在同一时刻只有一种占主导(Stohl and

James,2004),也就是说在任意情况下式(3-6)中的 e 和 p 只能有一项不为 0,如图 3.1 所示。因此,当比湿梯度 $\mathrm{d}q(t)/\mathrm{d}t$ 为正时,水汽损失 p 等于 0,水汽的吸收量可以用式(3-7)计算

$$e=\frac{\mathrm{d}q(t)}{\mathrm{d}t}\Delta m \tag{3-7}$$

当比湿梯度为负时,水汽吸收 e 等于 0,水汽的损失量等于

$$p=-\frac{\mathrm{d}q(t)}{\mathrm{d}t}\Delta m \tag{3-8}$$

但是,通过上述方法计算出的水量,是水循环和水资源研究所关心的反映水汽输送情况的水量吗?考虑以下两个问题。第一,空气微团所携带的水汽并不会全部转化为降水,只有其中部分水汽参与降水循环,而这部分水量才是我们真正关心的。第二,迹线上水汽的吸收量和损失量之间无法直接对应。对照图 3.1,假设空气微团沿所示迹线运动,经过 A 点时吸收地面蒸发来的水汽,那么这部分水汽在之后的输送过程中是否会随着降水重新回到地面,具体又是在哪里形成降水?相对应地,微团运动到 F 处产生一定的降水,形成这部分降水的水汽究竟是在何处吸收进来的?遗憾的是,在现有条件下精确追踪迹线上水汽的输入输出关系是极其困难的。A 点吸收的水汽可能有部分在 C 点形成降水,也可能有部分在 E 点形成降水,甚至可能输送很长一段距离仍留在大气中;F 点的降水可能来源于 A 处,也可能来源于 D 处。大量模糊的水量关系共同组成了可观测到的比湿沿程的变化,其能够反映的信息十分有限,对我们深入研究水汽输送规律带来很大困难。

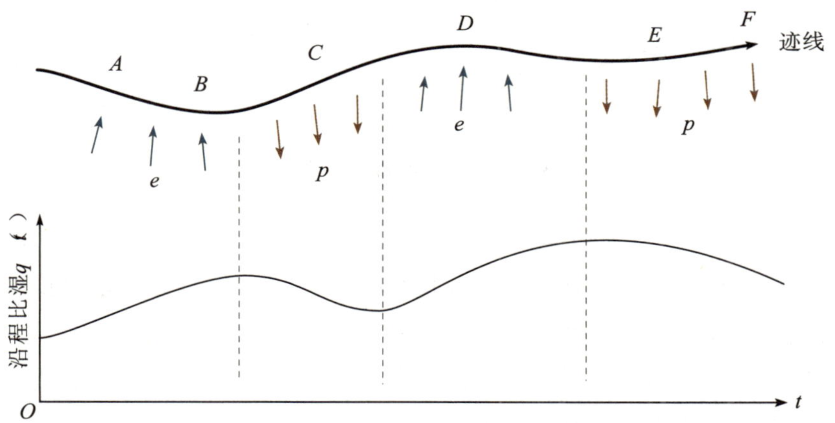

图 3.1　空气微团沿迹线输送时沿程吸收和损失水汽示意图

目前利用水汽输送迹线分析区域降水的蒸发来源的相关研究工作大多是基于迹线上水汽总量的沿程变化,但是也有 Sodemann et al.(2008)和 Dirmeyer and Brubaker(1999)等学者从不同的角度出发,提出计算与降水直接有关的蒸发水汽量的方法,给予我们启发。实际上,我们可以基于物理机理和一定的假设来建立迹线上水汽来源和损失之间确切的对应关系,但目前针对这一问题还没有形成统一的模型框架。因此,本书希望通过深入解析迹线水

量的概念,使得迹线上水汽的源汇关系更加清晰,便于分析。

既然我们只关心与降水有关的水量,那么我们就把这部分水量从空气微团所含的全部水汽中抽离出来单独研究;既然水汽源汇关系不明确,那么我们就分别追踪迹线上每一处降水各自的水量来源。因此,我们提出迹线分解法:将一条完整的迹线分解成多条迹线进行研究,对于解构后的每条迹线,只研究能在其终点处形成降水的水量,即认为水汽在迹线终点处全部转化为降水,而在其上游位置只吸收水汽。如图 3.2 所示,原始迹线 R 在 D、E、F 等各处都有降水,需要在每个地方都分解出一条迹线。例如,R 在 F 处有降水,则分解出以 F 点为终点的迹线 $\hat{R}_F$,$\hat{R}_F$ 在其终点处的降水就等于原始迹线在 F 点的降水,但在其终点以上只存在水分的吸收。原始迹线上水汽吸收和损失的情况是解构后各条迹线的线性叠加。

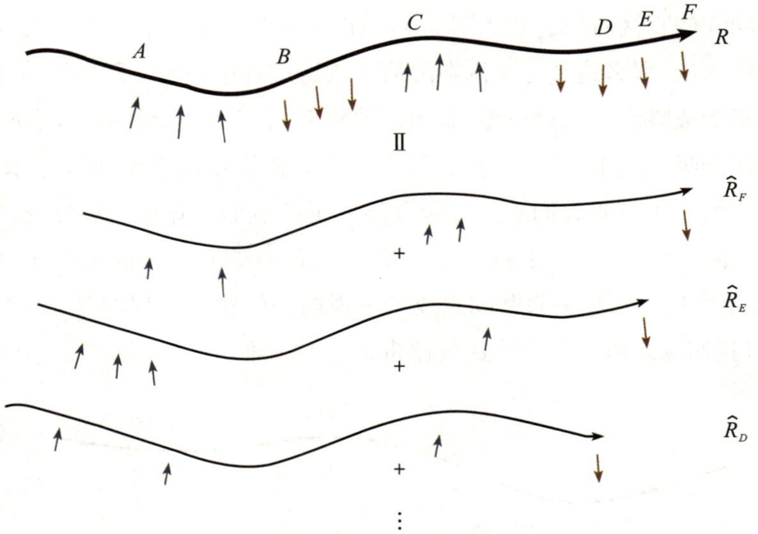

图 3.2　迹线的解构示意图

为了使概念更加清晰,我们把解构后的各条迹线称为单位迹线,而原始的长度无限的迹线称为自然迹线。在不引起混淆的情况下,我们有时也直接将单位迹线简称为迹线。数学表示上,自然迹线和单位迹线分别用符号 R 和 $\hat{R}$ 表示,以示区别。

实际操作时,我们不需要真正对自然迹线做解构,而是在计算迹线位置的阶段就分别计算解构后的单位迹线:以发生过地面降水的所有时刻和地理位置为终点,分别向前反推迹线。注意,在每个地理位置上的垂向空间中任意高度的水汽都可能产生降水,因此需要计算所有高度层的迹线。

在迹线解构的基础上,我们可以明确定义迹线水量的概念:单位迹线上的水量是指沿迹线运动的空气微团所含水汽中能够在单位迹线终点处形成降水的那部分水量,是沿程的函数,用 $h(t)$ 表示。迹线水量的概念描述了水汽沿迹线输送时不断吸收蒸发来的水量并最终在终点处以降水形式全部排出的过程,能够反映降水与其水量来源的精确对应关系。

单位迹线上的水量反映了水汽沿迹线输送时不断吸收水分并在终点全部转化为降水的过程。根据定义，水量函数 $h(t)$ 具有以下性质：

1) $h(t)$ 是对 t 的(非严格)单调递增函数；

2)在迹线起点 $t=t_0$，水量为 0，即 $h(t_0)=0$；

3)在迹线终点 $t=t_e$，水量等于空气微团运动到这一位置时产生的实际降水量 P，即 $h(t_e)=P$ 。

因为单位迹线只在终点处产生降水，所以我们直接把迹线终点处的降水量称为这条单位迹线的降水量。

与无限延伸的自然迹线不同，单位迹线存在起点和终点。单位迹线的终点在分解时就已明确，单位迹线的起点是指在终点形成降水的水汽最早进入这条迹线的位置。单位迹线的长度等于起点和终点之间迹线经过的距离，代表了产生降水的水汽在空中输送的最长距离。

本书提出单位迹线及其水量的概念将水汽输送路径上模糊的水量输入输出关系清晰化，提升了分析水汽输送规律的描述精确度。下面将重点介绍单位输送迹线的分析方法。

3.2 降水溯源的单位迹线法

3.2.1 空中水资源输送的近似估计

经过某一地点上空的水汽，可能产生降水，也可能未产生降水。对于这一地点而言，有降水和无降水的空中水汽输送路径极有可能是来自不同方向的，例如在某个季节从某个方向输送过来的空气处于十分干燥的状态，加上地形条件不具备形成降水的潜力，因此这部分水汽也就不属于空中水资源。当我们关注空中水资源输送时，主要是考虑那些具备降水潜力的水物质输送过程，而在很大程度上，这些具备降水潜力的水物质输送过程就能在该地区发生一定的降水，或者与发生降水的水物质输送路径基本重合，只不过该过程没有达到降水的条件而已。因此，当讨论某地空中水资源输送的路径时，我们可以将降水作为判断依据，通过对降水的输送路径溯源近似得到该地区空中水资源输送格局。

降水是空中水资源向地表水资源转化的主要形式，因此，当跟踪降水的输送迹线时，我们就能把握大部分的空中水资源的输送与天然转化情况。而目前大多数的人工增雨/雪利用手段大多需要较好的降水条件，甚至是已经开始降水，因此通过对降水的水汽输送路径溯源，将有助于传统人工增雨/雪手段及新型空中水资源开发方式对降水过程水汽输送路径的把握，从而能够科学合理地规划高效的空中水资源的开发方案。需要说明的是，降水的单位输送迹线并不完全等价于空中水资源输送过程，只是一个近似估计，但已经能够满足当前的空中水资源开发技术及降水溯源分析与预测研究的需要。

3.2.2 单位迹线的长度

相关研究表明，水循环系统中地面/海面的水物质通过蒸发进入到大气后再形成降水返回这一过程所经历的时间平均为 10 天(Eagleson，1970；Trenberth，1998；Numaguti，1999)。因此，大部分研究在计算水汽输送迹线时，通常就依据这一规律将计算时长选为固定的 10 天(或 10 天左右)(Sun and Wang，2014，2015；Li et al.，2016)。参考以往的研究经验，本书规定单位迹线的长度是一个固定值，设为 10 天。因为迹线的数学表示一般以时间作为描述基准，所以提及迹线的长度时我们习惯用时间量来表达，实际上指这段时间内迹线所经过的距离。

必须指出的是，固定迹线长度只是为了方便计算而采取的简化假设，并不符合实际情况，可能会造成水汽输送距离的系统性高估。一些地区由于特殊地形条件或其他原因形成了局部水汽循环系统，其产生降水的水汽大部分来源于本地，不会经历很长的水汽输送距离。因此，本书目前的研究对这种局部降水的情况不适用。对单位迹线长度作更精确的估计是本书研究体系未来要解决的一项重要课题，需要深入研究和理解降水水汽在空中输运的生命周期问题。

3.2.3 单位迹线降水量的高度分解

单位迹线终点的降水量与这条迹线所对应的自然迹线在该处的降水量是一致的，这也是单位迹线和自然迹线之间水量存在直接对应关系的唯一位置。因此，一种确定单位迹线降水量的方法是直接利用式(3-8)计算水汽的损失量，认为该损失量就是实际的降水量。但是，用这种方法计算降水量是不准确的，主要有两点原因。首先，空气微团中水汽的损失并不全部都是降水，这其中有一部分水汽通过相态变化转变成液态或固态水贮存于云中(Stohl and James，2004)，此外还有少量水汽通过扩散作用转移到其他空气微团内(水汽的扩散运动不被风速捕捉，因此迹线不能体现水汽的扩散)，这些因素导致计算出的降水量会被普遍高估。第二点原因是，根据式(3-8)计算水汽损失量需要用到比湿数据，但是，我们没有能力对大范围的不同高度上空气比湿进行精确观测，再分析数据所提供的比湿场数据是大气模型模拟的结果，基于这些数据计算迹线的降水量可靠性不高。

我们知道，同一时刻同一地点不同高度上所有气团产生的降水之和(垂向积分)等于这个时刻这个地点的地面降水量，如图 3.3 所示，而地面降水是有直接或间接观测资料的，我们可以借助准确的实测降水数据计算单位迹线的降水量。具体地，在某一时刻 t_c、某一经度 x_c、某一纬度 y_c 所在地理位置的不同垂直高度上，都有一条以此为终点的单位迹线，这些迹线组成的集合表示为

$$\Re(x_c, y_c, t_c) = \{\hat{R} \mid x^{\hat{R}}(t_c) = x_c, y^{\hat{R}}(t_c) = y_c, \text{且 } t_c \text{ 是 } \hat{R} \text{ 的终点时刻}\}$$

这些迹线的降水量之和等于该时刻该位置的地面降水量 P_c，即

$$\sum_{\hat{R}_i \in \Re(x_c, y_c, t_c)} P^{\hat{R}_i} = P_c \tag{3-9}$$

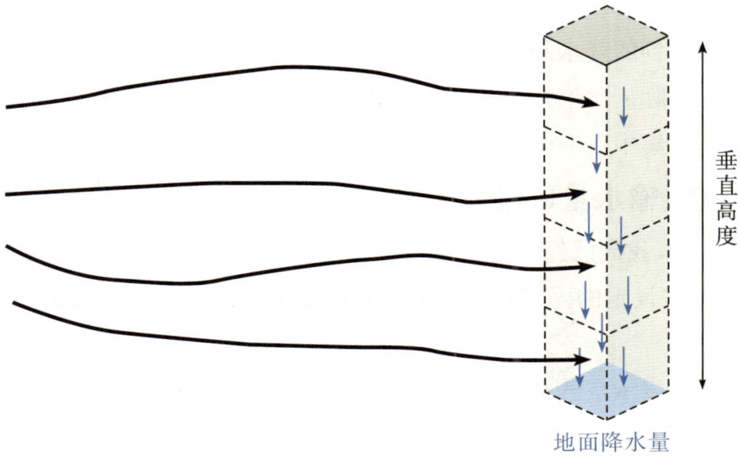

图 3.3 不同垂直高度上迹线的降水之和等于地面降水量示意图

下面考虑如何将总量为 P_c 的降水量分配到不同高度层的每一条迹线上。对每条迹线而言，虽然依据式(3-8)计算出的水汽损失量并不等于实际降水，但是两者之间存在相关性。我们可以合理地认为，当空气微团的水汽损失量越大时，其产生的实际降水量也就越大，因此，可以根据各条迹线上水汽损失量体现出来的比例关系将总降水量分配到每条迹线上。又因为我们在计算迹线时，实际是按照等质量原则对垂直高度上的所有空气进行离散化，也就是说每条迹线所表示的空气微团的质量 Δm 是相等的，所以可以直接根据比湿梯度的大小来分配降水量。对于任意一条迹线 $\hat{R}_i \in \Re(x_c, y_c, t_c)$ ，其分配到的比例权重等于

$$k^{\hat{R}_i} = \begin{cases} -\left.\dfrac{\mathrm{d}q^{\hat{R}_i}(t)}{\mathrm{d}t}\right|_{t=t_c}, & \left.\dfrac{\mathrm{d}q^{\hat{R}_i}(t)}{\mathrm{d}t}\right|_{t=t_c} < 0 \\ 0, & \left.\dfrac{\mathrm{d}q^{\hat{R}_i}(t)}{\mathrm{d}t}\right|_{t=t_c} \geqslant 0 \end{cases} \tag{3-10}$$

需要注意，当迹线终点处比湿梯度为正时，说明不存在水汽的损失，也就不会产生降水，因此权重为 0。最后，按照计算好的权重对总降水量进行分配，最终每条迹线的降水量等于

$$P^{\hat{R}_i} = \frac{k^{\hat{R}_i}}{\sum\limits_{\hat{R}_j \in \Re(x_c, y_c, t_c)} k^{\hat{R}_j}} P_c \tag{3-11}$$

我们将上述计算迹线降水量的方法称为比湿梯度分配法。虽然该方法也用到了比湿数据，但是比湿数据并不用来决定降水量的绝对量，而只影响降水权重的分配，所有迹线的降水量之和由实测降水数据决定，因此该方法具有较高的精确度和实用性。

已有的一些水汽追踪模型也面临如何将地面降水分配到垂直方向的各个高度层的问题，而目前普遍的一种做法是采取均匀混合假设(Well-mixed Assumption)，以各层大气的

水汽含量为比例对地面降水量进行分配(Tuinenburg et al.,2012;Van der Ent et al.,2013)。因为水汽含量沿高度向上是逐渐降低的(Anderson et al.,1986),这会使得最靠地面的大气垂直层分配到的降水最多,而我们知道降水云层距离地面通常有一定的高度,所以这种方法不太符合实际。本书提出的比湿梯度分配法则不存在这种问题,采用本方法分配的降水量在垂向上会集中在一个比较合理的降水高度。

3.2.4 单位迹线输水量的沿程分解

通过前面的工作,我们已经确定了每条单位迹线的起点水量等于0、终点水量(等于降水量 P)和迹线的长度(设定的固定长度),只需要再确定水量是如何沿程分布的,就能够完全确定水量函数 $h(t)$ 。

水量沿程的增加表示空气微团吸收了一定量的水汽,这部分水汽会在迹线终点处全部形成降水。水量函数的导数就等于水汽的吸收(率)

$$\frac{\mathrm{d}h(t)}{\mathrm{d}t}=\hat{e}(t) \tag{3-12}$$

需要注意,这里所指的水汽吸收不是空气微团真正吸收的全部水汽量,而仅包含能在此条单位迹线终点处形成降水的那一部分,为了区别于式(3-9)中的水汽吸收量 e ,我们用 $\hat{e}$ 表示。这部分水汽吸收量 $\hat{e}$ 主要来源于地面蒸发(还有很少部分来源于云中的固态水和液态水,以及外部气团的水汽扩散),但是又与地面蒸发量之间无法直接对应,因为 $\hat{e}$ 仅包括地面蒸发的水汽中真正对此条单位迹线终点降水有贡献的那一部分。我们把单位迹线上的水汽吸收量称为有效蒸发量,以表明是能够转化为降水的水汽吸收量。

水量沿程的变化指示了迹线终点处的降水具体是从何时何地来的,这种水汽源汇对应关系沿单位迹线的分布不能简单地从数据中挖掘出来。对此,本书对降水的水量来源在水汽输送过程中的分布提出不同的物理假设,分别给出3种不同的沿程水量计算方法,其物理假设及计算方法对比如图3.4所示。

(1)恒定法

假设迹线终点降水的水量全部来源于迹线的起点,输送过程中不再吸收水汽。如图3.4(a)所示,起点之后位置的水量恒等于迹线的降水量 P ,即

$$h(t)=\begin{cases}0,t=t_0\\P,0<t\leqslant t_e\end{cases} \tag{3-13}$$

沿程的有效蒸发量 $\hat{e}$ 等于

$$\hat{e}(t)=\frac{\mathrm{d}h(t)}{\mathrm{d}t}=\begin{cases}P,t=t_0\\0,0<t\leqslant t_e\end{cases} \tag{3-14}$$

恒定法的物理假设是非常粗糙的,不符合实际情况。但是恒定法计算简单,能够方便我们对方法进行探索。

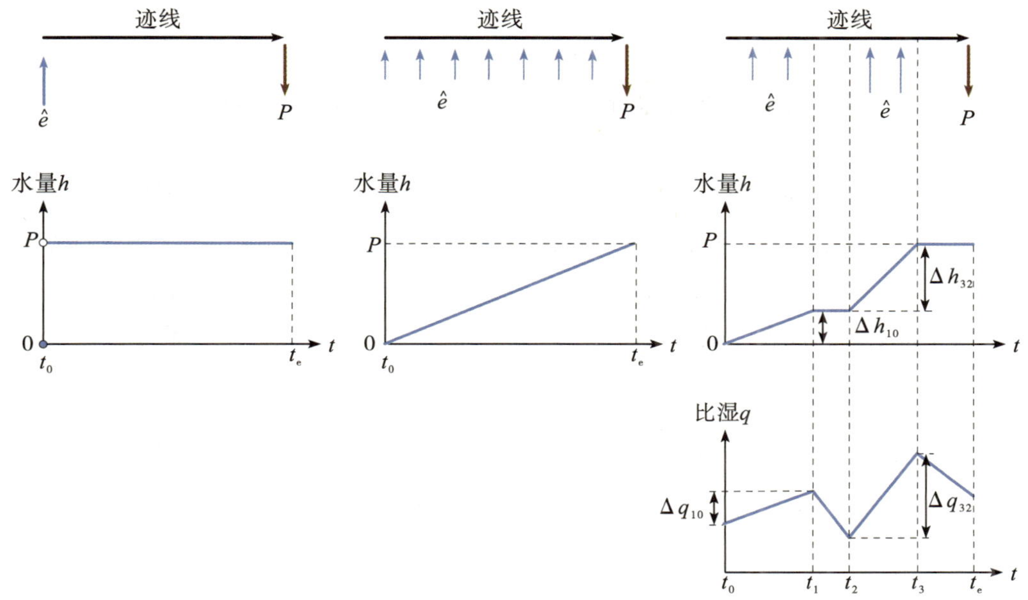

（a）恒定法　（b）线性法　（c）比湿梯度分配法

图 3.4　迹线沿程水量的三种计算方法对比

(2)线性法

假设迹线终点降水的水量均匀地来自整条迹线，那么迹线的水量就是沿程的线性函数，如图 3.4(b) 所示。迹线沿程水量的计算公式为

$$h(t)=\frac{t-t_0}{t_e-t_0}P \tag{3-15}$$

沿程的有效蒸发量 $\hat{e}$ 等于

$$\hat{e}(t)=\frac{\mathrm{d}h(t)}{\mathrm{d}t}=\frac{P}{t_e-t_0} \tag{3-16}$$

相对于恒定法而言，线性法的物理假设更加合理，可用于对结果的定量精度要求不高的实际应用中。

(3)比湿梯度分配法

与计算不同高度层迹线降水量时的基本思想一样，虽然单位迹线上的有效蒸发量 $\hat{e}$ 与自然迹线上总的水汽吸收量 e 之间没有直接关系，但是我们可以假设有效蒸发正比于总的水汽吸收量。水汽吸收多的地方，正由于吸收的水分更多，那么这部分水汽就有更大可能参与到单位迹线终点的降水过程；水汽吸收少的地方，对单位迹线终点降水的贡献也就越小；水汽含量减小的地方说明没有吸收新的水汽，对终点的降水也就没有贡献。空气微团沿迹线运动时质量恒定不变，所以水汽吸收的多少可以直接用比湿梯度来表征。因此，我们有以下关系

$$\hat{e}(t)=\frac{\mathrm{d}h(t)}{\mathrm{d}t}\propto \max\left(\frac{\mathrm{d}q(t)}{\mathrm{d}t},0\right) \tag{3-17}$$

根据比湿梯度的大小，我们把总量为 P 的水汽按比例分配到迹线上，从而计算出沿程任意位置的水量。

在图 3.4(c) 所给示例中，沿迹线运动的空气微团在 $t_0 \sim t_1$ 时段内比湿增加了 Δq_{10}，对应的迹线水量增加了 Δh_{10}；在 $t_1 \sim t_2$ 时段内比湿降低，水量保持不变；在 $t_2 \sim t_3$ 时段内比湿增加了 Δq_{32}，对应的迹线水量增加了 Δh_{32} 并达到最大值 P；在 $t_3 \sim t_e$ 内比湿下降，迹线水量继续保持不变到终点。根据式(3-17)，Δh_{10} 和 Δh_{32} 之间存在数量关系

$$\frac{\Delta h_{10}}{\Delta h_{32}}=\frac{\Delta q_{10}}{\Delta q_{32}}$$

同时，二者之和等于总降水

$$\Delta h_{10}+\Delta h_{32}=P$$

从而可以解出这两者的值，也就完全确定了沿程的水量。

更一般地，迹线沿程水量可以用以下公式计算

$$h(t)=\frac{\int_{t_0}^{t}\max\left(\frac{\mathrm{d}q(s)}{\mathrm{d}s},0\right)\mathrm{d}s}{\int_{t_0}^{t_e}\max\left(\frac{\mathrm{d}q(s)}{\mathrm{d}s},0\right)\mathrm{d}s}P \tag{3-18}$$

沿程的有效蒸发量 $\hat{e}$ 等于

$$\hat{e}(t)=\frac{\mathrm{d}h(t)}{\mathrm{d}t}=\frac{\max\left(\frac{\mathrm{d}q(t)}{\mathrm{d}t},0\right)}{\int_{t_0}^{t_e}\max\left(\frac{\mathrm{d}q(s)}{\mathrm{d}s},0\right)\mathrm{d}s}P \tag{3-19}$$

在实际应用中，若某条迹线出现比湿梯度永远为负数的情况，会导致式(3-18)和式(3-19)中分母项为零，我们将这种迹线删除，不予考虑。

比湿梯度分配法相对其他两个方法而言所依据的物理机理更为精确合理，是本书后续分析所默认采用的方法。

除本书提出的这三种方法外，也可以基于更全面的现象观测或者更深入的物理机理，给出其他更优的单位迹线沿程水量计算方法。例如，在 Sodemann et al. (2008)所提出的方法中，还用到了大气边界层厚度信息来帮助判断吸收的水汽是否来自地面蒸发。由于该方法需要更多数据，本书尚未在迹线水量的框架上实现。本书的贡献侧重于通过迹线沿程水量的概念将迹线上的水汽源汇关系清晰化，建立统一的、便于分析的模型框架来描述这一过程。

3.2.5 单位迹线的水量守恒关系

由式(3-12)可知，在 Δt 的一段时间内，某条单位迹线上的空气微团吸收的有效蒸发量 $\Delta\hat{E}$ 等于这段时间内迹线水量的变化 Δh，即

$$\Delta\hat{E}=\hat{e}(t)\Delta t=\frac{\mathrm{d}h(t)}{\mathrm{d}t}\Delta t=\Delta h \tag{3-20}$$

进一步地，对式(3-12)沿迹线完全积分，我们可以得到空气微团吸收的全部有效蒸发量 $\hat{E}$ 等于这条迹线的降水量 P ，即

$$\hat{E}=\int_{t_0}^{t_e}\hat{e}(t)\mathrm{d}t=\int_{t_0}^{t_e}\frac{\mathrm{d}h(t)}{\mathrm{d}t}\mathrm{d}t=h(t_e)-h(t_0)=P-0=P \tag{3-21}$$

表明空气微团沿程吸收的水汽在终点处全部转化为降水，体现了收集和输送水量的物理图景。

考虑到连续的迹线仅存在于理论分析中，在实际计算中，单位迹线是用一系列离散的点来描述的。我们可以用这些离散点各自所处的时刻来直接表示每个离散点，那么一条迹线就可以用一组时间序列 $[t_0,t_1,t_2,\cdots,t_{e-1},t_e]$ 来表示，序列中每一个时刻表示一个离散点。相应地，迹线的水量也需要离散化表示，对此本书所采取的方式是规定迹线上两个连续的离散点之间水量是一个固定值，如图3.5所示，那么水量函数 $h(t)$ 就可以用一个分段函数来表示

$$h(t)=\begin{cases}0, & t=t_0\\ \bar{h}_1, & t\in(t_0,t_1]\\ \bar{h}_2, & t\in(t_1,t_2]\\ \vdots & \\ \bar{h}_{e-1}, & t\in(t_{e-2},t_{e-1}]\\ P, & t\in(t_{e-1},t_e]\end{cases}$$

或者简略表示为

$$h(t)=[\bar{h}_0,\bar{h}_1,\cdots,\bar{h}_{e-1},\bar{h}_e] \tag{3-22}$$

式中，$\bar{h}_i(i=0,1,2,\cdots,e)$ 表示迹线在离散点 t_{i-1} 和离散点 t_i 之间的水量，是一个定值，且 $\bar{h}_0=0,\bar{h}_e=P$ 。

对于除终点 t_e 外的每个离散点，我们用该点下游时段的水量减去该点上游时段的水量，其物理意义为空气微团经过该点时水量的增加值，也就是在该点吸收的有效蒸发量，即

$$\Delta h(t_i)=\bar{h}_{i+1}-\bar{h}_i=\Delta\hat{E}(t_i),i=0,1,\cdots,e-1 \tag{3-23}$$

这与连续形式的式(3-20)是相对应的。对(除终点外)所有点进行累加，得到沿单位迹线吸收的全部有效蒸发量等于迹线终点的降水量，即

$$\hat{E}=\sum_{i=0}^{i=e-1}\Delta\hat{E}(t_i)=\sum_{i=0}^{i=e-1}(\bar{h}_{i+1}-\bar{h}_i)=\bar{h}_e-\bar{h}_0=P \tag{3-24}$$

这与连续形式的式(3-21)是相对应的。

目前而言，单位迹线终点与其上游的离散点是分开考虑的，这使得我们无法对迹线的所有离散点进行统一处理，不利于研究大量迹线的群体特性。对此，我们进一步扩充水量在单位迹线终点之后的定义：空气微团经过迹线终点时水汽全部通过降水排出，因此认为终点之后水量为0，如图3.5所示。那么对终点 t_e 而言，该点水量的变化 $\Delta h(t_e)$ 就等于（该点的）降水量的负数，即

$$\Delta h(t_e)=\bar{h}_{e+1}-\bar{h}_e=0-P=-P \tag{3-25}$$

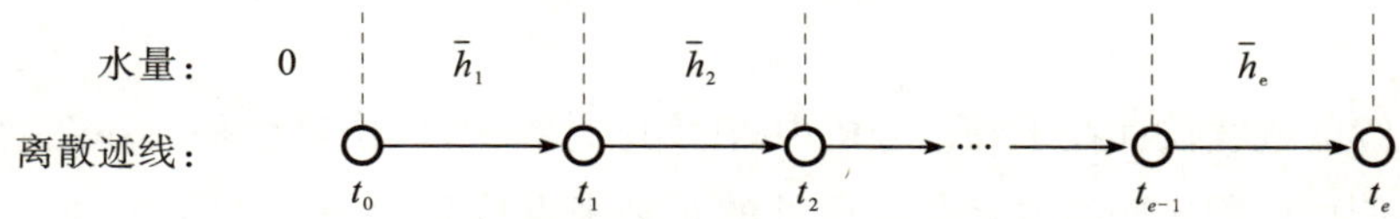

图3.5　单位迹线和迹线水量的离散示意图

综合考虑式(3-23)和式(3-25)，对于迹线上的任意离散点，其反映的水量信息可以统一描述为：迹线水量在某一点的变化量等于空气微团经过该点时吸收的有效蒸发量减去降水量，也就是水汽的净增量，即

$$\Delta h(t_i)=\Delta\hat{E}(t_i)-\Delta P(t_i),i=0,1,\cdots,e \tag{3-26}$$

迹线终点处只有降水，因此对终点而言上式中蒸发项等于0；其他点则只存在蒸发，式中降水项为零。对式(3-26)在所有离散点上进行累加，得到

$$\sum\nolimits_{i=0}^{e}\Delta h(t_i)=\sum\nolimits_{i=0}^{e}\Delta\hat{E}(t_i)-\sum\nolimits_{i=0}^{e}\Delta P(t_i)=\hat{E}-P=0 \tag{3-27}$$

即所有离散点的水量变化之和等于0，反映迹线上总的有效蒸发量恒等于总降水量的水量守恒关系。

我们看到，迹线上水量的概念使得迹线上每个点都能表示该点的局部水量信息，而且总体的水量始终保持平衡关系。这样，每一条迹线都能看作一个物理含义明确、水量输入输出关系自洽的空中水文过程单元，为定量研究空中水汽输送规律提供了基本的描述语言和模型工具。

3.3　水汽输送网络及空中流域

3.3.1　水汽输送网络的概念

在完整的水循环系统中，水汽输送这一环节将海面或地面蒸发到空中的水汽转移到其他地区，在合适的气象条件下形成降水，从而形成陆地水资源，也是海洋水物质向陆地供应的唯一途径。在上一节中，我们深入研究了微观视角下降水场次含水空气微团在空中输送的路径（迹线），通过定义单位迹线及其水量的概念，实现了对水汽输送过程中的降水和蒸发事件及其水量关系的定量化描述。这项工作类似于使用水文领域常用的概化描述手段，将

每条迹线视为一个独立的空中水文过程概念性单元来研究，是地面水文过程向空中的一种延伸。但是，迹线这一模型工具对于研究宏观意义上的水汽输送规律是远远不够的。一条迹线只能提供单点降水及其水汽来源的信息，迹线与迹线之间没有关联，过多过密的迹线又难以满足实际应用的分析需求。如第 5.1.1 节中展示的一个月内全部陆地强降水迹线，由于迹线数量过多且分布混乱，在同一地点存在不同来源、不同方向的迹线相互交错、重叠，真正能够提供的有用信息其实非常有限。空中水汽输送的统计特性不是由若干独立迹线就能表现出来的，而是由大量水汽输送路径共同体现的群体性质。因此，要深入研究空中水汽输送的宏观规律，需要在水汽输送路径的基础上，应用一定的统计分析方法和数据处理手段建立更高层面的描述模型。

空中水汽输送虽然在功能上与陆面径流过程类似，但是在表现形式上两者却有本质差异。不同于陆面径流在汇流阶段中形成的上下游关系明确且稳定的"树状"输送通道（河流），水汽输送过程中水物质的运动方向随时间不断变化，交汇、分支关系错综复杂，形成一种复杂的动态结构。我们认为，空中水汽输送的这种特性使其更加接近于数学中"图"的结构，直观来看，就是允许某一地点上空的水汽向周围多个地区输送，而来源于不同方向的水汽也能输送到同一个地点，点与点之间的水汽输送关系是多对多的、双向的、动态的。基于这一想法，我们在水汽输送路径研究的基础上提出水汽输送网络的概念，充分应用图论的描述语言和相关方法逐步建立起水汽输送网络的方法体系，其目的是服务于水汽输送宏观规律的研究。

综上所述，本书提出的水汽输送网络是指用图结构对复杂的水汽输送过程进行描述的一种概念性模型。需要指出的是，真实的水汽输送过程通常包括了水平输送、垂向输送和紊流扩散三种现象，但是本书建立的水汽输送网络目前只具有宏观描述水汽水平输送的能力。

本书提出的水汽输送网络是一种图（Graph）的数学结构。图是一种包括顶点（Vertex）和边（Edge）两种元素的概化结构，常用来对存在相互关联的事物进行建模，用顶点表示事物，边表示事物之间的关系。图 3.6 是不同类型的图示例。

就图的概念而言，本书提出的水汽输送网络属于一种简单有向带权图，并且顶点和边同时带有权重。水汽输送网络中的每个顶点对应于地球上某一块真实的区域，我们将区域的面积作为顶点的权重；水汽输送网络中的边代表区域与区域之间存在水汽输送关系，边的权重表示输送的水量大小，并借助有向图中边的方向性来表示水汽输送的方向。

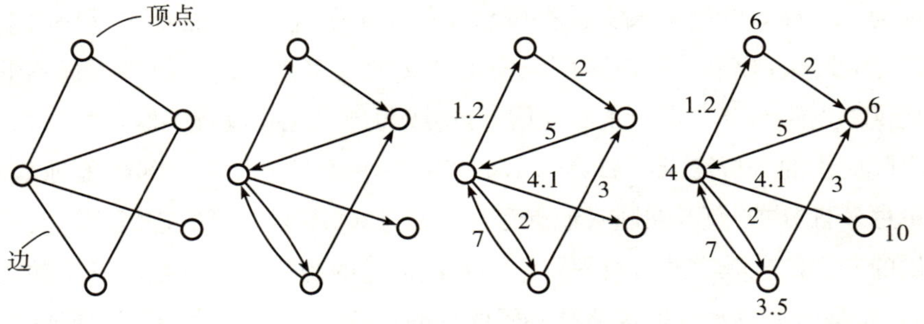

（a）无向图　（b）有向图　（c）有向带权图　（d）顶点和边都带权的有向图

图 3.6　不同类型的图示例

3.3.2　水汽输送网络的提取方法

如何将大量的水汽输送迹线转化为符合图结构的水汽输送网络是本书研究所面临的问题之一。对于转化的结果我们有明确的要求。首先，水汽输送网络中的元素需要有明确的物理含义：网络中的顶点代表地理区域，并且所有顶点能够覆盖研究区的全部范围；网络中的边代表两点之间的水汽输送通道，该通道必须与水汽输送迹线建立联系。其次，我们还希望所建立的水汽输送网络能够严格继承迹线中的水量关系，提供定量分析的能力。要实现从迹线到网络的转换，一方面需要灵活应用数据科学领域中的相关处理手段，另一方面又要求所采取的方法在机理上具有可解释性。目前而言，针对迹线和图结构转换的相关研究数量很少，没有现成的方法可以直接满足我们的研究需求。

现有研究在对大量水汽输送迹线做进一步的处理时，普遍采用的一种方式是通过迹线聚类的手段从数据中提炼更高层的信息。特别是在分析区域水汽来源的相关研究中，一些学者从迹线的坐标信息提取迹线特征，然后应用某种聚类算法将所有迹线划分成若干类别，使得同类中的迹线具有一定相似性（一般是位置和输送方向上相近），不同类别的迹线之间差异较大。聚类之后往往还可以提取出每一种类别的代表路径或平均路径，用来表示这一类别的迹线的整体特征，体现出一定的迹线结构提炼的含义。例如，Li et al.（2016）在研究我国东南地区的水汽来源时，采用一种基于概率模型的曲线聚类算法（Gaffney，2004）分别对夏半年和冬半年的迹线进行聚类处理，并计算每一类别的代表迹线以及各自对东南地区总降水的贡献比例。Lee et al.（2007）认为对迹线聚类时不应该把迹线当作一个整体，而应该从更小的尺度入手，从而提出一种基于分割与组合的迹线聚类方法框架。该方法首先基于信息论中的最短描述长度准则将每一条迹线分割成多条相对平直的片段，然后采用基于密度的聚类算法将不同迹线中的相似片段聚成一类。但是，迹线聚类的手段只是浅显地将某些迹线在形式上归为一类，同类迹线的内聚程度有时无法得到保证，更没有涉及对数据内在含义的探索。聚类得到的代表路径的作用只体现在对结果的可视化上，各条代表路径仍然是各自独立的，不存在拓扑连接关系，也就无法形成网络结构。

迹线并不是水汽输送所特有的概念，一些不相关的领域可能对其关心的某种特殊迹线进行了针对性的研究，只不过这类工作大部分还比较零散、封闭，可借鉴的意义不大。但我们发现，信息领域近几年逐渐发展起来一种称为“迹线数据挖掘”的新兴研究分支，已经初步形成方法体系，为我们解决水汽输送网络问题带来一定启示。迹线数据挖掘所研究的迹线主要指人、车辆等个体的运动轨迹，随着配备定位系统的各种终端设备越来越普及，能够收集到大量用户的实时位置信息，那么如何从这些位置序列构成的迹线数据中挖掘有用信息为各类应用和服务提供支持，就成为一个复杂但很有价值的研究方向。Zheng(2015)对迹线数据挖掘的研究进展进行了系统性综述，其中就总结了将迹线转换为图结构这一专门课题的现有研究工作。其中，Chen et al.(2011)研究了如何从大量的车辆行驶路径中提取出道路网络，这与我们所面临的问题非常相似。该研究从迹线离散点的维度出发，根据离散点之间的距离和夹角特性定义相似性，使得迹线交叉点附近的离散点之间相似性较高，然后采用基于密度的聚类方法将这些交叉点提取出来，也就是网络结构中的顶点，最终再把每条迹线投影到已知的顶点上，建立网络中的边。我们曾经尝试使用这个方法将水汽输送迹线转换为网络，但是发现效果非常不理想。该方法的核心思路是提取迹线的交叉点，这对于车辆行驶迹线是可行的，因为所有车辆大致沿着固定的道路运动，迹线之间的公共交点(路口)非常明显，但自然界中水汽输送路径的运动方向十分散乱，又由于迹线数量巨大，使得迹线之间交叉、重叠现象极其密集，如图 3.7 所示，或者可以说不存在明确的交叉点。迹线特征上的这种本质差别，使得迹线数据挖掘领域中的方法在解决水汽输送网络问题时都失效了。

水汽输送迹线有其十分显著的特点，我们总结为以下几点：①迹线数量多，在研究区的大部分区域内分布非常密集，这是由于我们在计算迹线时采用了较为精细的离散化粒度；②迹线的方向分布十分散乱，几乎每一处空间都能找到不同方向的迹线，使得迹线之间存在大量交叉与重叠；③迹线在空间上的密度分布虽然不是均匀的，但是没有表现出明显的细部结构特征或模式。

这些特点使得现有的聚类算法和迹线数据挖掘手段很难对水汽输送迹线进行处理。本书针对水汽输送路径的数据特点和研究需求，自主设计了一种将水汽输送迹线转换为水汽输送网络的方法，我们将其称之为半结构化散点聚合法。网络结构由顶点和边两种元素组成，那么要建立一个网络也就包括顶点的建立和边的建立两部分，下面分别进行介绍。

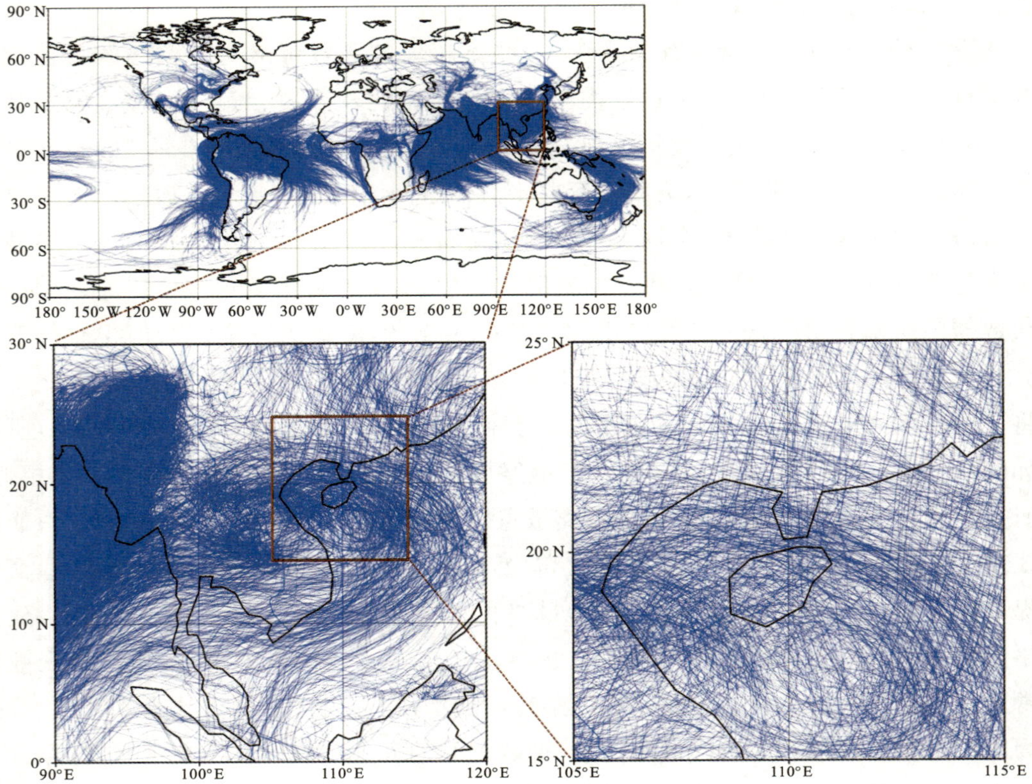

图 3.7　水汽输送迹线的数据特点

(1)顶点的建立

由于水汽输送迹线数量多,几乎密布于整个平面空间,以至于我们可以直接自顶向下地设计水汽输送网络中的顶点位置,也就是直接划定各顶点所表示的区域,再去考虑有哪些迹线经过了这一区域。从这种思路出发,我们提出了一种基于散点聚合的顶点建立规则,其主要步骤如图 3.8 所示。具体描述如下。

第一步:迹线离散化。借鉴 Chen et al. (2011)方法的思路,我们直接从迹线离散点的维度来考虑问题,这样所有的迹线就被看作分布于空间中的大量散点。因为迹线本身就是用离散点来表示的,所以在这一步骤中我们不需要作过多的处理。

第二步:网格划分。在研究区域的平面空间上划分网格,每个网格单元内的区域都将被水汽输送网络中的一个顶点所代表。因此,网格的划分其实就是在控制网络顶点的分布,网格的尺寸决定了网络的精细程度,或者称为分辨率。就方法层面而言,网格的大小可以设置成任意值,对此并无限制,但实际应用时应该根据研究的尺度设定合适的网格大小。

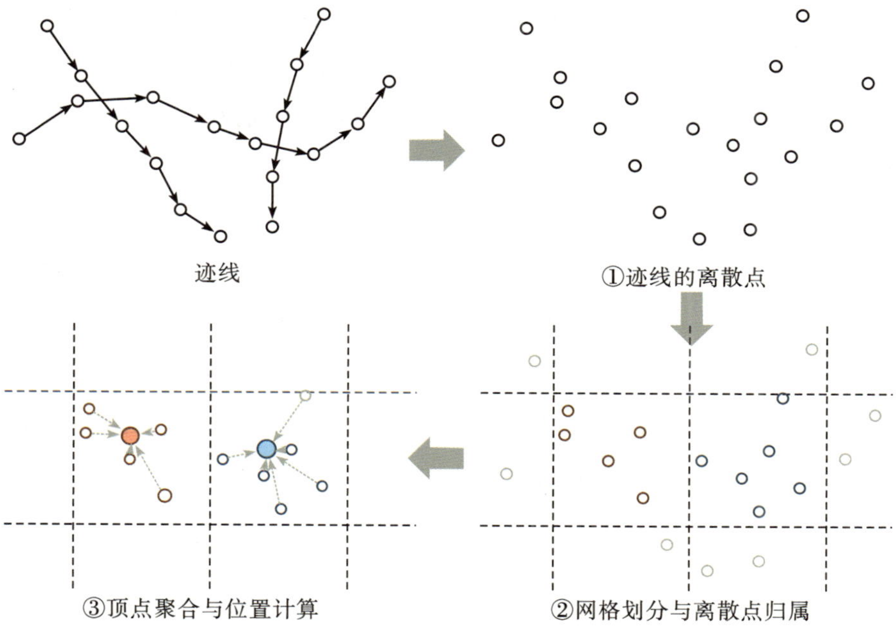

图 3.8　水汽输送网络中顶点的建立过程

还需考虑的一个问题是，为了保证本方法的效果，网格的尺寸应当普遍大于同一条迹线上前后相邻的两个离散点之间的距离，使得一条迹线在其通过的每个网格内至少存在一个离散点，避免出现相邻离散点之间的连接跨越多个网格单元的情况。这一要求始终可以通过对迹线的离散表示进一步插值加密来达到。如图 3.9 所示，当设定的网格尺寸小于相邻离散点的距离时，可以在相邻的离散点之间增加若干个新的离散点，以缩短相邻离散点间的距离。这些新增离散点的位置、时刻、水量等信息全部采用线性插值法确定。

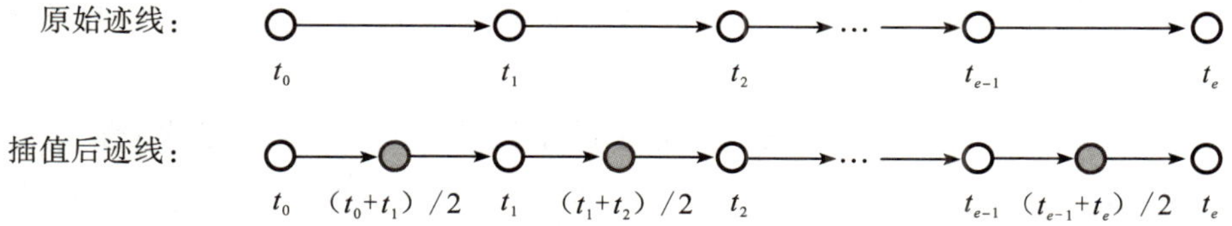

图 3.9　迹线离散表示的线性插值加密示意图

在默认情况下，本书对区域尺度的水汽输送网络采用 1°×1°大小的网格，对全球尺度的水汽输送网络采用 1.5°×1.5°大小的网格。

第三步：离散点归属。划分网格后，根据每一个离散点所处的位置将其归入相应的网格单元中，某种程度上就相当于对所有离散点进行聚类。如图 3.7 的右下图所示，被标记为红色的离散点从属于左侧的网格单元，标记为蓝色的离散点从属于右侧的网格单元。

第四步：顶点聚合与位置计算。在每一个网格单元中，我们把从属于该网格的所有离散点聚合成水汽输送网络中的一个顶点，顶点的位置是各离散点位置的加权平均值，用离散点的水量作为权重。不同于三维空间中的迹线，本书建立的水汽输送网络是二维的，网络中顶点和边也只有平面上的位置信息，没有垂直高度。在计算顶点的坐标位置时，不同高度的迹线离散点被放在共同的平面空间中考虑，相当于把三维的迹线投影到二维平面来处理。因此，在建立水汽输送网络的过程中，我们丢失了迹线所包含的水汽垂向输送信息。

我们用 $t_i^{\hat{R}}$ 表示空间中的任意一个迹线离散点，表明该离散点所属的迹线为 $\hat{R}$，所处的时刻为 t_i。那么在迹线的数学表达体系下，这一点的经度、纬度和水量分别是 $x^{\hat{R}}(t_i)$，$y^{\hat{R}}(t_i)$ 和 $h^{\hat{R}}(t_i)$，其中，根据式(3-22)，该点的水量又等于离散化的水量分段函数对应的区间值 $h^{\hat{R}}(t_i)=\bar{h}_i^{\hat{R}}$。

对于聚合后得到的网络顶点 v，我们用 $B(v)$ 表示从属于该顶点的所有迹线离散点构成的集合，那么顶点 v 的经纬度坐标可由式(3-28)计算得到

$$\begin{cases} x(v)=\dfrac{\sum_{t_i^{\hat{R}}\in B(v)} x^{\hat{R}}(t_i)\cdot \bar{h}_i^{\hat{R}}}{\sum_{t_i^{\hat{R}}\in B(v)} \bar{h}_i^{\hat{R}}} \\ y(v)=\dfrac{\sum_{t_i^{\hat{R}}\in B(v)} y^{\hat{R}}(t_i)\cdot \bar{h}_i^{\hat{R}}}{\sum_{t_i^{\hat{R}}\in B(v)} \bar{h}_i^{\hat{R}}} \end{cases} \tag{3-28}$$

在计算顶点位置时，我们没有简单地采取离散点位置的平均加权，而是使用离散点的水量作为权重，这使得顶点的位置更加靠近网格单元区域内的主流水汽输送通道。

在实际应用中会遇到的一种情况是，某些网格单元所表示的区域内一个迹线离散点也没有。例如，在建立与陆地强降水有关的水汽输送网络时，海洋上存在少量地区是没有任何迹线通过的，这些地区所对应的网格单元也就不拥有离散点。对于这种情况，直接缺省这一网格单元的顶点即可。

可以看到，采用本书提出的方法建立起来的水汽输送网络，其顶点的分布密度是均匀的、规则化的(每个网格单元内只有一个顶点)，但是每个顶点的具体位置是不规则的，这也正是我们将本方法称为“半结构化”散点聚合法的原因。

最后需要补充的是，网络中的每个顶点代表了其所处网格单元的区域，我们直接用这块区域的面积作为顶点的权重 $s(v)$。网格单元的面积用式(4-1)来计算，因为我们采用的是等经纬度网格，所以高纬地区的顶点权重较小，赤道地区顶点权重较大。

(2)边的建立

水汽输送网络中的所有顶点建立好后，该如何进一步建立网络中的边呢？我们知道，网络中的边表示的是所连接的两个顶点之间存在的联系，而水汽输送关系是由每一条迹线所表示的。考虑到迹线的任意离散点从属于网络中的哪个顶点也已通过上一步明确，所以，边

的建立过程，就是把每一条水汽输送迹线投影到已知的顶点框架上。

如图 3.10 所示，图中的小圆圈与它们之间的实连线表示一条迹线，图中的大圆圈表示网络中的两个顶点。迹线上游的 3 个离散点属于顶点 v_j，下游的两个离散点属于顶点 v_k。这条迹线的存在，说明有水汽沿着这条迹线从顶点 v_j 表示的地区输送到顶点 v_k 表示的地区，两个顶点之间具有水汽输送关系，因此，我们建立一条从顶点 v_j 向顶点 v_k 的有向边 $e_{j,k}$。与此同时，我们把迹线中 t_{i-1} 到 t_i 这段穿越两个地区的离散区间上的水量作为边 $e_{j,k}$ 的权重，即 $w(e_{j,k})=\bar{h}_i$。

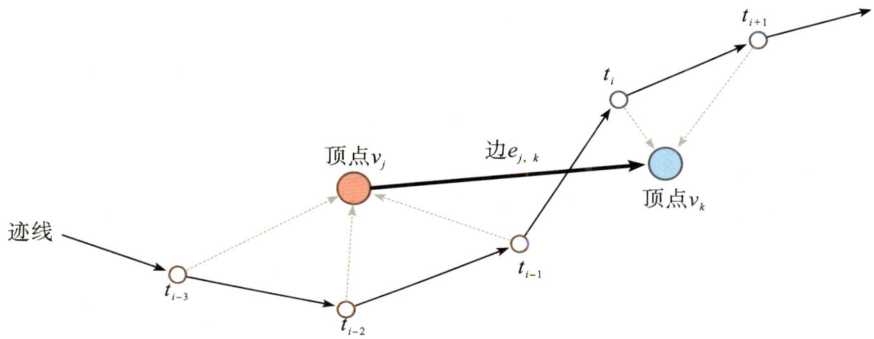

图 3.10 水汽输送网络中边的建立

一般地，对于任意一条迹线 $\hat{R}$，其离散化表示是 $[t_0,t_1,\cdots,t_i,\cdots,t_{e-1},t_e]$，我们用 $v(t_i^{\hat{R}})$ 表示这条迹线的离散点 t_i 所对应的网络顶点。考虑每一对相邻的两个离散点 t_{i-1} 和 t_i，如果它们都对应于网络中同一个顶点，即 $v(t_{i-1}^{\hat{R}})=v(t_i^{\hat{R}})$，说明迹线在这段区间内描述的是顶点区域内部的水汽输送（自环），对于这类信息，水汽输送网络不予以保留，我们不为其建立相应的边；如果它们对应于不同的顶点，即 $v(t_{i-1}^{\hat{R}})\neq v(t_i^{\hat{R}})$，说明描述的是两个不同区域间的水汽输送，我们需要建立一条从上游顶点连向下游顶点的边，表示为

$$e_{i-1,i}^{\hat{R}}=(v(t_{i-1}^{\hat{R}}),v(t_i^{\hat{R}}))$$

同时，我们把这两个相邻离散点之间的水量作为边 $e_{i-1,i}^{\hat{R}}$ 的权重，根据式(3-22)，其权重等于

$$w(e_{i-1,i}^{\hat{R}})=\bar{h}_i^{\hat{R}} \tag{3-29}$$

以上只是对单条迹线的描述。对于研究涉及的全部水汽输送迹线，我们需要按照上述方法考察每一对相邻的离散点来建立网络中的边。但是，当几条不同的迹线同时建立了从某一顶点到另一顶点的边时，也就是当存在 $e_{i,i+1}^{\hat{R}_1}=e_{k,k+1}^{\hat{R}_2}$ 的情况时，我们只需要建立这两个顶点之间的一条边即可，而不是以重边的形式建立多条边。这条边最终的权重，等于与之有对应关系的所有迹线离散区间的水量之和，也就是对式(3-29)在所有相关离散区间上进行累加。形式上，对于网络中连接顶点 v_a 和 v_b 的边 $e_{a,b}$，其权重的计算公式为

$$w(e_{a,b}) = \sum_{(t_{i-1}^{\hat{R}}, t_i^{\hat{R}}) \in B^2(v_a, v_b)} \bar{h}_i^{\hat{R}} \tag{3-30}$$

式中，$B^2(v_a, v_b)$ 表示满足条件的迹线离散区间的集合，即

$$B^2(v_a, v_b) = \{(t_{j-1}^{\hat{R}}, t_j^{\hat{R}}) \mid \hat{R} \in R, v(t_{j-1}^{\hat{R}}) = v_a \text{ 且 } v(t_j^{\hat{R}}) = v_b\}$$

需要注意，水汽输送网络是有向图，即 $e_{a,b}$ 和 $e_{b,a}$ 表示两条不同的边，需各自独立地计算权重。

从式(3-30)可知，水汽输送网络中边的权重也被定义成一种水量的概念。与迹线上的水量不同，边的权重是对所有迹线的水量在全部时间和局部空间(边的两个端点所代表的区域)中的统计结果。边的权重所表达的物理含义是，水汽输送过程中从边的起点(所代表的区域)向终点(所代表的区域)输送的在网络中发生降水的水汽在所统计时段内的总量，是一种宏观意义上的水汽量。

我们把一条迹线 $\hat{R}$ 的所有离散点相对应的网络顶点表示成一个序列 $[v(t_0^{\hat{R}}), v(t_1^{\hat{R}}), \cdots, v(t_{e-1}^{\hat{R}}), v(t_e^{\hat{R}})]$，并删除序列中相邻的重复顶点元素(也就是删除自环)，可以发现，这就是网络中的一条路径。因此，迹线在水汽输送网络中的投影是网络中的一条路径，网络的边集也就等于所有迹线在网络中的投影路径所经过的边的并集。

与第 3.2.5 节论述单位迹线上的水量守恒一样，我们证明了，在水汽输送路径的基础上，采用本书提出的半结构化散点聚合法所建立起来的水汽输送网络，其顶点和边的结构与蒸发、降水、水汽输送这些实际物理过程存在定量对应关系，其特征具体包括：

1)水汽输送网络中任意边的权重等于以这条边的起点所代表区域向终点所代表区域在研究时段内输送的能产生降水的水汽总量。

2)水汽输送网络中任意顶点的出度与入度之差等于该顶点的净蒸发量，也就是空中水汽在输送过程中(不管以任何方向)经过该顶点所代表的区域时吸收的有效蒸发量与产生的降水量之间的差值。

3)水汽输送网络中全体顶点的出度之和等于入度之和，体现了水汽在输送过程中吸收的有效蒸发总量恒等于降水总量的水量守恒关系。

可以看到，本书所建立的水汽输送网络物理含义清晰且符合基本规律，能够实现对空中水汽输送宏观过程的定量化描述。

3.3.3 空中流域的概念

在前面的章节中我们看到水汽输送网络可以应用在不同时空尺度的水汽源汇分析中，这属于水汽输送网络的一项直接应用，是网络中顶点和边所附带的水量信息能够直接反映的结果。实际上，水汽输送网络还具有更加丰富的应用延伸，能够帮助我们发现全球水汽输送系统中更多的规律。我们知道，水汽输送网络是一种图结构，这不仅为我们描述水汽输送

的状态和格局带来了方便，同时也为进一步的规律分析提供了强大的数学工具，使得研究能在图论的理论框架下进行。图论中存在大量成熟且系统的方法对图结构和图结构上的数据进行处理和分析，可以解决很多实际问题。因此，一方面，我们在利用水汽输送网络研究水汽输送规律时，可以直接借助图论中现成的方法来实现；另一方面，图论中的相关方法也为我们深入挖掘水汽输送网络的潜在应用价值带来启示。本节就提供了这样的一个例子：我们在研究空中流域问题时发现，图论中的图分割问题与我们所研究的问题是完全等价的，使得问题迎刃而解。

首先我们探讨空中流域的概念。流域其实是关于地面河流的概念，每一个流域都是一块独立的集水区域，若不考虑地下水的话，流域与流域之间的产汇流等水文过程相互独立，不会发生地表水物质的交换。基于树结构描述的地面河流水系也体现出了这种流域分区的结构特征，不同流域的河流树状结构完全独立，不存在跨流域的河道连接。在一个完整流域内也可以多层级地划分子流域，独立子流域内的河流结构自成体系，只有在入汇点才与更高级别流域的主干河道相连，整个河流系统形成上下游和入汇关系明确的树状结构。对于用图结构描述的水汽输送网络，是否也存在某种意义上的分区结构呢？虽然空中流域与地面的河流流域的概念不相同，但是我们对大气运动规律的认识也体现出分区的思想。例如，气象上用三圈环流模型来理想化描述全球大气环流的基本结构，其中 Hadley 环流和极地环流分别受赤道低压和极地高压的驱动而形成，并在中纬地区形成过渡的 Ferrel 环流，各环流圈的形成机理和环流规律互不相同；再比如，由陆地和海洋温差驱动形成的季风环流主要控制南亚、东亚、澳大利亚等地区，形成了特征明显且独立于外部地区的季风气候带，我国也依此划分了季风区和非季风区。可以看出，流域的概念强调的是陆地水文过程的独立性，而空中水汽输送是受大气运动驱动的，也有可能形成某种相对独立的空间结构。因此，我们作出一种假设，认为在一定的时间尺度下，空中水汽输送系统也可能存在天然的区域划分，使得区域之间只存在少量的水汽交换，而各区域内部的水汽输送自成体系。我们把水汽输送格局中形成的这种大尺度相对独立的区域称为空中流域。

空中流域相对于地面的河流流域有很大区别：首先，不同于地面的分水岭，空中流域之间的边界是软性的，允许跨流域的水物质交换，只不过相对于流域内部的水汽输送强度，流域间的水汽交换量要小很多。其次，空中流域还具有动态特征，会随着时间的推移，特别是季节的变化而改变，各流域的位置、大小、输送强度等属性要对应一定的时间范围来说才有意义。空中流域的这些特征使得流域的划分成为一个难题。

本节研究的主要目的是探究划分空中流域的方法。在明确空中流域的定义后，我们在水汽输送网络的理论框架下为空中流域的概念和空中流域划分问题提出了严格的数学表示方法，发现该问题与图分割问题是完全一致的，从而采用现有的图分割算法实现了空中流域的划分。

3.3.4 空中流域的划分方法

我们发现,空中流域划分问题与图论中的图分割(Graph Partitioning)问题是基本一致的。在计算机领域,当需要处理一些规模巨大的图结构数据时,一种典型的做法是把完整的图切分成若干个规模更小的图来并行处理。因为图的切分会伴随一些边的损失,所以如何设计切分使得边的信息损失最少,就是图分割所要解决的问题。随着大规模复杂网络结构在越来越多的领域中得到应用,对图分割问题的研究也就显得更为重要(Andreev et al.,2006;Buluç et al.,2016)。

一般的图分割问题可以描述如下:在一个边的权重都为非负实数的无向图 $G(\boldsymbol{V},\boldsymbol{E})$ 中,给定一个正整数 k 和一个很小的正实数 ε,要求将顶点集切分成 k 个子集 $\boldsymbol{V}_1,\boldsymbol{V}_2,\cdots,\boldsymbol{V}_k$,使得切边(两个端点属于不同顶点子集的边)的权重之和最小,并且每个顶点子集的顶点数目都满足

$$|\boldsymbol{V}_i| \leqslant (1+\varepsilon)\left\lceil\frac{|\boldsymbol{V}|}{k}\right\rceil,\forall i=1,2,\cdots,k \tag{3-31}$$

上式称为图分割问题的平衡约束条件,ε 称为平衡因子。当 $\varepsilon=0$ 时,要求每个顶点子集的顶点数量严格相同,都等于总数的 $1/k$,ε 越大,则这一要求就越松弛。

需要注意,在图分割问题的经典表述中,顶点子集的规模是用顶点数目来度量的,但是在图分割的一些变体问题中,顶点规模也可以用顶点的权重之和来度量,也就是把式(3-31)中的 $|\boldsymbol{V}_i|$ 和 $|\boldsymbol{V}|$ 替换成 $s(\boldsymbol{V}_i)$ 和 $s(\boldsymbol{V})$。这种表述与我们对水汽输送网络中区域面积的定义是一致的。现有的一些图分割算法能够支持对这种变体问题的求解。

可以看到,图分割问题与我们所面临的空中流域划分问题基本是一致的,只存在一些次要的差异,我们可以通过简单的转化工作使得两者完全等价,从而直接应用图分割的相关算法来划分空中流域。

首先,图分割只能解决无向图的问题,而我们的水汽输送网络是一种有向图,不能直接套用,因此,我们需要将水汽输送网络转化成无向图来处理。转化的方式非常简单,直接忽略边的方向性,将所有边视为无向边;如果两个顶点之间同时存在两个方向的边,则将这两条边合并成一条无向边,合并后的权重等于原来两条有向边的权重之和,即对于原始的两条有向边 $e_{i,j},e_{j,i}\in\boldsymbol{E}$,合并后的无向边 $e'_{i,j}$ 的权重等于

$$w(e'_{i,j})=w(e_{i,j})+w(e_{j,i})$$

水汽输送网络中区域与区域之间的水汽交换量考虑了两个方向的水汽输送,也就是说,无论是从区域 $\boldsymbol{V}_a$ 向区域 $\boldsymbol{V}_b$ 输送的水汽,还是区域 $\boldsymbol{V}_b$ 向区域 $\boldsymbol{V}_a$ 输送的水汽,都属于这两个区域之间的水汽交换,总的水汽交换量就是两个方向的和。因此,把水汽输送网络转换成无向图后,区域间的水汽交换量的计算方式完全不变,问题本身也就没有发生任何变化。

其次,空中流域划分问题和图分割问题都对划分后区域的规模施加了约束,来保证各区

域具有同等的规模。但是,两者的具体实施方式有所区别。空中流域的划分问题规定区域的最大面积和最小面积之比不能太大,用最大面积比 g 来控制;图分割问题则直接限制区域的面积不能超过一个最大值,用平衡因子 ε 来控制。我们可以计算出在满足最大面积比的条件下,区域所能达到的最大面积,从而将 g 转换成图分割问题所需要给定的 ε 。下面给出具体的计算过程。考虑 k 个区域,它们的面积之和是固定的,恒等于 $s(\mathbf{V})$。那么,我们能够构造出的最大面积比的情况是:其中 $k-1$ 个区域的面积相同并且都等于规定的最大值 $(1+\varepsilon)\cdot s(\mathbf{V})/k$,剩余的一个区域只分得最小的面积。此时的面积比等于

$$\frac{(1+\varepsilon)\dfrac{s(\mathbf{V})}{k}}{s(\mathbf{V})-(k-1)(1+\varepsilon)\dfrac{s(\mathbf{V})}{k}}=g$$

解出

$$\varepsilon=\frac{g-1}{1+(k-1)g} \tag{3-32}$$

通过式(3-32),我们能够将任意给定的最大面积比 g 转换成求解图分割问题所需要的平衡因子 ε 。

另外还有一点细节需要说明。我们知道,空中流域要求区域内部是全连通的,但是一般的图分割问题并不保证求解出的各个子区域内部的连通性。不过,现有的一些图分割算法和软件工具已经能够支持在连通性的约束条件下对问题求解,我们可以选用这些工具来求解空中流域划分的问题。

图分割问题要求解的是关于图的一种切分,当图的规模比较大时,可以采取的切分方式有很多种,搜索空间巨大。已被证明,图分割问题属于 NP 难问题,也就是无法在多项式时间复杂度下求解的问题。在面临大规模的图分割问题时,我们很难求出精确的全局最优解,而一般是采用启发式算法或者近似算法求出满足研究需求的局部最优解。在这些算法中,Kernighan-Lin 算法(Kernighan et al. ,1970)和 Fiduccia-Mattheyses 算法(Fiduccia et al. ,1982)是两种典型的局部贪心策略搜索算法,方法计算简单,但是求解结果受初始图划分的影响较大,效果不太稳定。另外一类主流的算法是基于图谱分析的谱聚类(Spectral Clustering)算法,包括 Ratio Cut 法(Hagen et al. ,1992)、Normalized Cut 法(Shi et al. ,2000)、Modularity 法(Newman et al. ,2006)等基于不同目标函数的方法。

本书采用 METIS 软件(Karypis et al. ,1998a)对水汽输送网络的空中流域划分问题进行求解。METIS 由美国明尼苏达大学的研究人员开发,专门用于解决各类图分割问题,是目前主流的图分割专业数学软件之一,已被广泛应用到各领域研究中(Godel et al. ,2010)。METIS 采用的是一种自主开发的多级 k 路算法(Multilevel K-way Algorithm),该方法具有结果准确性高且稳定、计算效率快、可并行化等优点,能够支持对考虑顶点权重、要求划分

结果为连通图等多种需求的问题的求解。

图分割问题的求解不在本书的研究范畴之内，所以我们对所用算法的大致过程进行简单介绍。METIS 的多级 K 路算法(Karypis et al. ,1998a,1998b,1998c)将整个求解过程分为 3 个阶段，分别是图稀疏化阶段、初始划分阶段和还原阶段。在图稀疏化阶段，算法从输入的原始图结构开始，一级一级地提取规模逐级递减的一系列小图。每一级的图结构都在上一级结构的基础上，将一定数量的相邻顶点对合并成一个顶点来建立。重复这一过程，直到图的顶点数目减少到数百个为止。在初始划分阶段，使用某种简单的算法(如 Kernighan-Lin 算法)对最后一级的图结构进行图分割，获得初始的区域顶点划分。由于这一级别的图已经被粗化到很小的规模，这一步计算非常快。在最后的还原阶段，按照之前的顶点合并关系将后一级别的顶点划分结果投影到上一级别的图上，并且在每一次投影后，还需要对顶点的划分结果进行微调。微调时采用一种启发式方法，不断地尝试改变区域边界附近顶点的所属区域，使得每一次调整都能提高整体的图分割质量。当还原到原始图结构的规模时，整个过程结束，得到最终的图分割结果。

3.4 本章小结

本章提出了单位迹线和迹线输水量的概念，使得水汽输送路径上蒸发和降水之间关系清晰化，提出了同一降水事件不同高度层上单位迹线降水量的分配方法和单位迹线沿程水量的 3 种计算方法，为考虑水汽源汇对应关系的迹线方法建立了模型框架，并采用多线程和共享内存技术开发了大规模迹线计算并行程序。这部分研究内容取得的成果主要包括：

1)提出了迹线分解法，从自然迹线中分离出单位迹线，并通过提出单位迹线上水量的概念，将输送过程中发生的蒸发和降水定量地对应起来。这一理论为输送路径上水汽源汇对应关系的分析方法提供了基本框架。

2)提出了比湿梯度分配法，用以计算在某时刻某地表位置产生降水的不同高度层上每条单位迹线贡献的实际降水量。

3)基于不同的物理假设，分别提出了恒定法、线性法、比湿梯度分配法三种迹线沿程水量的计算方法。

4)推导了迹线水量概念表达的水量信息，即迹线水量在空间和时间上的变化量等于水汽的净增量，且满足总水量收支平衡。

5)基于图论的理论，提出了水汽输送网络与空中流域的概念，结合空中水汽的输送特性建立了输送网络的提取方法与空中流域的图分割方法。

第 4 章 数据来源及计算方法

4.1 数据来源

本书研究的空间范围为全球范围，主要采用的是卫星及多数据源同化之后的数据产品，研究的时间范围为 1979 年至 2017 年，共 39 年。

所采用的数据主要包括两个方面：一方面是与全球水循环相关的气象水文数据，包括水汽数据、降水数据和径流数据。其中大气资料以再分析数据为主，降水数据则采用地面站点插值的数据，径流数据主要采用水文站资料。另一方面是地表河网数据，采用高效高精度河网提取算法提取了高分辨率的流域边界和河网结构，用于空地耦合时的地表流域分析。

得益于卫星遥感技术的发展，全球尺度的大气、降水等数据可以较容易获得，而国内外的众多机构为这些数据提供了同化与共享等服务，这是本书的研究工作能够顺利开展的关键因素。

4.1.1 大气数据

本书采用的空中水物质、云量覆盖和地表气温数据是由欧洲中期天气预报中心(ECMWF)基于大气模式同化全球卫星遥感、探空、地面雷达等数据得到的 ERA-Interim 再分析数据集(Simmons et al.，2007；Dee et al.，2011)，该数据集被大量学者用于大气水汽分析工作(Karam and Bras，2008；Van der Ent and Savenije，2011；秦育婧和卢楚翰，2013；谢启玉等，2015；Hoyos et al.，2018)，被验证具有较高的可靠性。本书所用数据的时间范围为 1979 年 1 月到 2017 年 12 月，共 39 年，468 个月，时间分辨率为 6h，空间分辨率为 0.5°，覆盖全球。

根据空中水资源——白水的计算方法，不考虑空中水物质的分层情况，因此均采用垂直积分后的统计量，使用的物理变量包括以下四项，括号内的英文为数据网站上的原始变量名：

1)地表/海洋表面 2m 处的气温(2 Metre Temperature，*T2M*)，单位为 K；

2)总云覆盖度(Total Cloud Cover，*TCC*)，无量纲，数值范围：0～1；

3)垂直积分的总水物质含量(Total Column Water，*TCW*)，其包含了固、液、气三种相态的水物质总量，单位为 kg/m^2，也就是量纲为[L]；

4)不同方向不同相态的水物质通量，共 6 个物理量，单位均为 kg/(m·s)，也就是量纲为$[L^2T^{-1}]$，分别如下：

①东西方向的冰水通量(Vertical Integral of Eastward Cloud Frozen Water Flux)；

②东西方向的液水通量(Vertical Integral of Eastward Cloud Liquid Water Flux)；

③东西方向的水汽通量(Vertical Integral of Eastward Water Vapour Flux)；

④南北方向的冰水通量(Vertical Integral of Northward Cloud Frozen Water Flux)；

⑤南北方向的液水通量(Vertical Integral of Northward Cloud Liquid Water Flux)；

⑥南北方向的水汽通量(Vertical Integral of Northward Water Vapour Flux)。

其中总水物质通量是将冰水、液水和水汽通量相加得到，也就是①、②和③组成东西方向的总水物质通量，④、⑤和⑥组成南北方向的总水物质通量。

下面统计了地表/海洋表面 2m 处的气温(*T2M*)、总云覆盖度(*TCC*)和垂直积分的总水物质含量(*TCW*)三个物理量 1979 年到 2017 年多年平均的全球分布，如图 4.1 至图 4.3 所示。

图 4.1 显示了全球多年平均地表/海洋表面 2m 气温(*T2M*)的分布。整体特征符合赤道高两极低的规律，最高温度在赤道周边，超过 30℃，最低温度在南极，低于零下 30℃。

从图 4.1 中可以看到，我国多年平均地表 2m 气温分布总体规律为东南到西北逐渐变低，青藏高原整体偏低。其中东南沿海年均地表 2m 气温在 16～24℃；华北平原、黄土高原以及河西走廊到塔里木盆地第二阶梯地区年均地表 2m 气温在 8～16℃；青藏高原的东部还能达到 0℃以上，西部基本处于零下；而我国的东北地区年均地表 2m 气温在 0～8℃，最北部达到了零下。

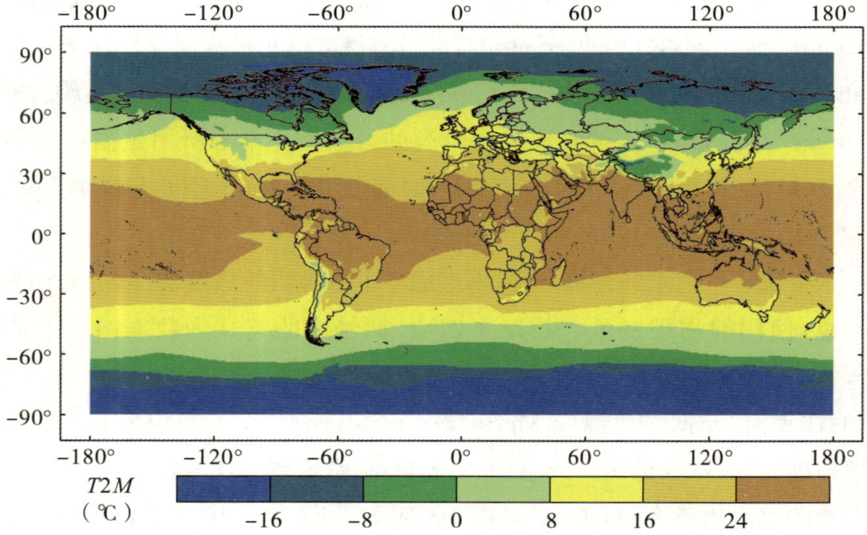

图 4.1　全球多年平均地表/海洋表面 2m 气温(*T2M*)分布

影响气温最主要的因素一方面是所在的纬度，另一方面是所处的海拔高程。我国的纬度跨度大，同时海拔高程的跨度也大，因此包含了多样的气候区，具有非常高的复杂性。气温是影响空中水汽饱和的核心因素，也是影响降水的关键因素之一，因此本书采用该变量用于临界降水法的背景水汽估计，以及饱和水汽含量计算等研究。

图 4.2 显示了全球多年平均总云覆盖度（*TCC*）的分布。全球总云覆盖度分布与气温分布相比就复杂得多，可以明显发现总云覆盖度与经纬度、大气环流以及所属的气候区都有密切关系。

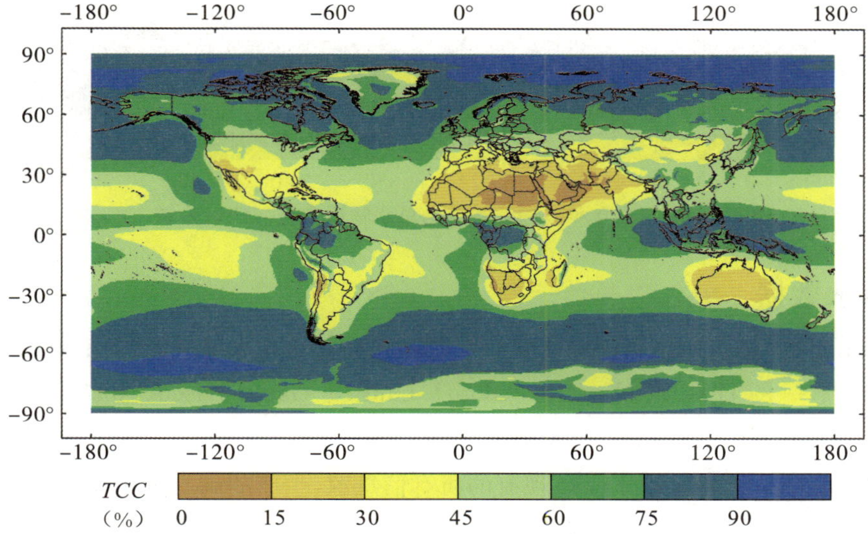

图 4.2　全球多年平均总云覆盖度(*TCC*)分布

从全球尺度来看，印度尼西亚、亚马孙河流域、刚果河流域以及南半球的西风带都是云覆盖度比较高的地区，多年平均达到 75%，甚至 90%以上，而北非撒哈拉沙漠、北美西部沙漠、南美智利西部沙漠、澳大利亚大沙漠等都是云量比较低的地方，只有不到 30%。我国处于一个相对中等的水平，东南沿海的云覆盖度在 45%～60%，四川盆地在 60%～75%，而北部地区在 30%～45%。

图 4.3 显示了全球多年平均垂直积分的总水物质含量（*TCW*）的分布。*TCW* 与气温数据类似，符合赤道高两极低的规律，较明显地呈现出与海拔高程高度相关的特征，同时也呈现出一些气候带的特征。

我国总水物质含量的分布依然是东南多西北少，东南沿海达到 40mm 以上，而中部地区约为 30mm，逐渐向西部减少，到青藏高原上只有不到 8mm，而东北地区也只有 8～16mm。

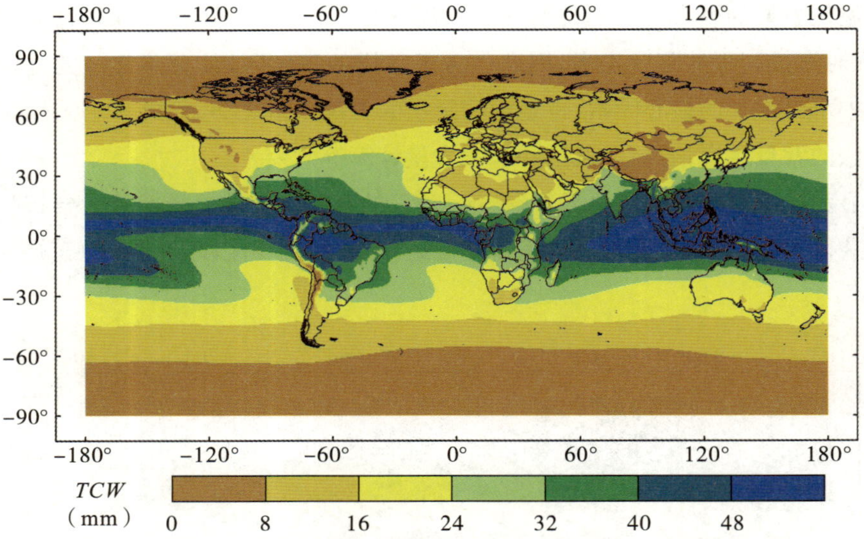

图 4.3　全球多年平均垂直积分的总水物质含量(*TCW*)分布

4.1.2　降水数据

本书采用的降水数据是由美国国家海洋气象局(NOAA)和大气局气候预测中心(CPC)开发的全球统一的日降水量(CPC Global Unified Gauge-Based Analysis of Daily Precipitation)(Xie et al.,2007;Chen et al.,2008)。

该数据集的主要目标是利用 CPC 现有的所有信息源,生产的高质量全球降水产品。所用数据的时间范围为 1979 年 1 月 1 日到 2017 年 12 月 31 日,与水汽数据的时间范围一致;时间分辨率为日尺度,空间分辨率为 0.5°,覆盖全球。统计 1979 年到 2017 年多年平均的全球降水分布,如图 4.4 所示。

从图 4.4 中可以发现降水最多的地方是赤道附近的热带雨林地区,如亚马孙热带雨林、刚果河热带雨林等;其次是亚热带季风区,如北美洲东南部、我国东南部等;而降水量最少的地方是热带沙漠、内陆干旱地区(如我国西北地区、中亚地区)。降水量的多寡主要与气候区密切相关,与总云覆盖度和总水物质含量之间并不存在简单的对应关系。

计算得到我国多年平均的年降水量为 649mm,降水分布从东南向西北逐渐减少,我国长江中下游地区、珠三角地区、海南岛和台湾岛超过 1600mm,而降水少的地方有塔里木盆地、青藏高原西北部等,年降水量不到 100mm。

如表 4.1 所示,将采用的 CPC 数据与中国气象局发布近 6 年我国的年降水量进行对比,可以发现总体误差为−0.3%,最大的误差为 4.6%,因此验证了 CPC 数据的可靠性。

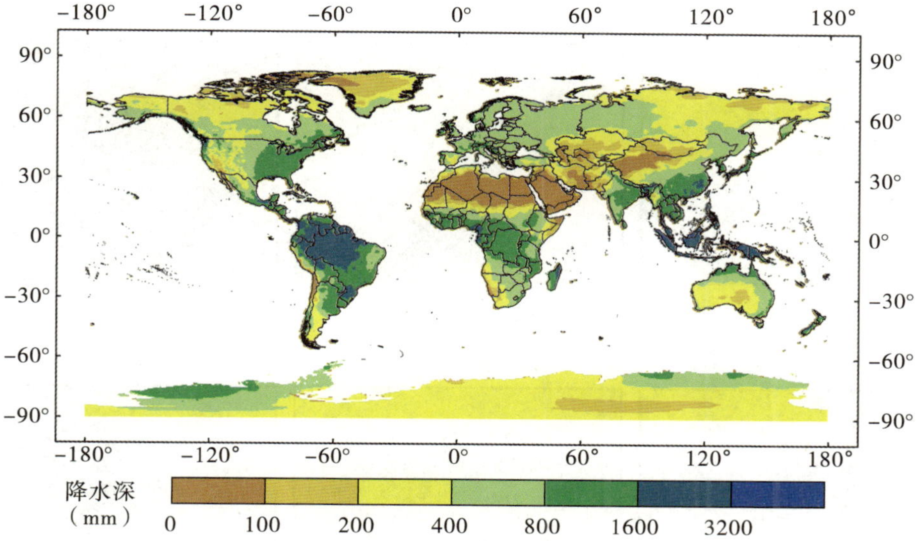

图 4.4 全球多年平均降水量(深)分布

表 4.1 采用的 CPC 数据与中国气象局发布的年降水量对比

年份	2012	2013	2014	2015	2016	2017	平均
中国气象局	669.3	653.4	636.1	648.4	729.7	639.1	662.7
CPC 数据	662.2	633.6	619.0	661.8	721.0	668.4	661.0
误差	−1.1%	−3.0%	−2.7%	2.1%	−1.2%	4.6%	−0.3%

4.1.3 流域边界及径流数据

为了进行空地耦合分析，离不开对地表流域边界的提取，采用卫星遥感测量的全球高分辨率的数字高程模型（DEM）能够满足全球范围的流域边界与河网结构提取的数据要求（Wilson，2012；柏睿，2015）。因此，也产生了许多河网及流域边界提取的软件或工具，如TOPAZ（Martz and Jong，1988；Martz and Garbrecht，1999）、ESRI Arc Hydro Tools（Moore et al.，1993；Yang et al.，2005）、TecDEM（Shahzad and Gloaguen，2011）等，但要高效地提取如亚马孙河流域的百亿栅格级别的数字河网和流域边界，依然存在很大的发展空间，本书根据柏睿等（2015）提出的大规模河网提取算法，得到了全球所有大江大河的流域边界及矢量河网，为空地耦合分析提供了数据基础。

图 4.5 是亚马孙河流域、密西西比河流域以及刚果河流域的河网结构、流域边界及局部流域放大示意图。

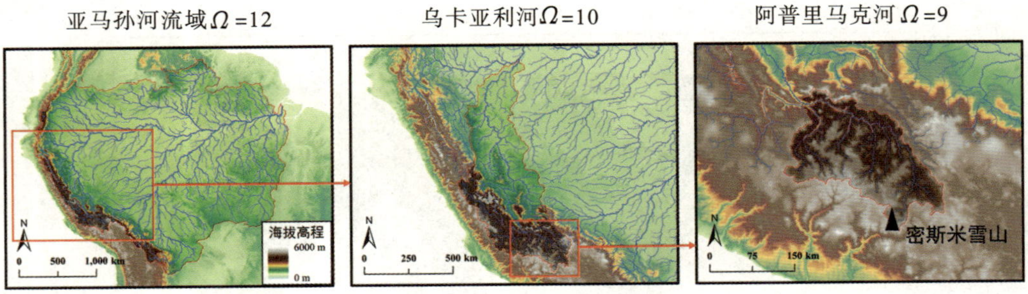

(a)亚马孙河流域边界及局部流域放大示意图

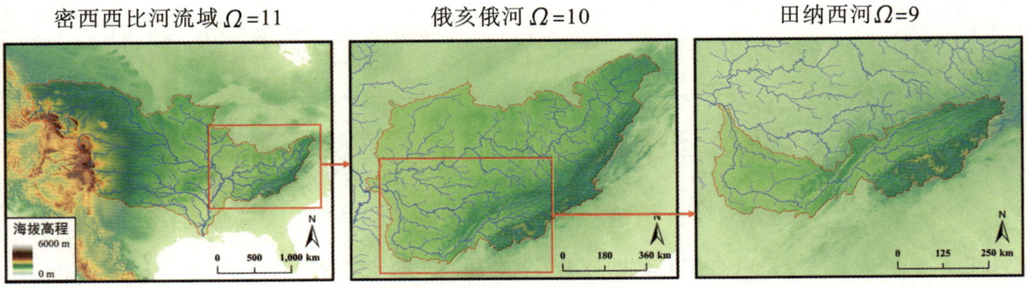

(b)密西西比河流域边界及局部流域放大示意图

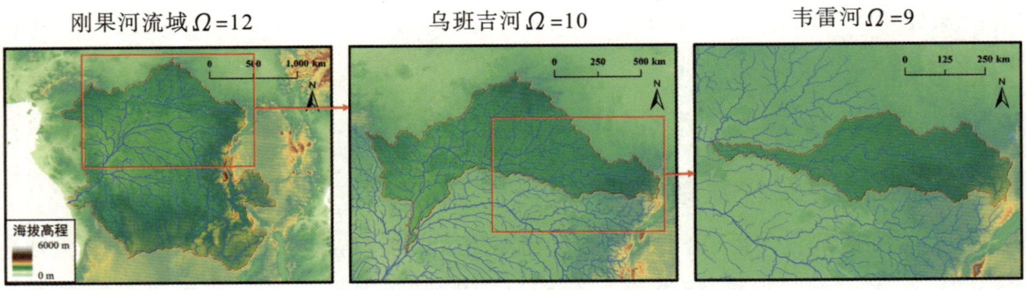

(c)刚果河流域边界及局部流域放大示意图

图 4.5　全球大河流域边界提取结果

图 4.5 中的 Ω 表示流域最高的 Horton-Strahler 分级(Horton,1945;Strahler,1957),是河网分级的一种表达方式。亚马孙河流域 DEM 包含 65.3 亿个栅格,提取总时间为 21h,提取 1439 万条河段,流域级别为 12 级;密西西比河流域 DEM 包含 45.8 亿个栅格,提取总时间为 12h,提取 513 万条河段,流域级别为 11 级;刚果河流域 DEM 包含 39.1 亿个栅格,提取总时间为 10h,提取 890 万条河段,流域级别为 12 级。

在径流数据方面,国内的径流数据以水文年鉴公布水文站的实测结果为主,国外的大江大河的径流量参考 Vörösmarty et al.(1996)发布的 RivDIS 全球水文站径流数据和 Wohl(2007)发表的全球主要河流的水文特性数据。RivDIS v1.0 数据于 1996 年首次发布,共包含 949 个实测水文站,目前已发布 RivDis2.0 数据库,共包含 3681 个实测水文站(访问地址:http://nelson.wisc.edu/sage/data-and-models/riverdata/index.php);而 Wohl 于 2007 年发表了全球主要河流的水文特性，其中包含了年径流量数据。

4.2 水汽输送路径计算方法

4.2.1 计算数据说明

水汽输送路径的研究数据同样采用的是 ECMWF 发布的 ERA-Interim 再分析数据，并且采用了气压分层的数据，ERA-Interim 再分析数据集使用 ECMWF 研发的 IFS (Integrated Forecast System)- Cy31r2 数值天气预报系统，该系统在垂直方向上设置了 60 个模型层(Model Levels)。

在计算迹线的坐标时，我们使用 ERA-Interim 数据集提供的 3 个方向的风速参量，即纬向风速(U Component of Wind)、经向风速(V Component of Wind)和垂向风速(Vertical Velocity)，以及位势高度(Geopotential Height)参量(用于风速的坐标转换，参见第 4.2.2 小节)；在计算迹线的水量时，还需要用到比湿(Specific Humidity)和地面总降水量(Total Precipitation)。这些数据的时间分辨率为 6h(降水数据是 3h)，空间分辨率是 0.75°×0.75°，对于三维空间参量(风速和比湿)，垂直方向上选用气压分层(Pressure Levels)的数据，从地面 1000hPa 到最高层 1hPa 共有 37 个气压层。

需要说明的是，ERA-Interim 再分析资料提供的降水数据是 NWP 模式的预报结果，而不是实际降水观测数据。在介绍单位迹线降水量的计算方法时(第 3.2.3 小节)我们指出，应该使用准确的实测降水数据来计算迹线的降水量，才能保证结果的可靠性，体现比湿梯度分配法的优势。但是，本书的研究主要侧重于方法的探索与验证，因此直接使用 ERA-Interim 中的降水数据一方面会使得数据处理过程更为方便，另一方面，本研究所需的风速、比湿、降水等气象要素都来源于同一套数据集，保证了不同要素之间的协调一致性，从而消除了使用不同数据集计算时由于数据集各自的系统偏差不同所带来的误差，有利于对结果的验证。

4.2.2 高效并行计算框架

当研究大范围乃至全球尺度的水汽输送路径时，需要计算的单位迹线的数量是非常巨大的。我们采用与 EAR-Interim 数据一致的 0.75°×0.75°空间网格，当只研究与陆地降水有关的迹线时，粗略估计有效陆地面积(排除高纬地区)占全球总面积的 20%，发生降水的区域占陆地面积的 10%，那么需要计算的迹线数量大约为

$$180/0.75\times360/0.75\times0.2\times0.1\approx2300 \text{ 条}$$

这还仅仅是单位时间步长(6h)内单个高度层所需要计算的单位迹线数量，对于 1979—2018 年内的全部时段，迹线的数量可达上亿级别。如此大规模的计算任务需要耗费大量的计算时长。

随着通用计算芯片架构的不断迭代发展，基于多核并行架构的计算服务器已成为主流，并行计算也是解决大规模计算问题的一种主要手段。实际上，迹线的计算问题可以很自然地被并行化，因为每条迹线的计算过程是完全独立的，可以把不同迹线的计算放在不同的计算单元上，同时使用所有计算资源，大大缩短计算所需的时间。按照这种思路，本书利用多线程和共享内存技术实现了面向大规模迹线计算任务的并行计算架构。

本书提出的并行计算架构如图 4.6 所示。服务器上执行的所有计算进程被分为 Master 节点和 Worker 节点两种，其中 Master 节点只有一个，主要负责输入数据的读取、任务的分发和结果的整合，Worker 节点可以有很多个，每个节点负责一部分迹线计算的任务。文件的读写是计算中非常耗时的瓶颈环节，因此在设计并行计算架构时，需要考虑的一个重要问题是如何进行数据的读取。ERA-Interim 再分析资料的数据规模很大，仅本书涉及的风速、比湿、降水等参量在每个月就有将近 10 GB 的数据量，如果每个 Worker 节点在计算时都各自从原始数据文件中读取所需数据，那么大部分时间都将花费在缓慢的文件读取上，而且服务器内存容量的限制也严重制约了可支持的并行数量。对此，我们利用操作系统层面提供的共享内存机制优化这一数据流过程：计算所需的输入数据完全由 Master 节点读取，读取后数据存储于共享内存中，每个 Worker 节点在计算时都直接从共享内存中读取同一份数据。这样，我们只需要进行一次文件读取操作就能支撑全部的计算任务，Worker 节点从共享内存中读取数据在效率上大幅优于文件读取的效率；另外，计算所需数据在内存中只保存一份，避免重复数据读取造成内存空间的浪费。

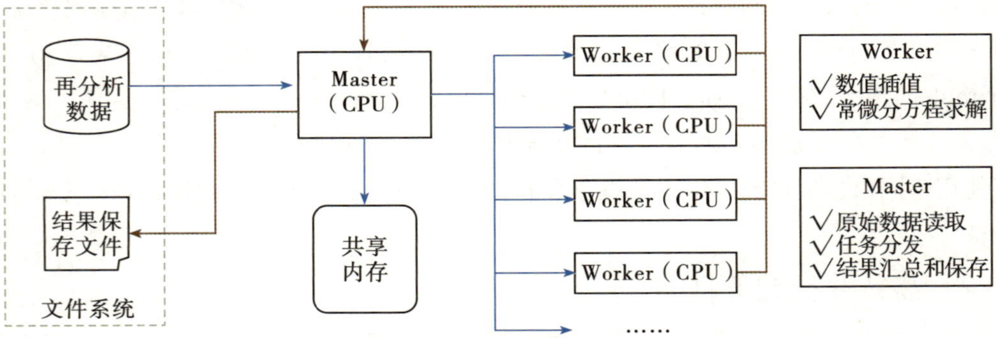

图 4.6　面向于大规模迹线计算的高效并行计算架构

还有一个问题是，由于数据规模较大，不可能一次性把 40 年的数据全部读入内存中。对此，我们设计了滚动计算的方案，完整的计算过程描述如下。Master 节点每次只读取连续若干月的输入数据(视服务器的内存大小而定)，并统计在这段时间内所有需要计算的迹线(筛选发生地面降水的时刻和网格位置，其所有高度层上都需要向前计算一条单位迹线)，然后把所有这些计算任务均匀地分发到每个 Worker 节点上，保证负载均衡。Worker 节点收到任务消息后进行迹线的计算(具体包括多维数据线性插值和常微分方程初值问题求解两项任务），所需的数据从共享内存中读取，完成计算后将结果返回给 Master 节点。Master 节点持续接收从 Worker 节点传回的计算结果，当发现本阶段所有迹线全部计算完成后，将结果打包保存，然后清空共享内存，继续读取后续几个月的数据，进行下一轮的计算。这一过程重复滚动进行，直到全部迹线计算完毕。

我们在一台 NUMA 架构（US6105053A，2000）的高性能计算服务器上部署了上述并行计算程序，该服务器共配备有 64 个 CPU 核，我们选用其中的 1 个 CPU 核作为 Master 节点，其他作为 Worker 节点。实际测试证明该并行计算架构的加速效果非常明显，基本达到了理想加速比，即当使用 N 个 Worker 节点时，完成全部计算任务所用时长接近单核计算耗时的 $1/N$。当有多台服务器资源可用时，可以进一步对计算任务并行化。我们发现，如果对现有的单机并行计算架构向多机并行拓展，那么不同服务器之间的数据传输必须依靠网络通信实现，反而会限制计算效率。因此，最为简单有效的方式是人为地对任务进行划分。例如，当有两台服务器资源时，我们可以在一台机器上计算 1979—1998 年的迹线，同时在另外一台服务器上计算 1999—2018 年的迹线，从而充分利用计算资源，进一步压缩计算时间。

4.2.3 其他计算细节

在进行迹线的计算时，还有以下一些细节问题需要考虑。

（1）离散化计算与表示

迹线代表的是空气微团的运动路径，但是视为质点的微团只存在于理论分析层面，实际计算时我们不可能对大气进行无限切分，而只能在一定尺度上对大气空间进行离散化，将离散化后的每个单元作为空气微团来计算。本书采用与 ERA-Interim 数据相同的平面网格，即每隔 0.75°×0.75°的空间上有一个网格单元，这也就是每条单位迹线所代表的空气微团（在迹线终点时）的平面尺寸。垂直方向上，为了满足比湿梯度分配法计算迹线降水量的使用条件，我们以等质量原则在 950hPa 和 250hPa 的气压高度之间每隔 50hPa 选取一个计算点（等气压即等质量），将大气在垂向上共分为 15 个单元。可以认为气压高于 950hPa 的近地大气和低于 250hPa 的对流层顶外的大气不会产生降水，因此不需要计算这些高度上的迹线。时间上，我们每隔 6h 计算一次空间上的所有单位迹线，那么每条迹线实际上表示的是每个 6h 时段内在终点位置产生降水的水汽来源在空中输送的代表路径。

对平面坐标为(x,y)的网格单元，其代表区域的平面面积等于

$$A(x,y)=(\mathrm{rad}\Delta x\cdot \mathrm{R_e}\cos(\mathrm{rad}y))\cdot(\mathrm{rad}\Delta y\cdot \mathrm{R_e}) \tag{4-1}$$

式中，$\mathrm{R_e}$ 表示地球半径；Δx 和 Δy 表示网格单元的大小，在本例中都等于 0.75°；rad 是角度到弧度的转换函数，具体写作 $\mathrm{rad}x=x\cdot\pi/180$。那么，这个网格单元的垂直方向上所有 15 条迹线的降水量之和，也就是式(3-11)中的 P_c，可以用下式计算

$$P_c=P_0\cdot\Delta t\cdot A(x,y)$$

式中，P_0 是从 ERA-Interim 数据中读取的该点的降水量，量纲为$[\mathrm{LT}^{-1}]$；Δt 表示计算的时

间步长，本例中等于 6h。因此，这样离散化计算得到的迹线降水量是一种体积量，代表一段时间、一块地区内的累计降水量，量纲为[L^3]。

迹线本身也需要根据式(3-22)进行离散化表示。本书采用的迹线表示精度为 3h，也就是说，每条迹线用一系列离散点来表示，其中相邻两个离散点之间的间隔为 3h。如前所述，本书假定单位迹线的长度是固定的 10d，因此每条迹线都由 81 个离散点构成。

在确定迹线各离散点的位置后，为了进一步计算迹线的水量，我们还需要给每个离散点赋予相应的比湿信息。每个离散点所处时刻和位置的比湿直接从 ERA-Interim 提供的比湿数据中读取，但是需要对原始的网格化比湿场进行插值处理，以提供任意时刻、任意位置的比湿信息。这里采用与风速插值一样的插值方法(Weiser and Zarantonello，1988)。

迹线上各离散时段的水量采用 3.2.4 小节介绍的三种方法计算，水量的量纲与迹线降水量保持一致，同样为体积量，表示在输送过程中空气微团所含有的形成迹线终点降水的水汽量。

(2)平面风场的坐标系转换

本书在计算迹线时，平面上的位置统一用经纬度坐标表示，垂直方向上的位置统一采用基于气压的垂直坐标(Pressure Vertical Coordinate)表示。注意到，ERA-Interim 再分析资料中的纬向风速和经向风速数据所采用的量纲为[LT^{-1}]，这是基于局部水平投影坐标的速度表示，需要将其转化为经纬度坐标系下速度的表示。对经纬度坐标为(x，y)、垂直高度为 z 的空气微团，这一位置在局部水平投影坐标系下的坐标表示为(x'，y')，则

$$\begin{cases} \dfrac{dx}{dt}=\dfrac{180}{\pi}\cdot\dfrac{1}{R_e+z}\cdot\dfrac{1}{\cos(\mathrm{rad}y)}\cdot\dfrac{dx'}{dt} \\ \dfrac{dy}{dt}=\dfrac{180}{\pi}\cdot\dfrac{1}{R_e+z}\cdot\dfrac{dy'}{dt} \end{cases} \tag{4-2}$$

式中，R_e 表示地球半径，rad 是角度到弧度的转换函数，等式右侧出现的 $\dfrac{dx'}{dt}$ 和 $\dfrac{dy'}{dt}$ 是局部水平投影坐标系下的速度表示，也就是 ERA-Interim 数据集所提供的原始纬向风速和经向风速。通过该式可以将原始的平面风速数据转化为计算时统一采用的经纬度坐标系下的表示。对垂向风速而言，ERA-Interim 提供的原始数据单位是 Pa/s，已经是基于气压的垂直坐标，可以直接参与计算，不需要转换。

另外，在式(3-29)中，空气微团的高度 z 相对于地球半径 R_e 是小量，计算时可以忽略，但如果需要考虑高度的影响，则可以借助 ERA-Interim 数据集提供的位势高度信息来计算实际高度，计算公式为

$$z=\frac{\Phi}{g}$$

式中，Φ 表示位势高度，g 是重力加速度。本书在计算时考虑了高度的影响，因此除风速、比

湿、降水等信息外，我们还下载并使用了 ERA-Interim 中的位势高度数据。

(3)垂向边界的处理

在反向计算迹线时，当发现迹线所在高度的气压小于 200hP 时，停止计算，以此位置作为这条单位迹线的起点，也就是认为经过高空的大气微团，其之前吸收的水汽不会为其下游带来降水；当计算时发现迹线所在高度的气压超过了地表大气压 1000hPa 时，则不再降低迹线的高度，使用地面的水平风速继续计算，也就是使空气微团贴地运动。这种对迹线垂向边界的处理方式与 HYSPLIT 模型中采取的方式一致的(Draxler and Hess，1998)。

第 5 章　空中水资源的输送格局

5.1　全球尺度

水汽输送迹线同样能够支持全球尺度的研究，本章节将对全球陆地强降水迹线、输送网络以及全球空中流域划分结果展开分析。

5.1.1　全球陆地强降水迹线分析

即便是在并行计算架构下，要计算全球范围内所有降水的迹线仍是不可能的，我们对降水事件进行了较大幅度的筛选。首先，将降水量阈值设定为 30mm/6h，只考虑超过这一阈值的降水事件，此外我们只考虑陆地上的降水。也就是说，全球尺度下我们研究的是陆地强降水的水汽输送规律。我们把这样筛选降水事件的策略记为“min30”，按照这一标准我们共计算出 3479865 条迹线。

我们以 2017 年 7 月作为典型月份进行分析。该月内的全部迹线如图 5.1 所示，同时我们还在图 5.2 中绘制了迹线密度分布以便于分析。由于只考虑强降水事件，图中显示的迹线大部分分布于热带或中低纬度地区，尤其以南亚和南美洲北部地区的最为稠密。南亚以及印度洋、东南亚地区的水汽输送很明显是受季风控制，从印度洋自西南向东北输送的水汽和从南海自东南向西北输送的水汽在喜马拉雅山脉与横断山脉之间的缺口平原地区汇集，形成高强降水带，可以看到喜马拉雅山脉的屏障作用十分显著。南美洲的水汽来源有两支：安第斯山脉以西的降水由太平洋水汽提供，这支水汽沿着山脉自南向北输送；地处热带辐合带(ITCZ)的亚马孙河流域则大量吸收大西洋的信风水汽，包括东南信风和东北信风两支，而且前者相对更为强烈。此外，我们从图中还可看出，大洋洲的强降水主要发生在新几内亚岛，水汽来源于东南信风；北美洲的少量强降水事件主要由墨西哥湾的水汽以及北美高空急流(Jet Stream)带来的太平洋水汽所贡献；靠近大西洋东岸的自南向北输送的水汽还在非洲中部地区产生了部分强降水。

为对比冬夏两季的水汽输送差异，图 5.3 和图 5.4 给出 2017 年 1 月的全球陆地强降水迹线及其密度分布。结果表明，随着 ITCZ 的南移，图中迹线最密集的地带也普遍向南偏移。受亚洲季风控制的南亚地区变化非常明显，在冬季时几乎没有迹线分布。南美洲西岸有部分迹线从安第斯山脉南部进入大陆再向北输送，使得南美周中部及偏南地区的降水显著增加，另外通过东北信风输送至亚马孙河流域的水汽也更加强烈，与东南信风的水汽分支具有同等的强度。大洋洲新几内亚岛及周边岛屿此时处于 ITCZ 范围内，水汽输送非常强烈。

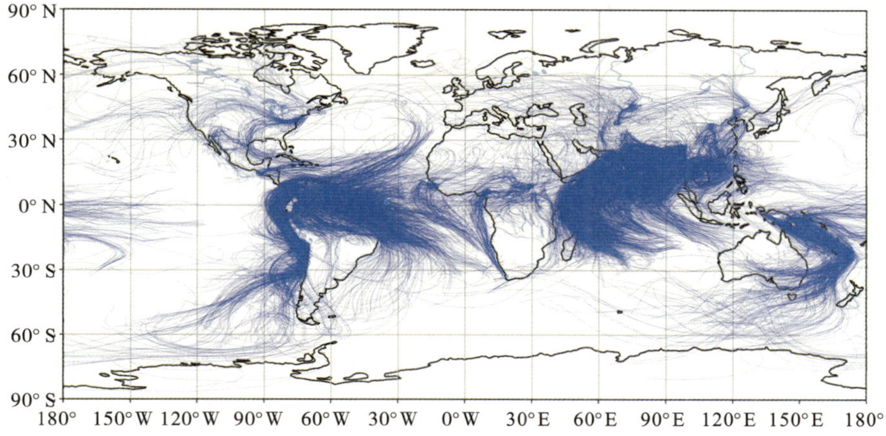

图 5.1 2017 年 7 月全球陆地强降水迹线(min30)

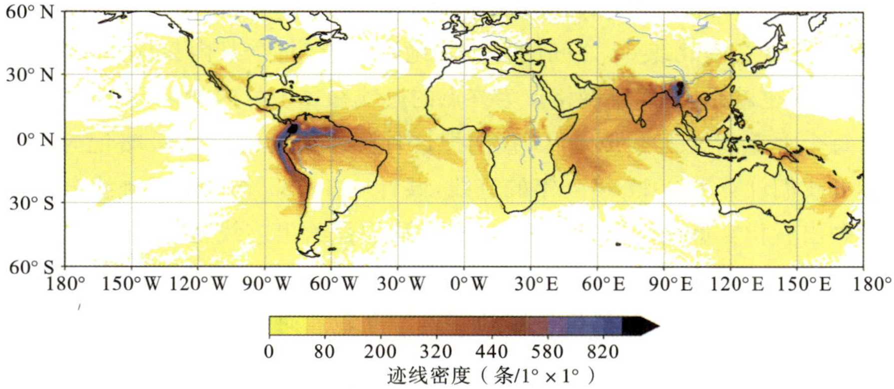

图 5.2 2017 年 7 月全球陆地强降水迹线密度(min30)

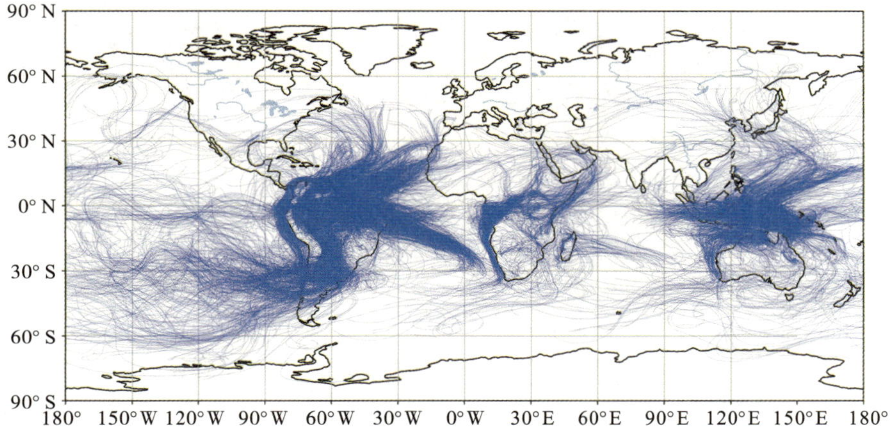

图 5.3 2017 年 1 月全球陆地强降水迹线(min30)

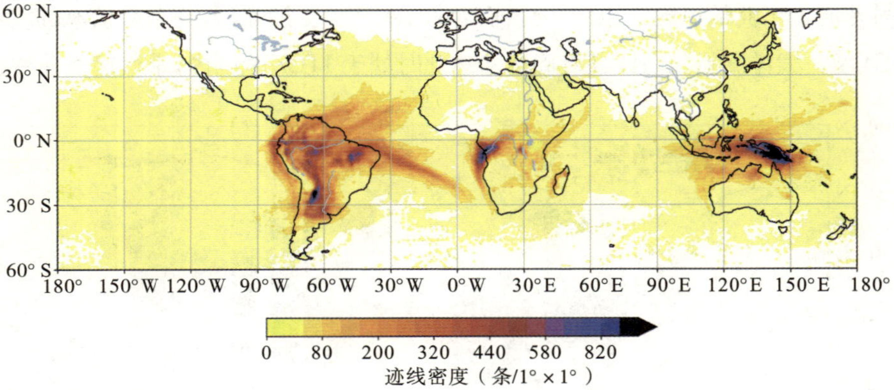

图 5.4　2017 年 1 月全球陆地强降水迹线密度(min30)

根据 min30 标准筛选出的降水事件基本分布在 ITCZ 附近，导致得到的迹线局限在中低纬度地区内，而其他大部分地区是空白的，这只能揭示部分热带地区降水的水汽输送规律。为了研究更广泛的全球性规律，本书还使用了另外一种降水事件筛选方法。首先，以 6mm/6h 为阈值过滤掉降水量较低的迹线，但此时迹线的数量仍然过多，我们按照如下标准进一步筛选：对于处在南北纬 60°之间的每个陆地网格点，每个月内只保留当月降水量最高的 1 次降水事件，也就是说，以某网格点为终点的迹线在每个月内最多只有 15 条(降水事件发生时段的每个垂直高度上有 1 条)。我们把这种降水事件的筛选策略记为“top1min6”。按照这一标准我们计算了 2017 年全年的迹线，共计 1148655 条。由于迹线分布过于稠密，将迹线全部画出后相互重叠以至完全无法分辨，我们只给出迹线密度分布图。图 5.5 和图 5.6 分别是 2017 年 7 月和 2017 年 1 月的迹线密度分布图，可以看到在全球范围内几乎每一处都分布有数量较多的迹线，能提供足够的信息帮助我们研究陆地上任意地区的水汽输送规律。这些迹线数据将在后续研究中得到使用。

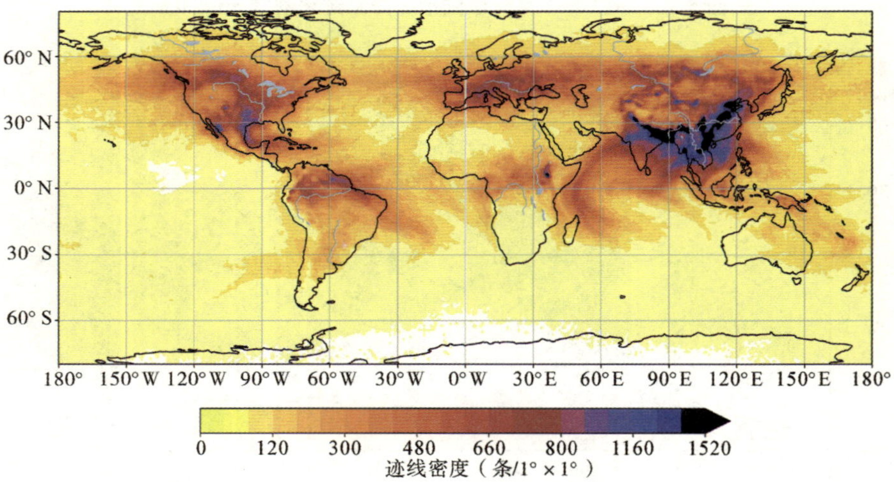

图 5.5　2017 年 7 月全球陆地降水迹线密度(top1min6)

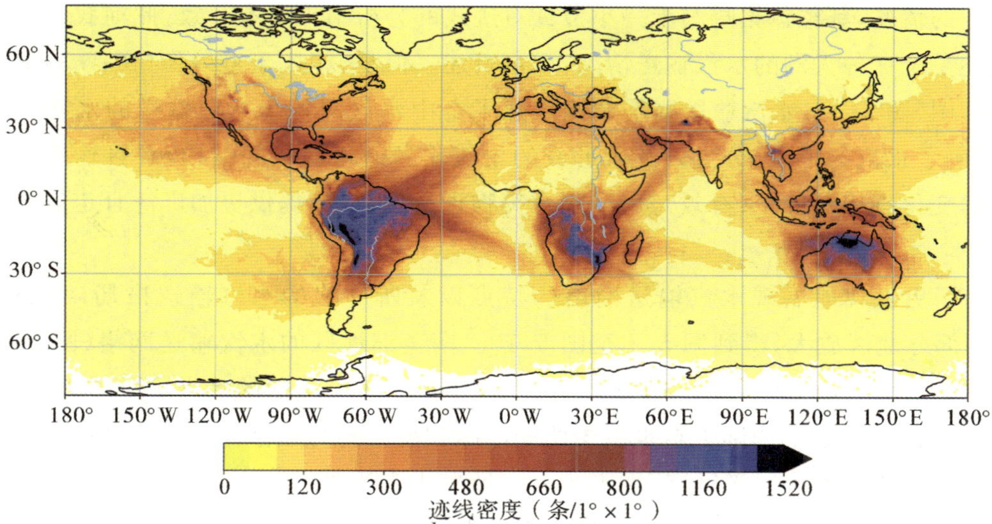

图 5.6 2017 年 1 月全球陆地降水迹线密度(top1min6)

5.1.2 全球陆地强降水输送网络

上一小节中使用了两种降水事件筛选条件来计算全球范围的水汽输送迹线，其中，min30 条件筛选出的陆地强降水只局限在热带地区，迹线覆盖范围有限，本小节将使用基于 top1min6 条件的水汽输送迹线建立水汽输送网络。图 5.7 是用 2017 年 7 月所有符合 top1min6 筛选标准的迹线计算出的水汽输送网络，在全球尺度的研究中，我们统一采用 1.5°×1.5°的网络分辨率。

需要注意，图 5.7 中未画出水汽输送网络的地方不代表所在区域没有网络边，只是这些边的权重太小，低于最低显示级别。

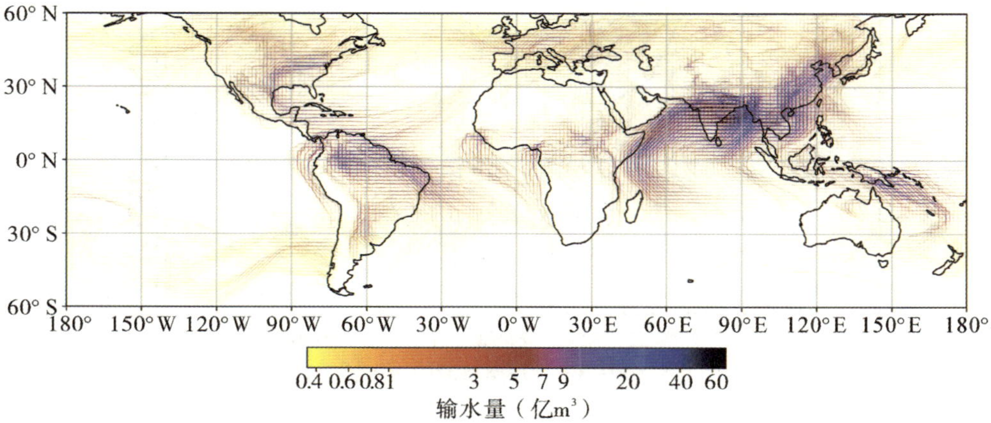

图 5.7 2017 年 7 月全球陆地强降水的水汽输送网络(top1min6)

图 5.7 中的水汽输送网络反映了全球各地区发生的强降水事件所对应的水汽在空

中输送的情况，其整体格局与上一小节针对迹线的分析结果基本一致，此前我们已经概化描述了全球各大洲的水汽输送情况，不再赘述。但是，相比于迹线图（图 5.3）或者迹线密度图（图 5.4），水汽输送网络精确表达了空中水汽向各个方向输送的水物质量信息，刻画了水汽的汇流、分支以及所形成的主流输送通道的空间结构，并且输送路径上水量的变化直接对应于（有效）蒸发、降水等物理过程，从而提供更加广泛且定量的应用能力。

为了更直观地展现水汽输送网络的特点以及所反映的水汽输送格局，我们把图 5.7 中部分地区放大，得到图 5.8 至图 5.10。南美洲地区的水汽输送网络（图 5.8）显示，通过东南信风向亚马孙河流域输送的水汽形成了十分强烈的水汽输送通道，另外在南纬 20°～30°附近的内陆上空也由于两侧山脉和高原的约束存在较强的水汽输送。在亚洲南部地区的水汽输送网络（图 5.9）中，虽然中南半岛以东的东亚季风水汽在强度上不及南亚季风，但也具有相当的强度，进入大陆后向东北方向一直延伸至我国华北甚至更远，我国西南部的横断山脉显示了对南亚季风和东亚季风的阻隔作用。图 5.10 显示，来自墨西哥湾向东北方向输送的水汽构成了北美洲上空最主要的水汽输送通道，同时，北纬 50°附近的极地高空急流以及北纬 30°附近的副热带高空急流带也来了两支较弱的水汽输送通道。

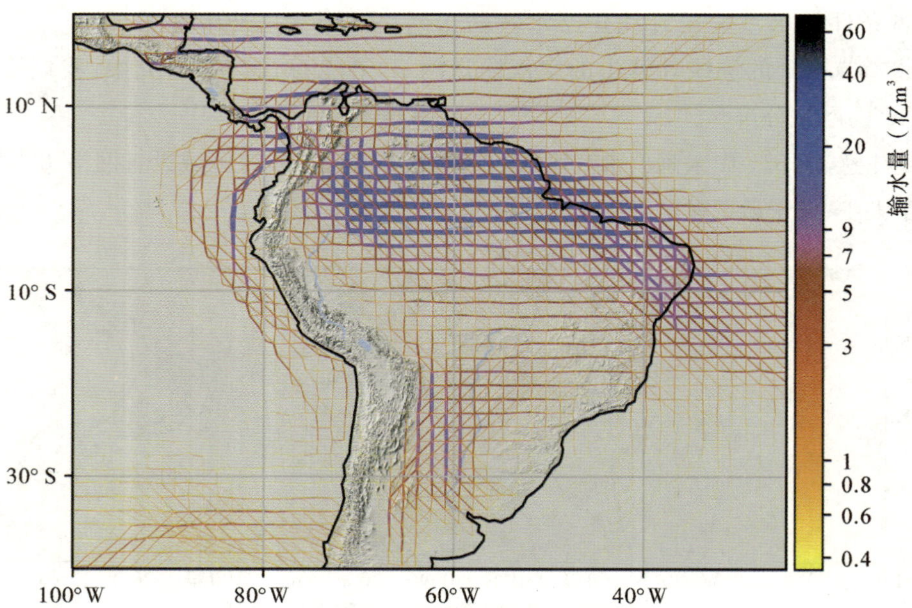

图 5.8　2017 年 7 月南美洲的水汽输送网络

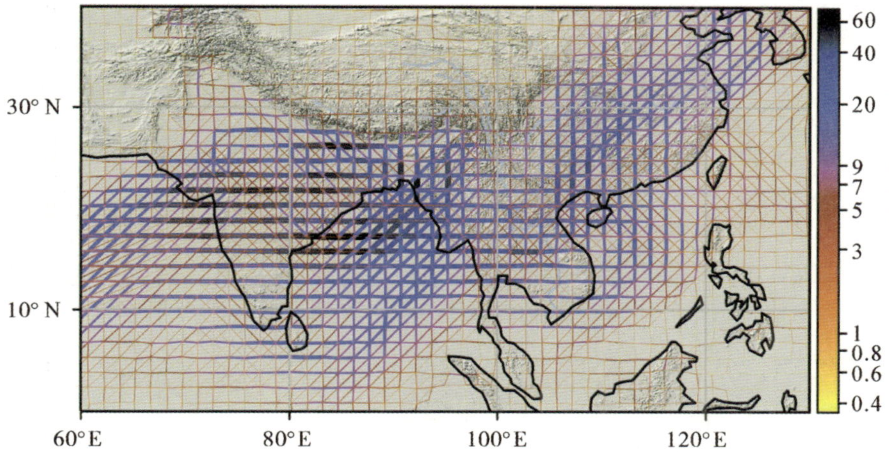

图 5.9 2017 年 7 月亚洲南部地区的水汽输送网络

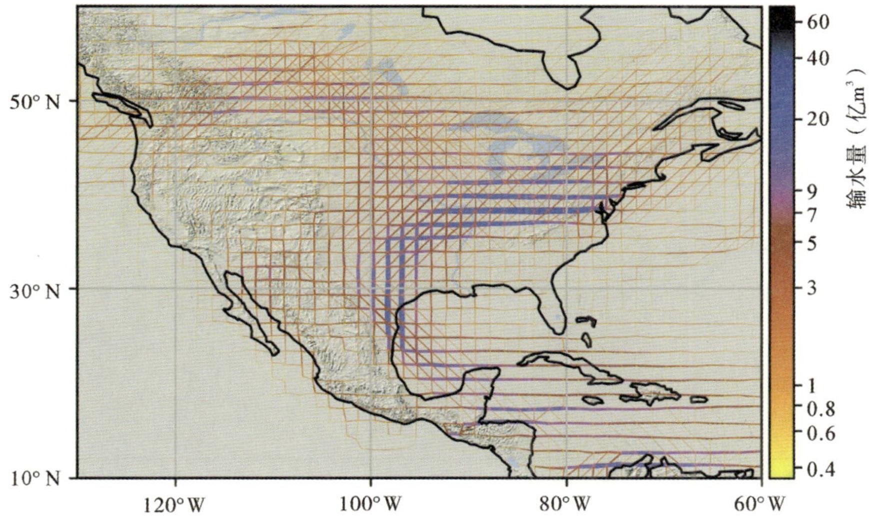

图 5.10 2017 年 7 月北美洲的水汽输送网络

利用水汽输送网络，我们同样可以通过分析网络的时空变化来研究全球尺度下水汽输送格局的季节特性。例如，图 5.11 给出了 2017 年各个季节的全球水汽输送网络，能够直观地看到各地区强降水的水汽来源以及输送通道、输送强度的变化。另外，从水汽输送网络上也可以解析出全球陆地强降水所对应的有效蒸发来源，如图 5.12 所示，其变化更为清晰显著。这里我们只展示水汽输送网络能够提供定量分析的能力，不再展开分析。

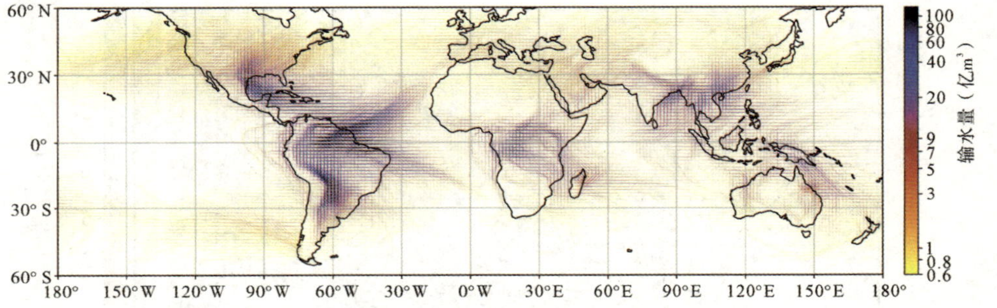

(a)春季(3—5 月)

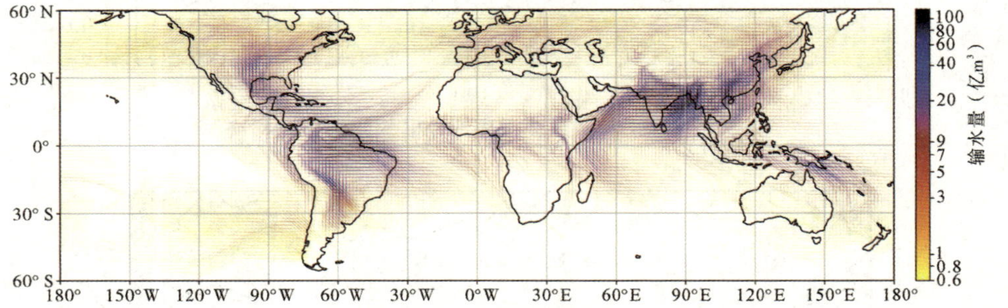

(b)夏季(6—8 月)

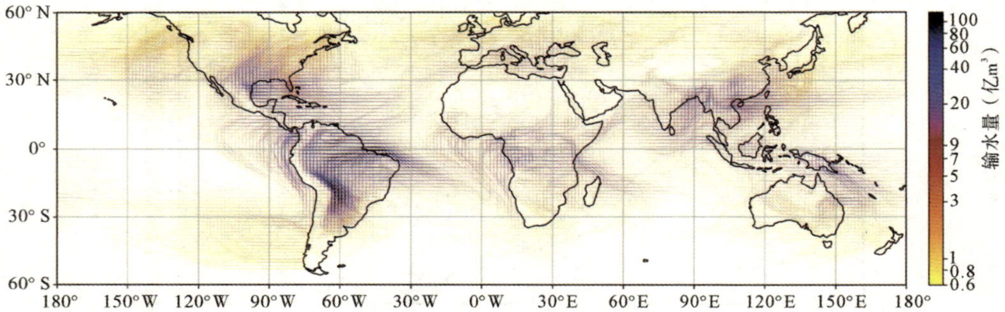

(c)秋季(9—11 月)

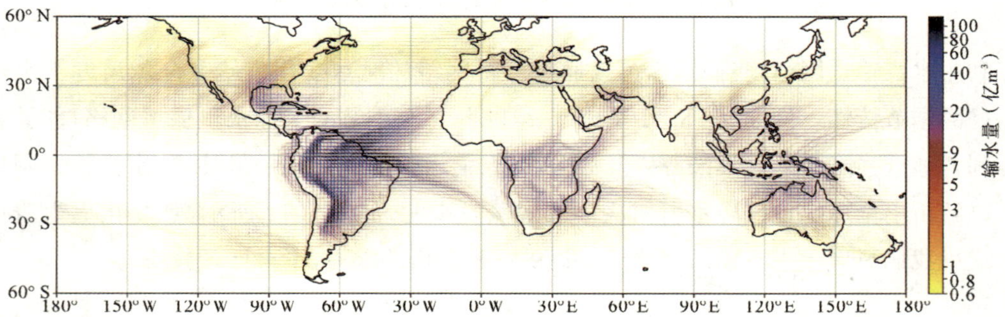

(d)冬季(12 月至次年 2 月)

图 5.11　2017 年各季节的全球陆地强降水(top1min6)的水汽输送网络

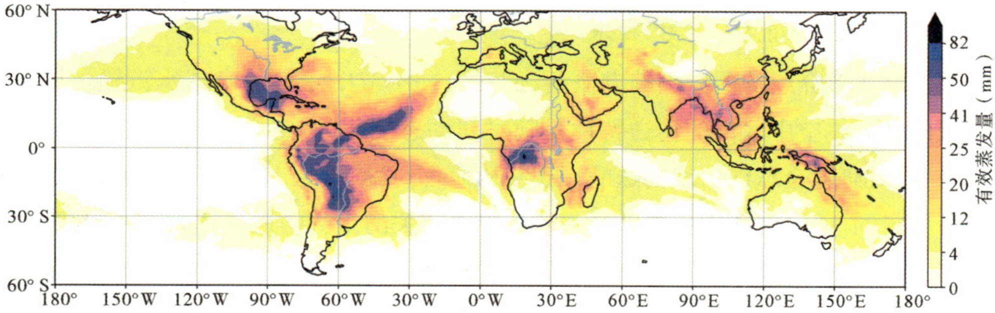

(a)春季(3—5 月)

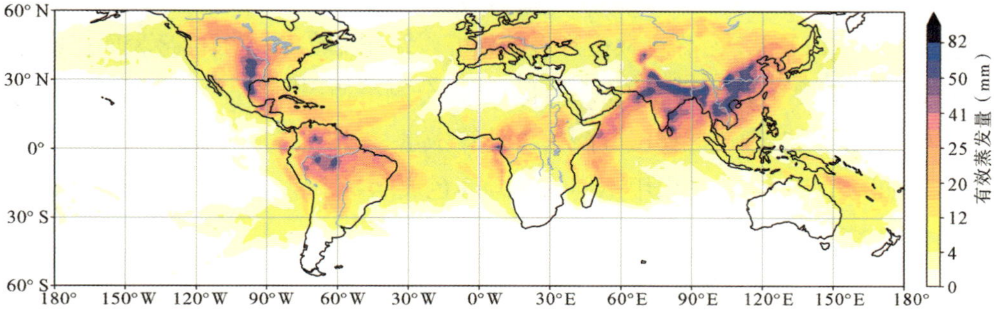

(b)夏季(6—8 月)

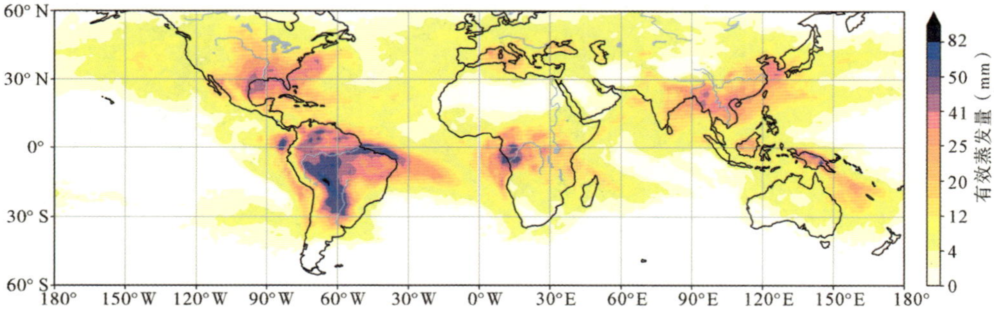

(c)秋季(9—11 月)

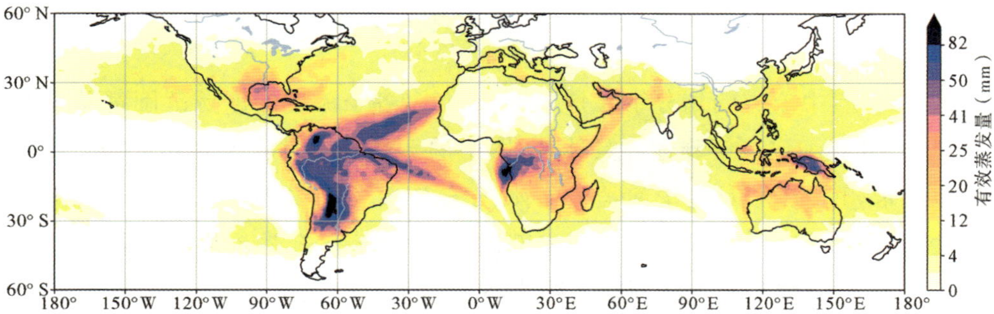

(d)冬季(12 月至次年 2 月)

图 5.12　2017 年各季节的全球陆地强降水(top1min6)的有效蒸发量

5.1.3 全球空中流域划分结果

采用 3.3.4 节介绍的图分割的方法，我们对上一小节中建立的全球水汽输送网络进行空中流域的划分。空中水汽的输送特性是随时间动态变化的，空中流域也是在一定时段内才相对稳定，对研究全球性水汽输送的宏观结构而言，我们认为 1 个月的时间尺度内流域边界是统计稳定的。而且，我们主要关注与陆地降水有关的水汽输送规律，因此所用到的水汽输送网络也都是由陆地降水的水汽输送迹线建立的。另外，对空中流域的划分要求水汽输送网络是连通的，并且能覆盖全球范围。基于 min30 降水筛选条件的水汽输送网络不满足要求，只能使用基于 top1min6 条件的水汽输送网络。

我们仍旧以 2017 年 7 月作为典型月份来分析。划分流域时，流域的最大面积比 g 设为 1.5，流域数量设定为 9 个，根据式(3-22)计算出图分割平衡因子等于 0.038。在本章中，所有的水汽输送网络均基于比湿梯度分配法来计算水量，采用 1.5°的空间分辨率。空中流域的划分结果如图 5.13 所示，图中用不同的背景颜色表示各个空中流域的范围，并在图上叠加了该月份的水汽输送网络。

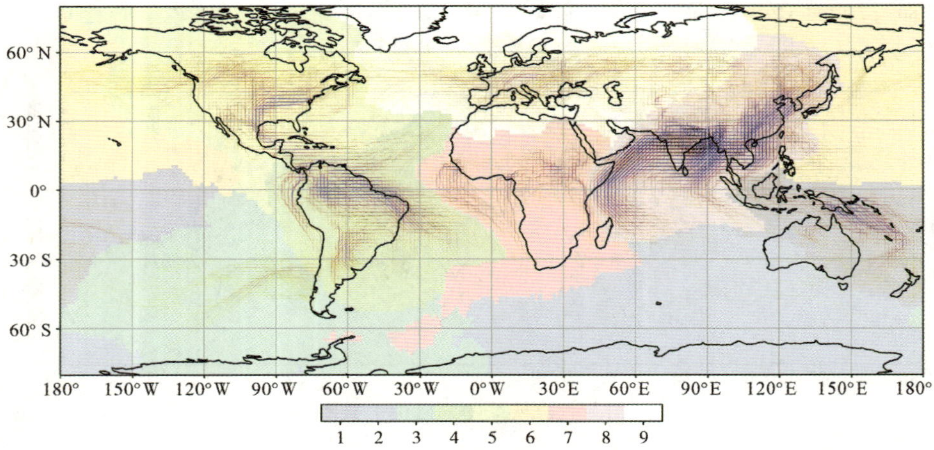

图 5.13　2017 年 7 月空中流域划分(k=9,g=1.5)

可以看到，空中流域的划分结果是比较合理的，各个流域的区域范围都基本符合大气环流规律，具有一定可解释性。具体地，图中的 5 号流域对应于北太平洋—北美地区的水汽输送带，4 号流域对应于南美洲的水汽输送，9 号流域是北大西洋—欧洲—亚洲的水汽输送带，7 号流域是非洲中部和南部的水汽输送带，8 号流域是非常明显的亚洲夏季季风区，1 号流域是与大洋洲陆地降水有关的水汽输送区，6 号、3 号和 2 号流域分别对应于北太平洋、南太平洋和南印度洋的水汽输送圈。并且，南北空中流域的分界线形成的纬向中轴线非常接近于 ITCZ 的位置，不过在大陆地区有所偏离。东亚地区受强烈的亚洲季风环流影响使得两者不吻合，南美洲热带地区同时接受东南信风和东北信风的水汽，无法沿赤道区隔开。

水汽输送网络提供了定量的水汽输送信息，我们可以计算出各流域之间的水汽交换量，如表 5.1 所示，这部分水汽交换量相对于流域内部的水汽输送强度而言是较小的。表中我们把一些较大的水汽交换量标记出来，在这 9 个空中流域中，亚洲季风流域（8 号）、欧亚大陆流域（9 号）和北太平洋流域（6 号）之间的水汽交换相对明显。从流域的水汽净输入量来看，亚洲季风流域是主要的水汽汇入区，主要吸收了从亚欧大陆流域输入的水汽；对应地，欧亚大陆流域和太平洋流域是主要的水汽来源区；其他流域内部的水汽收支相对平衡。

表 5.1　　2017 年 7 月各个空中流域之间的水汽交换量　　单位：亿 m^3

终点流域 起点流域	1	2	3	4	5	6	7	8	9
1		1.9	6.8			8.4		**42.9**	
2	14.8		5.9				1.6	18.0	
3	3.3	0.3		29.7			0.4		
4			4.5		34.7		5.6		1.1
5				5.9		4.2			**43.1**
6	8.9				**45.1**			**47.6**	0.3
7		2.2	0.4	21.7				25.5	3.4
8	16.8	0.7				23.5	15.7		32.9
9				3.1	2.8	1.5	13.6	**116.9**	
总输入量	43.8	5.1	17.5	60.4	82.6	37.7	36.9	**250.9**	80.8
总输出量	60.1	40.3	33.7	45.8	53.2	**101.9**	53.2	89.5	**138.0**
净输入量	−16.2	−35.2	−16.2	14.6	29.4	**−64.2**	−16.3	**161.4**	**−57.3**

求解空中流域的划分问题需要给定两个参数：流域数量 k 和最大面积比 g。下面将简单分析这两个参数对划分结果的影响。

我们先固定最大面积比 $g=1.5$ 不变，考虑流域数量 k 的影响。图 5.14 至图 5.22 给出流域数量从 2 增大到 11 时（除 $k=9$ 外）计算得到的空中流域。结果表明，空中流域的划分结果对流域数量非常敏感，各结果之间差别较大。同时我们也看到，不同流域数量的空中流域划分结果其实都能够体现一定的实际意义。例如，当 $k=2$ 时（图 5.14），两个流域大致是沿赤道划分的南北两个半球，尽管在亚洲季风区和非洲的边界偏离赤道较远。我们还对比了 2017 年 1 月的划分结果（本书未给出），发现海洋上的流域边界在（北半球）冬季时明显更偏南，体现出 ITCZ 的南移。当 $k=3$ 时（图 5.15），其结果大致是南北美洲、亚欧及非洲，以及南半球海洋地区的划分。当 $k=4$ 时(图 5.16),则进一步将北美和南美的水汽输送网络作了分割,但非洲大部被划入西南太平洋和南印度洋流域。我们发现 $k=6$ 时(图 5.18)得到的空中流域已经能够表现各大洲独立的水汽输送结构,但不足的是非洲和欧洲仍然处于同一流域,而这两地的水汽输送显然归属于不同的气象学机制。当 $k=7$ 时(图 5.19),其结果是在上一步的基础上将非洲和欧洲分隔开来,相对更为合理。进一步地,当 $k=8$ 时(图 5.20),南半球的海洋地区(包括大洋洲)由原来 3 个流域被重新划分为 4 个;当 $k=9$ 时(图 5.13),原本横跨北太平洋和北美洲的完整流域被细分成两个。其他情况的划分结果也都具有一定可解释性,体现出的整体规律是,随着流域数量的增多,我们对水汽输送网络的切分逐渐细化,而且流域数量相差 1 的两种流域划分结果之间往往存在较为明显的继承关系。

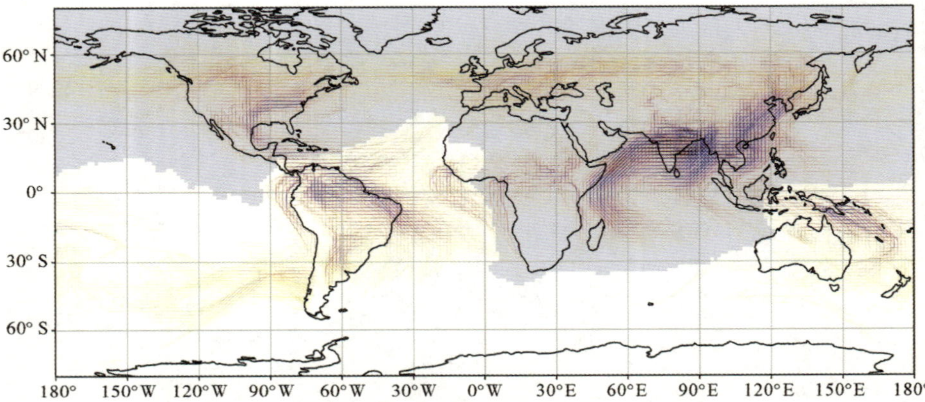

图 5.14　2017 年 7 月空中流域划分($k=2,g=1.5$)

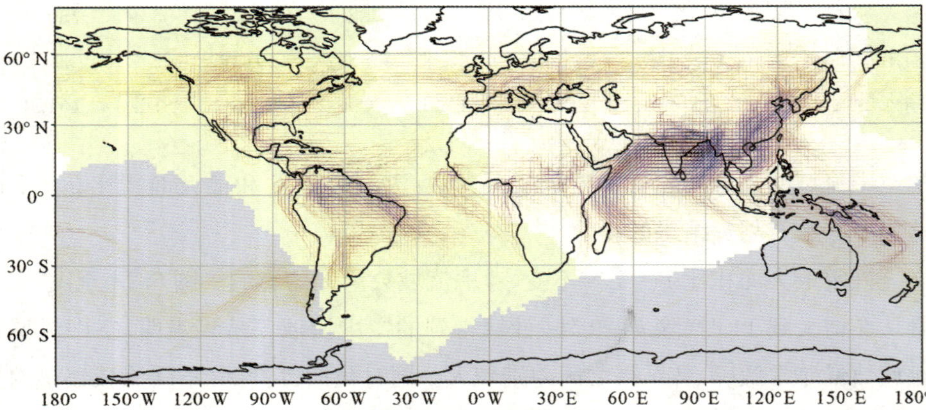

图 5.15　2017 年 7 月空中流域划分($k=3,g=1.5$)

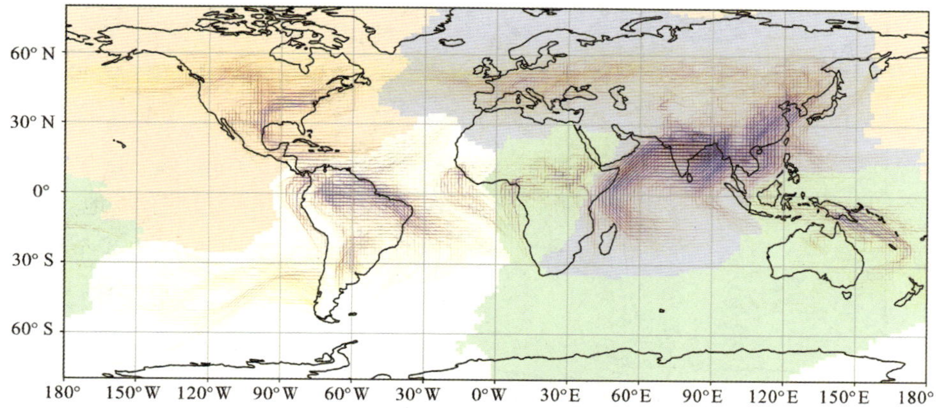

图 5.16　2017 年 7 月空中流域划分($k=4,g=1.5$)

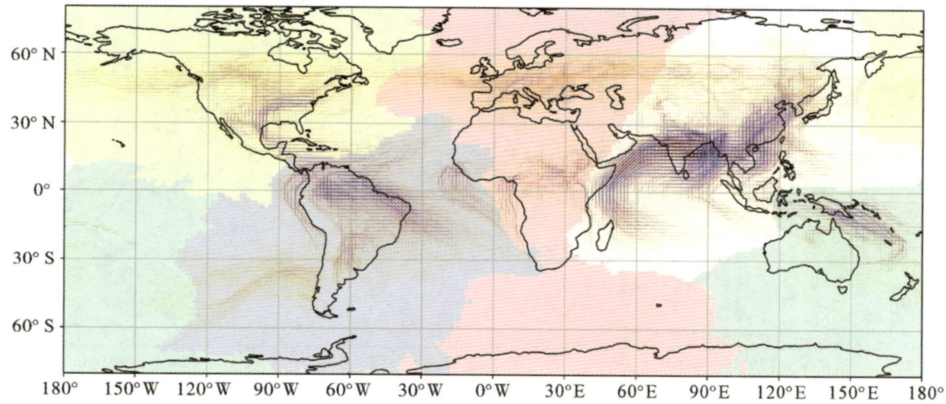

图 5.17　2017 年 7 月空中流域划分($k=5,g=1.5$)

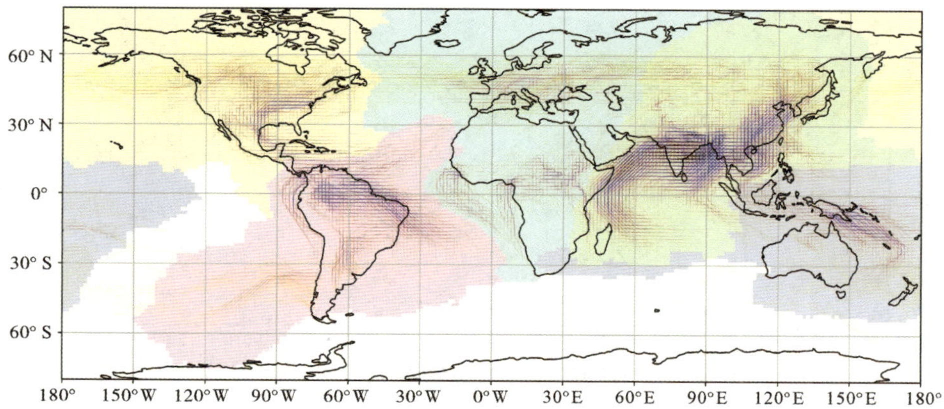

图 5.18　2017 年 7 月空中流域划分($k=6,g=1.5$)

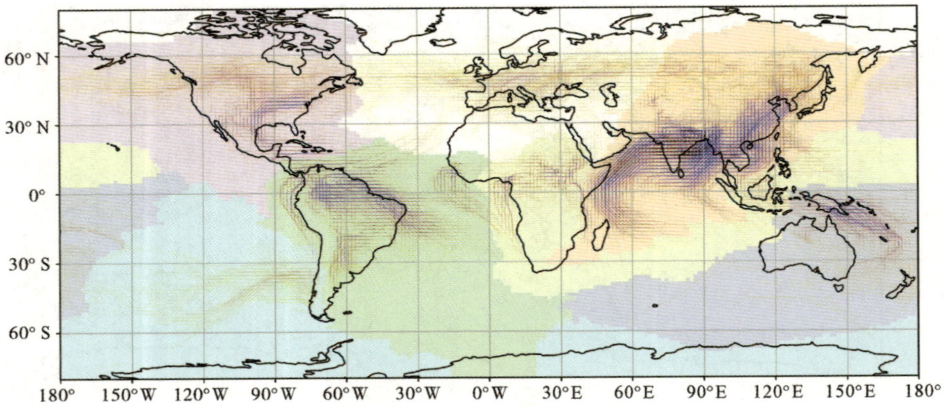

图 5.19　2017 年 7 月空中流域划分($k=7,g=1.5$)

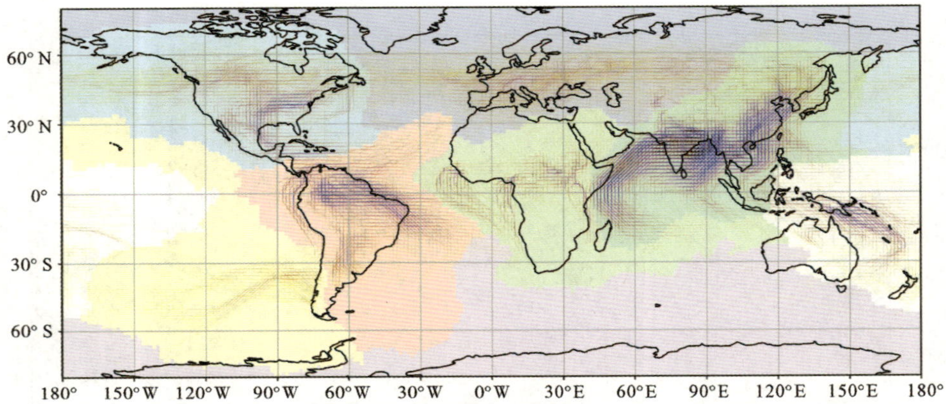

图 5.20　2017 年 7 月空中流域划分($k=8,g=1.5$)

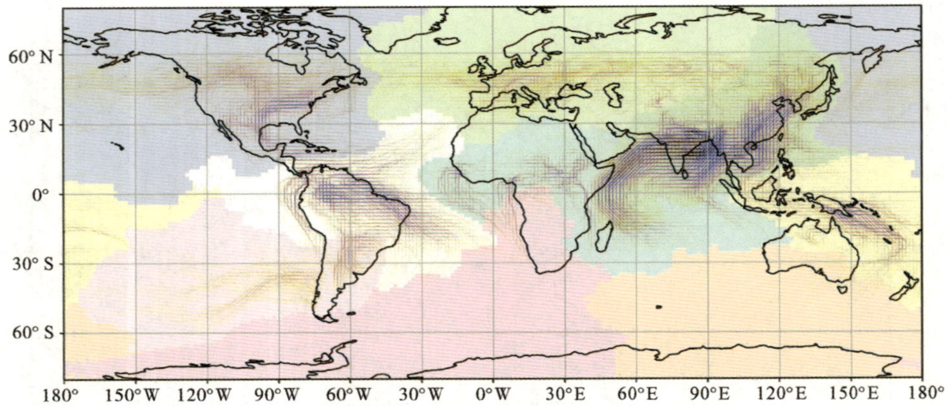

图 5.21　2017 年 7 月空中流域划分($k=10,g=1.5$)

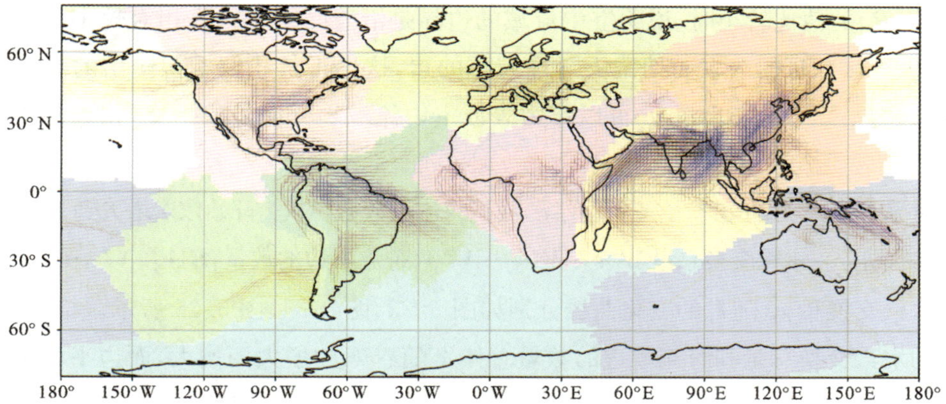

图 5.22　2017 年 7 月空中流域划分($k=11,g=1.5$)

从应用的角度讲，我们希望在保证合理性的前提下，对空中流域的划分做到越精细越好。在这个标准下，流域数量 $k=9$ 似乎是最佳的选择，此时的空中流域能够表现各大洲独立的水汽输送结构，对各流域切分的程度也最为协调。但是，仅通过简单地比较划分结果来确定流域的数量未免过于主观，限制了本方法的实际应用价值，我们希望能够找到某种定量指标来确切地指示空中流域划分结果的质量。遗憾的是，在图分割方法得到应用的大多数场景中，确定合适的子图数量一般都不是需要考虑的问题，而是实际问题自带的条件。比如，将大规模的图结构切分成若干子图以方便并行处理时，子图的数量其实是由可用的计算单元数量来决定的，并不依赖人为选取。对于空中流域划分问题，如何确定流域的数量，现有的图理论没有给出可行的解决方案，我们需要自行设计一个用于评价流域划分效果的指标。

空中流域划分的目标函数是使得不同流域之间的水汽交换量最少，也就是水汽输送网络中所有跨流域的边的权重之和最小。当流域数量增大时，流域边界的总长度越长，所涉及的跨流域边的数量也越多，因此流域之间的水汽交换总量是随流域数目的增加逐渐增大的。但是，把水汽交换总量平均到每一条跨流域边上后，所得到的平均水量不是随流域数目单调增加的，其变化独立于流域尺度和数量的变化。我们把跨流域边的平均水量称为在当前空中流域划分下的边平均水汽交换量，表示为

$$\overline{w}(P)=\frac{W(\boldsymbol{V}_1^*,\boldsymbol{V}_2^*,\cdots,\boldsymbol{V}_k^*)}{|\boldsymbol{E}(\boldsymbol{V}_1^*,\boldsymbol{V}_2^*,\cdots,\boldsymbol{V}_k^*)|} \tag{5-1}$$

式中，$W(\boldsymbol{V}_1^*,\boldsymbol{V}_2^*,\cdots,\boldsymbol{V}_k^*)$ 表示不同流域之间的水汽交换总量，$\boldsymbol{E}(\boldsymbol{V}_1^*,\boldsymbol{V}_2^*,\cdots,\boldsymbol{V}_k^*)$表示所有跨流域边的集合，即

$$\boldsymbol{E}(\boldsymbol{V}_1^*,\boldsymbol{V}_2^*,\cdots,\boldsymbol{V}_k^*)=\{e_{i,j}\mid e_{i,j}\in\boldsymbol{E},v_i\in\boldsymbol{V}_i^*,v_j\in\boldsymbol{V}_j^*,\text{且}\boldsymbol{V}_i^*\neq\boldsymbol{V}_j^*\}$$

P 表示空中流域的划分，即

$$P=P(G,k,g)=(\boldsymbol{V}_1^*,\boldsymbol{V}_2^*,\cdots,\boldsymbol{V}_k^*)$$

当$\overline{w}(P)$的值比较小时，说明空中流域的边界是沿着网络上权重相对较小的边来划定的，没有因流域数量的约束而切割大量高权重的边，这也正是我们希望给出的流域划分方式。因此，边平均水汽交换量$\overline{w}$可以作为表征空中流域划分质量的指标，相近的流域数目下，$\overline{w}$越小，表明流域划分效果越好。

针对2017年7月的全球水汽输送网络，我们将流域数量k从2开始依次增大到19，分别进行空中流域的划分。水汽交换总量$W(\boldsymbol{V}_1^*,\boldsymbol{V}_2^*,\cdots,\boldsymbol{V}_k^*)$、跨流域边的数量$|\boldsymbol{E}(\boldsymbol{V}_1^*,\boldsymbol{V}_2^*,\cdots,\boldsymbol{V}_k^*)|$以及边平均水汽交换量$\overline{w}$随$k$的变化曲线分别如图5.23、图5.24、图5.25所示。结果表明，流域之间的水汽交换总量和跨流域边的数量总体上随着k的增大而增大，而边平均水汽交换量$\overline{w}$则大致经历了先保持平稳然后显著增大的变化过程，当流域数量等于3时，$\overline{w}$取得最小值，但此时对空中流域的划分过于概化(图5.15)；此后，在流域数量增大到9之前，$\overline{w}$呈现小幅波动但整体平稳的变化趋势，也就是说这些不同的划分在切分损失效果上其实非常接近；而当流域数量达到10之后，$\overline{w}$迅速增大，说明空中流域划分的质量显著下降。因此，当流域数量等于9时，既保证了空中流域划分的质量，同时也具有最佳的划分精细度。

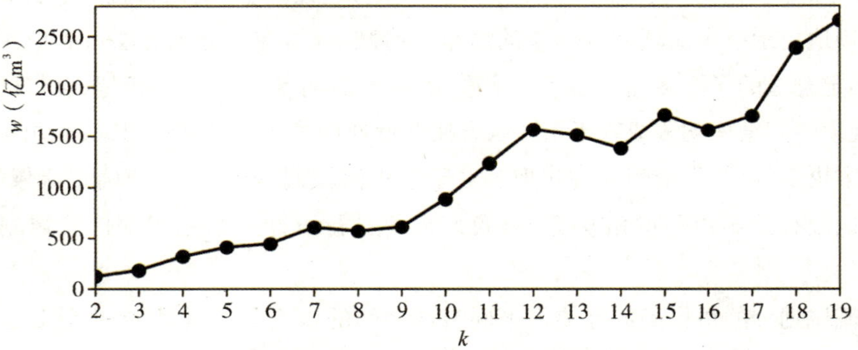

图5.23　不同空中流域之间水汽交换总量随流域数量的变化

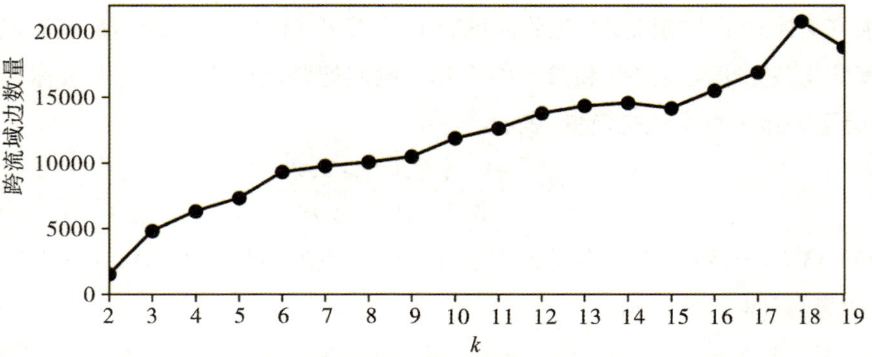

图5.24　跨流域边的数量随流域数量的变化

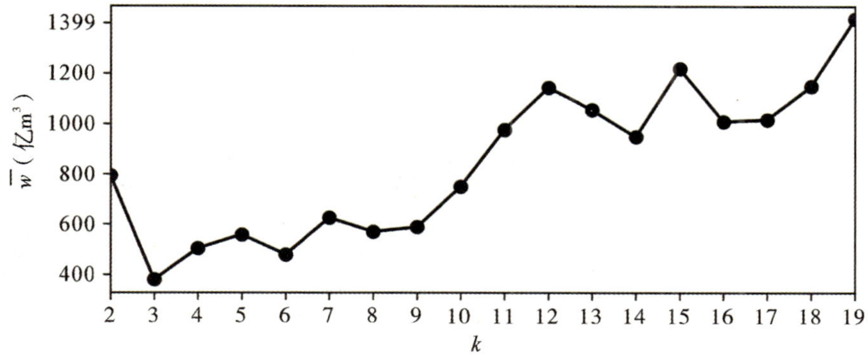

图 5.25　边平均水汽交换量随流域数量的变化

无论从结果的直观可解释性来看，还是从定量指标$\overline{w}$来看，将流域数量取作 9 都是相对合适的选择。本书针对水汽输送网络划分问题的实际需求，在图分割的理论框架上提出了一个能够表征流域划分质量的定量指标，即边平均水汽交换量，使得流域数量参数的确定具有可操作的方法及其理论依据，得到的结果也基本符合科学认知。但不可否认的是，目前该方法尚未做到完全定量化，仍依赖于一定的主观判断。

相比之下，最大面积比 g 不是一个很重要的参数。一方面，我们可以人为地给出一个合适的参数值。在这一小节的分析中我们将最大面积比设为 1.5，也就是规定最大流域的面积不超过最小流域面积的 3/2，这是我们对于流域等规模的大致预期，同时也为问题的求解预留了足够宽松的优化空间。另一方面，空中流域的划分结果对这个参数的敏感度不高。图 5.26 至图 5.28 分别给出了 $g=1.1$，$g=3$ 时的空中流域，同时对比图 5.13，我们发现，$g=1.1$ 时亚洲季风区已受到了影响；$g\geqslant1.5$ 后，除了在水汽交换量很少的流域边界处发生位置偏移外，空中流域的整体格局不变。因此，一般情况下将最大面积比设为 1.5 即可，且不宜过小。

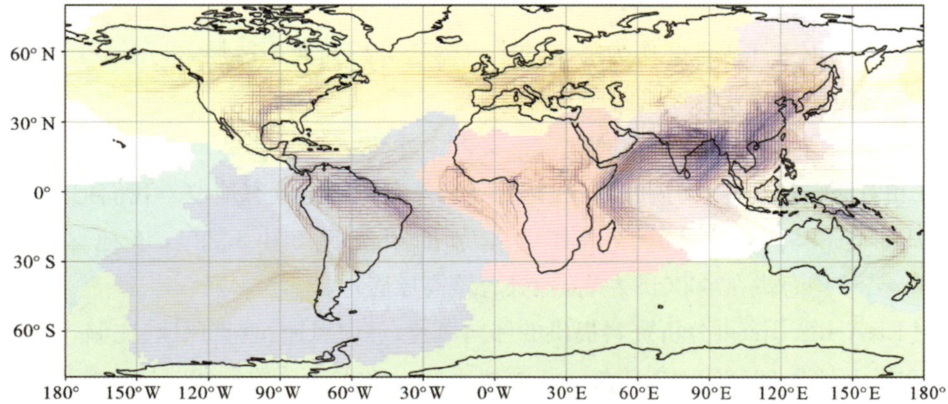

图 5.26　2017 年 7 月空中流域划分（$k=9$，$g=1.1$）

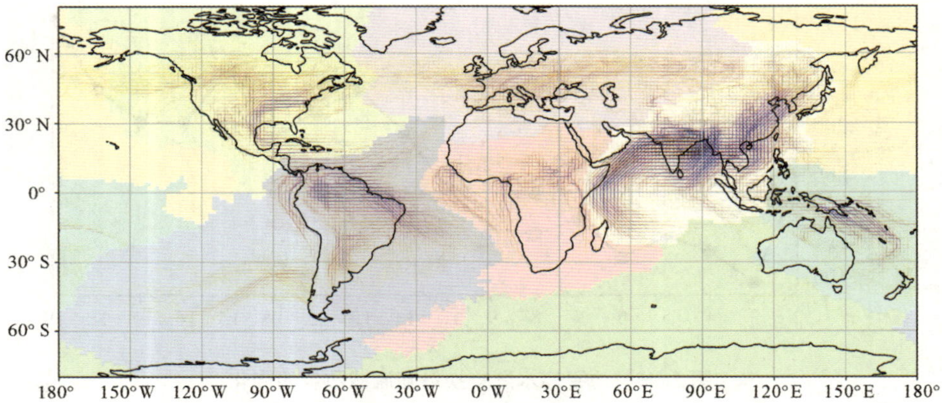

图 5.27　2017 年 7 月空中流域划分($k=9,g=2$)

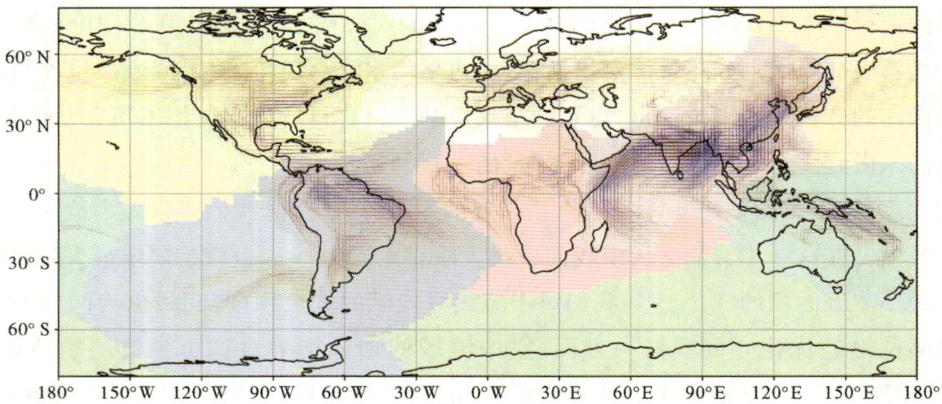

图 5.28　2017 年 7 月空中流域划分($k=9,g=3$)

5.2　三江源地区

本章选取我国三江源地区作为降水的水汽输送分析的典型区域，采用第 3.2 节中的迹线方法对该地区的降水水汽来源进行分析。

三江源地区位于青海省南部(31°39′N—36°12′N，89°45′E—102°23′E)，是我国两大主要河流长江和黄河，以及国际河流澜沧江的发源地，具有重要的生态地位。我们把三江源国家生态保护综合试验区划定的区域作为本节的研究区(图 5.29)，该地区总面积为 39.5 万 km^2，平均海拔在 4000m 左右，地处青藏高原腹地。

使用 ERA-Interim 再分析资料提供的纬向风速、经向风速、垂直风速、比湿、降水量数据计算 1979 年 1 月至 2018 年 10 月在三江源地区产生降水的单位迹线。迹线在时间上的离散精度为 6h，我们把降水量大于 1mm/6h 的所有栅格与时段筛选出来，以其为终点计算所有垂直高度层的单位迹线。小于该阈值的降水事件发生次数很多，计算全部的迹线是不经济的，因此我们只计算超过给定阈值的降水的迹线，这些降水事件所反映出的三江源地区水汽来源格局具有典型代表性。

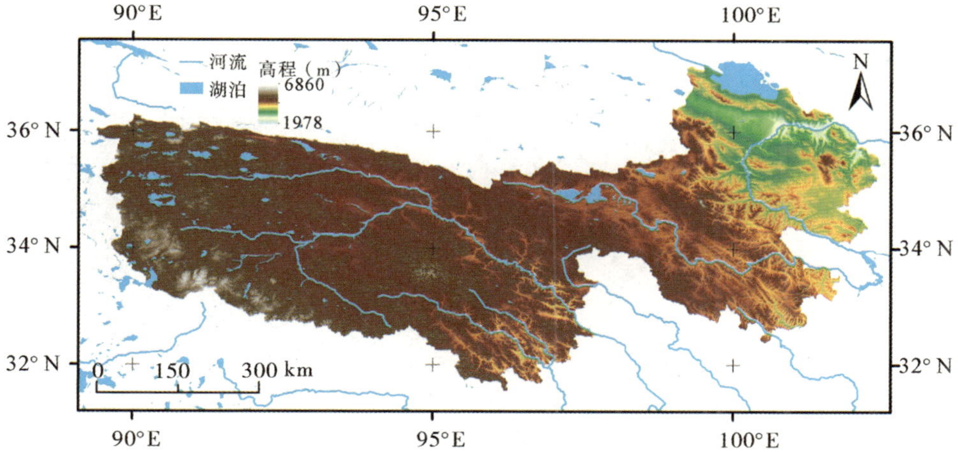

图 5.29 三江源地区概况

5.2.1 迹线输送方向分析

三江源区的降水主要集中在夏季，春季和秋季降水量次之，冬季降水很少（强安丰等，2018）。我们计算出的水汽输送迹线也集中在 4—9 月，并且以 6 月和 7 月之间数量最多。由于 40 年内全部迹线的数量较大，统一展示比较困难，因此我们选取 2017 年 7 月作为典型月份进行分析。

图 5.30 绘制了 2017 年 7 月在三江源地区产生（高于阈值的）降水的所有来源水汽的输送迹线（共 1890 条），图中用黑色框线标记了三江源区范围。可以看出，三江源区夏季降水的水汽来源大致可以归为三个方位：一支是受南亚季风和东亚季风环流控制的由南向北进入三江源区的海洋水汽输送通道；一支是受中纬西风带环流控制的由西北向东南进入三江源区的陆地水汽输送通道；还有一支水汽则沿纬向自西向东输送至三江源区内，受中东低压和西风带混合因素驱动。这一结果与目前对三江源区水汽来源的主流认识是一致的（李生辰等，2009a；张宇等，2019）。三江源区同时受南亚季风、东亚季风、西风带、亚欧大陆热低压等多种大气环流结构控制，水汽来源组成表现出相当的复杂性。

从不同来源的迹线数量上来看，由南向北的这一支季风性水汽通道最为突出。这一支水汽又由不同的分支汇入形成。东亚季风环流所贡献的水汽分支发源于南海海域，由南向北进入大陆并向西转向，通过云贵高原后沿青藏高原东部向北汇入。这一分支迹线数量较少，对（该月份）降水的贡献有限。南亚及印度洋季风环流对三江源区的降水最为重要，驱动形成了两个主要水汽输送分支，分别为发源于孟加拉湾的自南向北输送的水汽，以及发源于印度洋经过远距离输送的水汽。来自印度洋西部与北部阿拉伯海的水汽先是自西向东穿过印度半岛，然后与孟加拉湾的水汽汇合向北输送，我们还发现这部分水汽中存在少量迹线向西急转向，绕过喜马拉雅山脉再向东输送进入三江源。

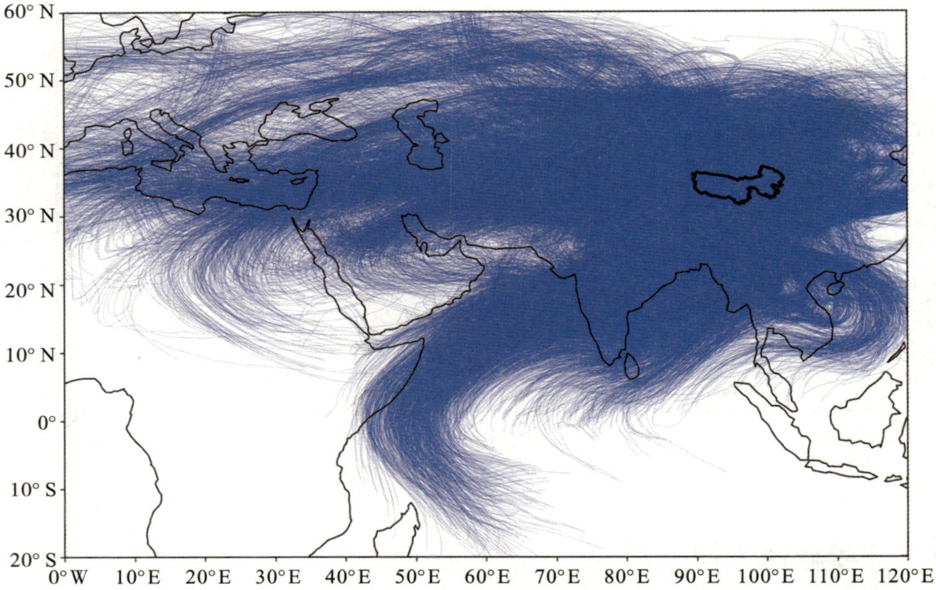

图 5.30　2017 年 7 月三江源地区降水水汽输送迹线

由西北向东南输送的西风带水汽通道虽然在迹线数量上不如南方季风性水汽，但也占据了重要的组成部分，这支水汽起始于中亚地区，有的甚至延伸至西亚至欧洲南部，自西向东输送再转向东南方向，经过新疆进入三江源区。另外一支相对平行但更偏南部的水汽则自西向东直接从三江源西边界进入，这支水汽的迹线数量较少。

除上述三个主要通道外，我们还发现在三江源区地区以东存在一定量的迹线从源区的东南边界进入。这部分迹线大多输送距离不长，主要起始于我国中部及华北地区，属于陆地水汽补充。我们认为这支水汽输送通道的形成主要与内陆热低压有关，东部大气受其驱动向西部内陆输送，受地转偏向力影响向北转向。现有研究对这一支水汽来源的关注还较少。

从图 5.30 我们看到，当迹线数量过多、分布过于稠密时，迹线之间容易相交重合，甚至某些区域在显示时被全部填充，使得我们难以分辨迹线的走向和关系，不利于深入分析。一种处理方式是在空间上对迹线数量进行统计，计算迹线密度，结果如图 5.31 所示。

但是我们发现，这一统计结果所能表达的信息也是十分有限的。一方面，由于所有迹线都终止于同一研究区，使得研究区域内迹线极其密集，而研究区以外的迹线分布迅速变得稀疏，出现图 5.31 中三江源区域内密度很高但区域外普遍密度较低且区分度不高的情况。另一方面，迹线的密度不代表水汽输送的强度，图 5.31 中显示从西北向东南输送的这一支水汽输送迹线的密度很高，这是由于这支迹线在空间上高度重合，并不能说明在总数上比从印度洋来的水汽迹线要多。

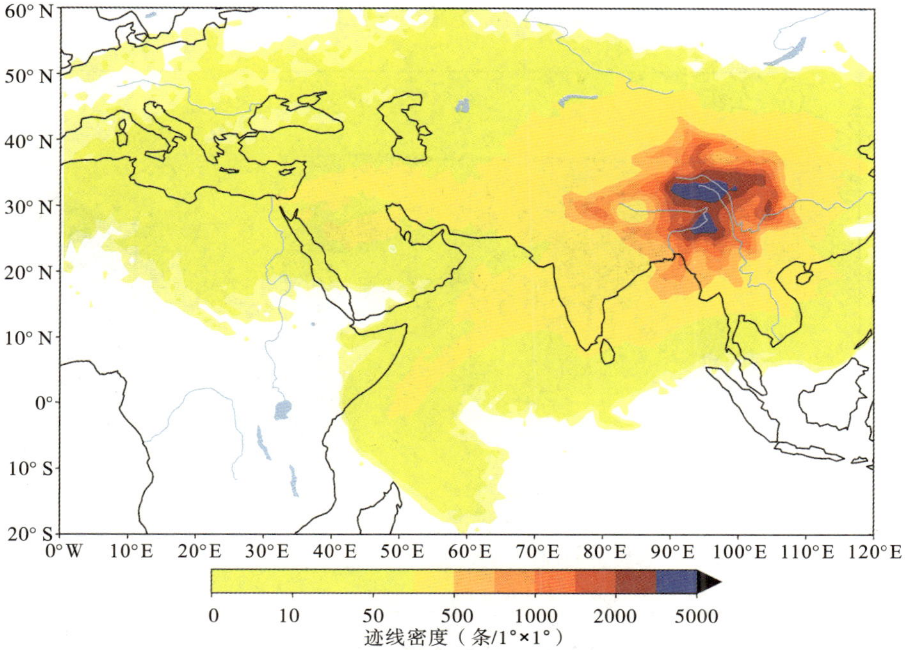

图 5.31 2017 年 7 月三江源地区降水水汽输送迹线的空间分布密度

5.2.2 迹线输送高度分析

水汽输送迹线是三维空间上的运动路径，具有高度信息。图 5.32 用颜色表示了每一条迹线在其终点处的气压高度，也就是每条迹线运动到三江源地区产生降水时所处的高度，因此，这里每条迹线所显示的颜色沿程不变。我们发现，不同来源的水汽输送到三江源时所处的高度有显著差异。三江源地区低层大气产生的降水主要由自西北向东南输送的西风带水汽以及来源于东部大陆的水汽供应，这些水汽迹线普遍位于 600hPa 的气压高度以下，少部分迹线在 600～800hPa 气压高度。中层对流层形成的降水则主要由自南向北输送的海洋水汽提供，在 400～500hPa 气压高度。另外，自西向东沿纬向输送的水汽，以及绕过喜马拉雅山脉的那一支季风性水汽，在到达三江源地区时所处高度较高，在 300hPa 左右气压高度。

图 5.33 表示了每条迹线在输送过程中沿程的高度变化。对比图 5.32，我们发现，在季风性海洋水汽的来源地区（西印度洋、阿拉伯海、印度半岛、孟加拉湾），迹线上的水汽全部处于低空大气（900hPa 气压高度左右），进入大陆后经历了明显的抬升过程，到达三江源地区时已经普遍在 500hPa 气压高度以上。这种暖湿气流向上抬升由青藏高原热低压的抽吸作用引起，有利于对流降水的形成（Dong et al.，2016），也符合这部分迹线对三江源区降水产生贡献的预期。在自西北向东南输送的西风带迹线中，起始于中亚地区的迹线也大多从低空大气出发，而且表现出水汽向上抬升的特征，只不过没有南部水汽的抬升那么明显。与这两支水汽不同的是，来自西亚、中东和欧洲南部的长距离迹线一直处于对流层的中高层，输

送过程中高度几乎不变，可以推断这类水汽来源对三江源降水的贡献不大。

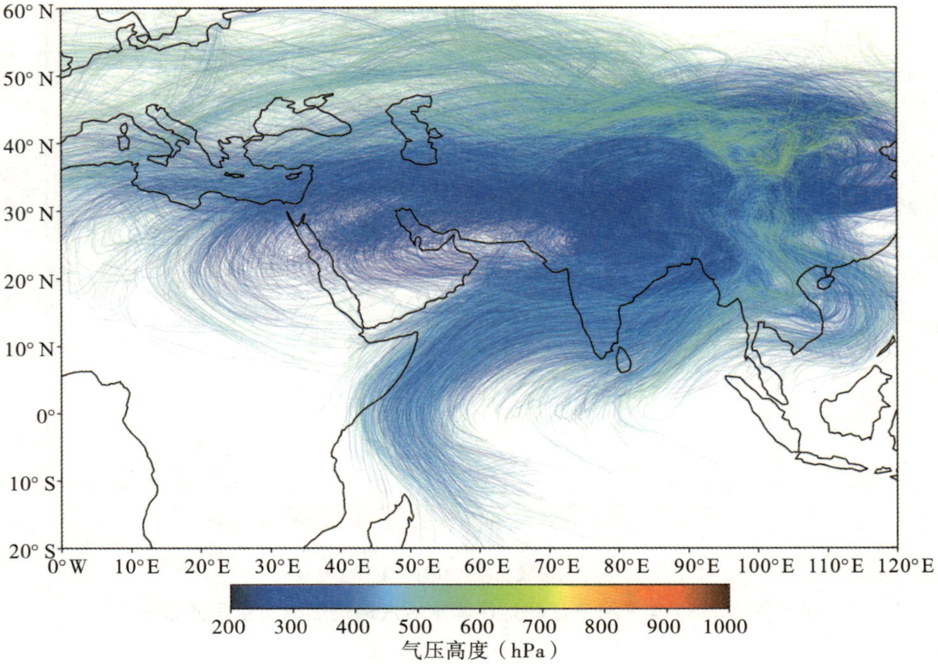

图 5.32　2017 年 7 月三江源地区降水水汽输送迹线在终点的气压高度

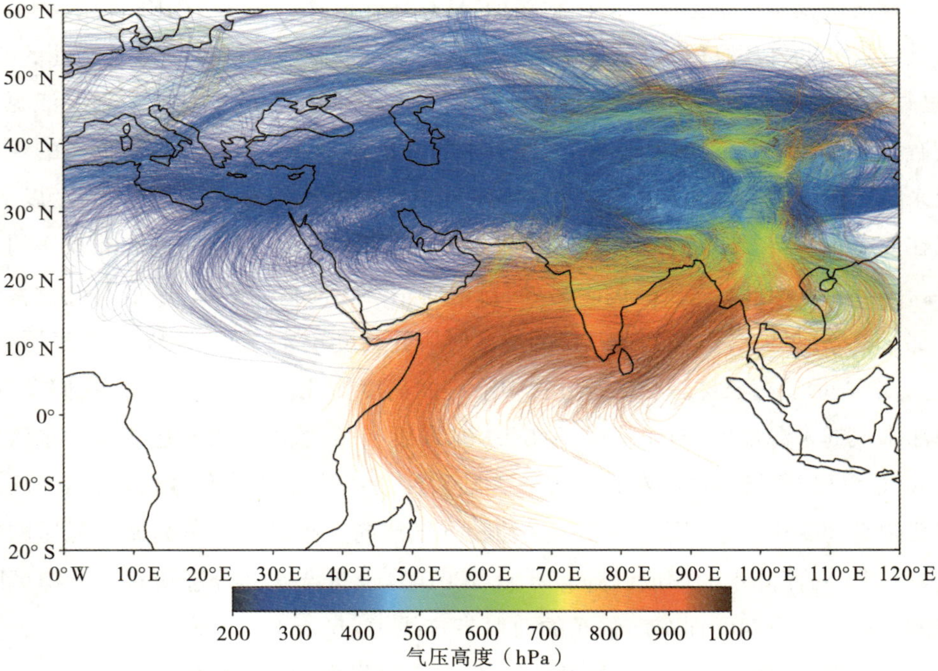

图 5.33　2017 年 7 月三江源地区降水水汽输送迹线沿程的气压高度

5.2.3 迹线终点降水量分析

按照3.2.3小节得到以三江源作为终点的降水量分配结果，如图5.34所示，该图中的迹线是按照3.2.4小节中恒定法计算的结果，即迹线沿程输水保持不变，始终等于终点处的降水量。从迹线的终点降水量来看，各支水汽来源对三江源地区影响程度的主要结论不变，仍然是季风性水汽产生降水最多，西风带水汽次之，中东的水汽作用很小。但是，在同一支来源的不同迹线之间，显示出对降水贡献的差异性变大了。另外我们发现很多西风带的长距离输送迹线也产生了较多的降水量。

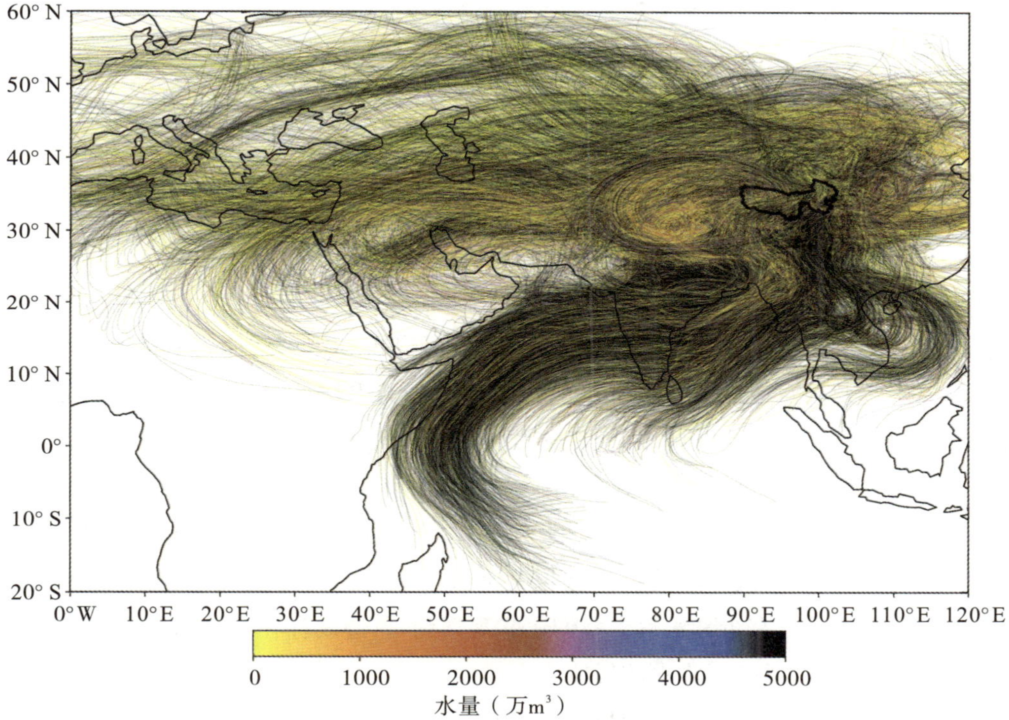

图5.34 2017年7月三江源地区降水水汽输送迹线的终点降水量

结合每条迹线在终点处的高度，我们统计了三江源地上空不同高度层分别产生的降水总量，如图5.35所示。结果表明，三江源地区主要的降水云层分布在300～500 hPa的气压高度，其中400 hPa气压高度产生的降水最多。前面已经分析了400 hPa气压高度的水汽主要由季风性水汽输送而来，进一步说明季风性水汽是三江源地区最主要的降水水汽来源。考虑到三江源地区平均海拔约为4000m，因此400 hPa气压高度距离地面1500m左右，是比较合理的降水高度。

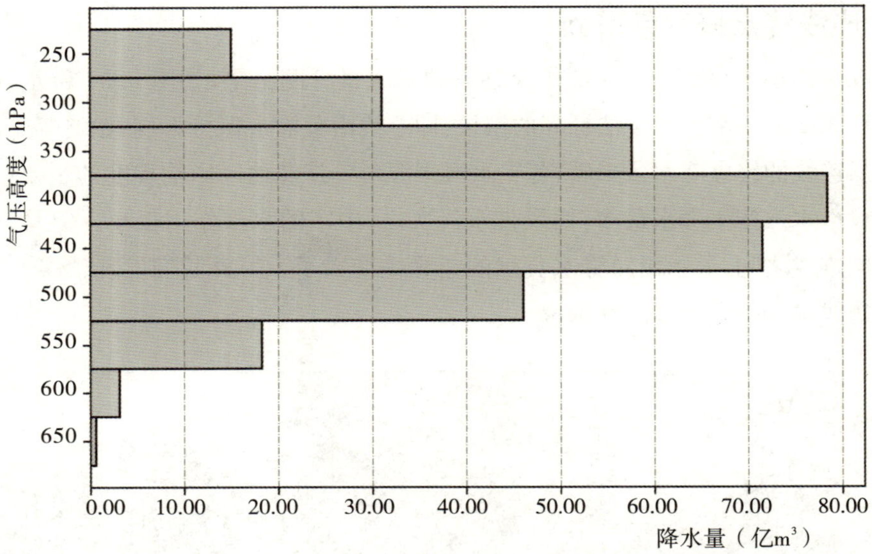

图 5.35　2017 年 7 月三江源地区各气压高度产生的降水量

5.2.4　迹线沿程水量分析

在上述基于迹线位置信息的分析基础上，我们可以再利用迹线所带有的水量信息来对不同来源的水汽及其对三江源地区降水的贡献进行更为直接的分析。图 5.36 用颜色表示迹线沿程的比湿，对比图 5.33 可以看到，迹线沿程的比湿与所处高度之间具有很强的相关性。迹线所处高度越低，迹线上空气的比湿就越大，尤其是在海域上空时，迹线携带的水汽量非常丰富；相反地，迹线所处高度越高，对应的比湿就越小。在三江源地区主要的三支水汽来源中，南部季风性水汽输送路径所携带的水汽含量最高，西风带水汽次之，而中东地区的纬向输送路径上只带有少量水汽。我们还能观察到，若迹线存在向上抬升的过程，则空气比湿沿迹线显著降低，反映了降水的形成。

我们对所有迹线的比湿在每个时刻分别求了平均值，得到了一条平均意义上的迹线比湿沿程的变化曲线，如图 5.37 所示，图中的 0 时刻表示的迹线终点，往前具有 10 天的长度。整体而言，沿迹线输送的水汽在到达三江源地区之前经历了两个阶段，以向前计的第 8 天（−192 h 时刻）为转折。在 8 天之前，迹线上大气的比湿较高且相对稳定，表现出微量上升的趋势，对应了海洋上空水汽平稳输送的阶段；第 8 天之后，沿程比湿开始明显下降，对应了水汽进入大陆后向上抬升的阶段。

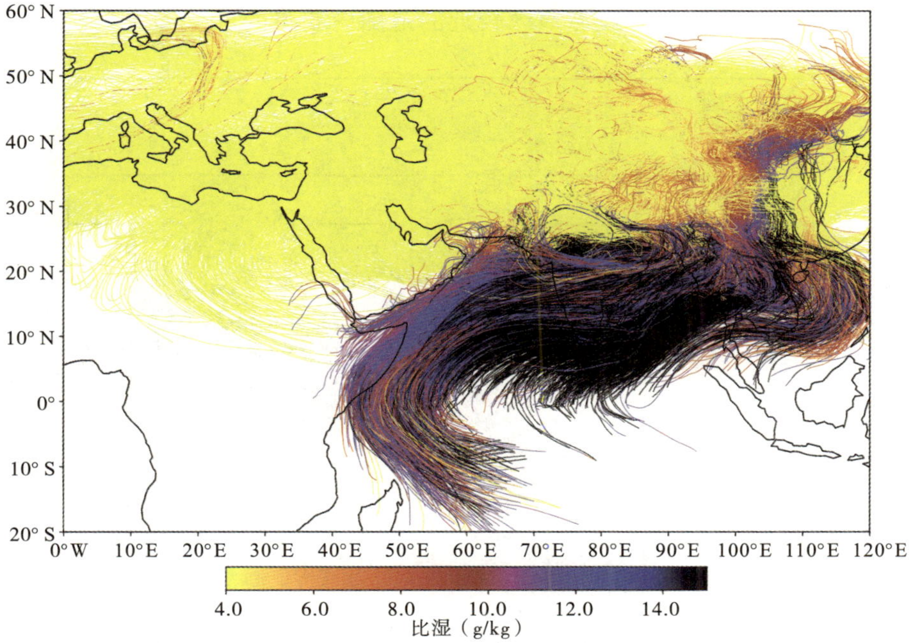

图 5.36　2017 年 7 月三江源地区降水水汽输送迹线沿程的比湿

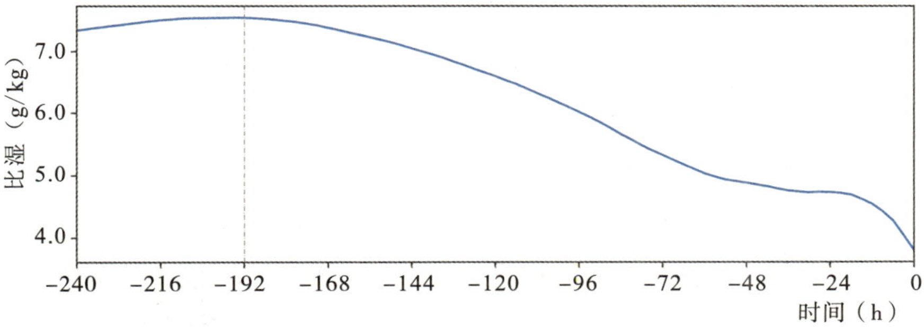

图 5.37　2017 年 7 月三江源地区降水水汽输送迹线比湿沿程变化的平均曲线

迹线上的比湿表示了水汽来源的湿润程度，但这不等同于对三江源区地区降水的实际贡献。迹线水量的概念表示了产生降水的水汽沿迹线逐渐累积的过程，本书提出恒定法、线性法和比湿梯度分配法来计算迹线的沿程水量。恒定法假定迹线水量是沿程不变的，（除迹线起点外）始终等于迹线的降水量，如图 5.33 所示。线性法和比湿梯度分配法的计算结果分别如图 5.38 和图 5.39 所示，我们看到，这两个方法能够体现水量沿程累积的过程，每一条迹线上的水量都以 0 为起点逐渐增大，进入三江源后达到各自的最大值，即各自最终贡献的降水量。我们发现，虽然比湿梯度分配法在理论上比线性法所考虑的因素更为细致合理，但是实际计算的结果很难看出差别。仔细对比图 5.38 和图 5.39，能够发觉的一个比较明显的差别是，比湿梯度法计算的中高纬地区自西向东长距离输送的迹线在进入我国境内之前的水量要明显小于线性法的结果，说明这部分水汽主要是在距离三江源地区较近的范围内获得的。

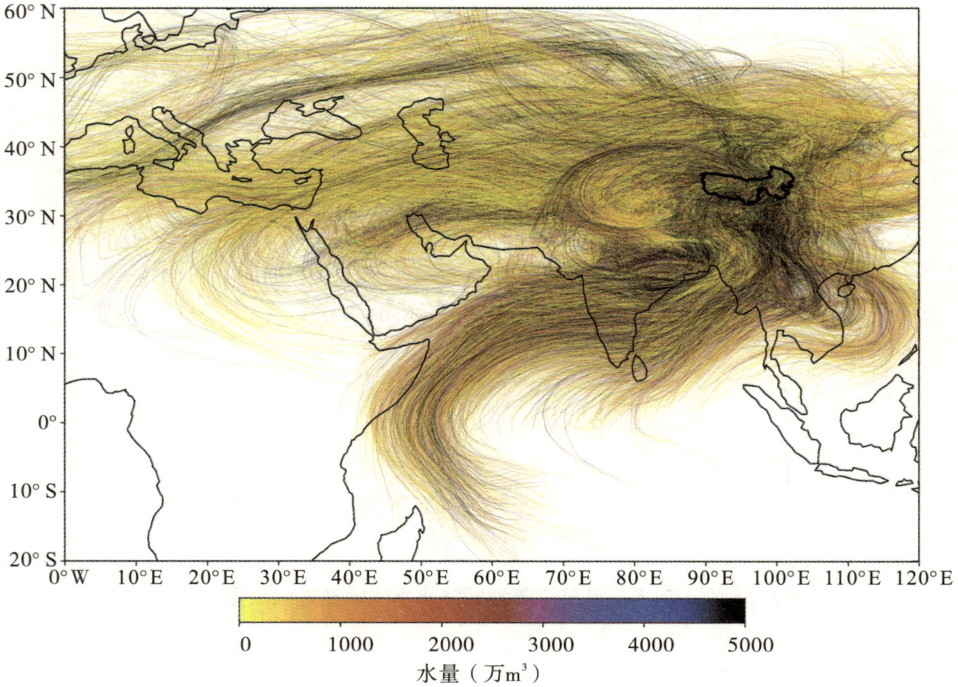

图 5.38　2017 年 7 月三江源地区降水水汽输送迹线的水量(线性法)

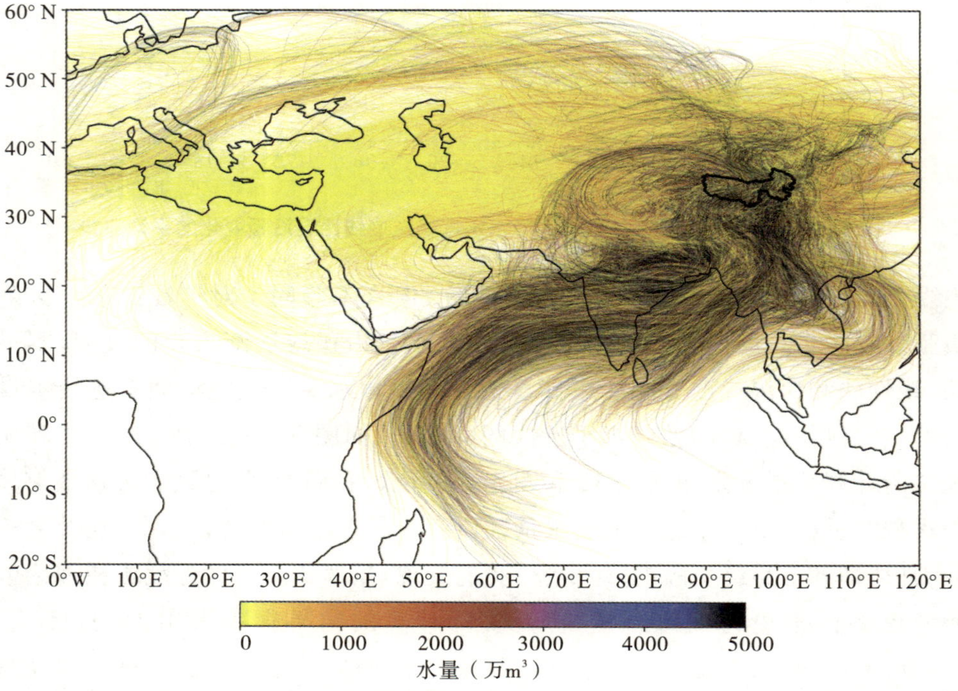

图 5.39　2017 年 7 月三江源地区降水水汽输送迹线的水量(比湿梯度分配法)

在计算迹线的水量时，实质是把迹线终点的降水量乘以一个取值在 0～1 的沿程增加的权重系数，见式(4－1)。我们统计比湿梯度分配法所给出的这一沿程权重在所有迹线上的分布，得到图 5.40 所示的平均权重曲线以及单位标准差的区间范围。可以看到，平均的水量权重曲线确实非常接近一个线性函数，但是迹线之间具有差异性，体现出了比湿梯度分配法与线性法的区别。

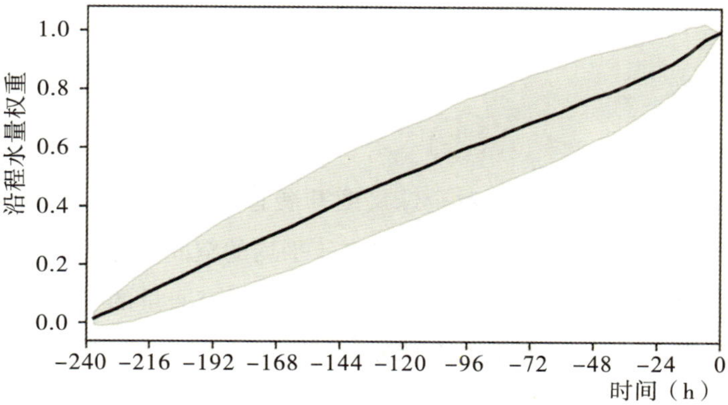

图 5.40　基于比湿梯度分配法的迹线沿程水量权重和单位标准差区间

5.2.5　讨论与小结

本节采用第 3 章提出的水汽输送分析方法，使用 ERA-Interim 气象再分析资料计算了产生三江源地区降水的水汽输送迹线，并对单位迹线上的高度、比湿以及输水量进行了分析。分析结果表明，三江源地区夏季降水的水汽主要有三个来源：一支是受南亚季风和东亚季风环流控制的由南向北进入三江源区的海洋水汽输送通道，印度洋上暖湿气流顺着雅鲁藏布江河谷爬上青藏高原达到三江源地区，提供了三江源主要的降水水汽；一支是受中纬西风带环流控制的由西北向东南进入三江源区的陆地水汽输送通道，受到欧亚大陆对水汽的长途消耗，输送的水汽比湿比较低，输水量也不多；还有一支水汽则沿纬向自西向东输送至三江源地区内，受中东低压和西风带混合因素驱动，也向三江源地区作出了一定的贡献。

5.3　本章小结

通过对空中水资源的输送路径的有效分解，我们可以计算得到精细的单位输送迹线。对于全球尺度，我们得到了陆地强降水的迹线分布、输送网络以及基于该网络的空中流域。对于局部地区，我们以三江源地区为例，分析了夏季(7 月)降水的输送迹线多要素特征，该结果清晰地表达了三江源地区夏季降水的来水特征。通过这些分析手段，我们可以研究一个地区的空中水资源输送格局，精细化地描述不同区域对目标区域降水的影响程度，有效地指导降水驱动因素的定位与分析，同时为空中水资源的高效开发提供科学依据。

第 6 章　空中水资源特征分析

6.1　全球尺度

按照第 2 章的空中水资源理论，对全球尺度开展总水物质通量、白水（通量）、白水比率以及白水饱和度的时空特征分析。首先，给出多年平均的空间分布，对于总水物质通量和白水（通量），栅格颜色和箭头长度代表标量值，箭头方向代表通量的平均方向；然后分别对上述参数进行季节分析，以北半球的季节来划分，按照 3—5 月、6—8 月、9—11 月以及 12 月至次年 2 月来研究四个时段的分布特征。

6.1.1　总水物质通量的时空特征

首先，我们可以得到全球多年平均的总水物质通量的分布（图 6.1），从输送方向上来看，基本符合三圈环流的输送特征，可以很明显地看到南北半球中纬度的盛行西风带以及大西洋和东太平洋的信风带，而东南亚地区表现出来更多的是季风特征，说明季风的通量占了全年的主导作用；从通量大小来看，海洋上的盛行西风带和信风带都是通量高值区域，但到了陆地之后就呈现出不一样的分布特征。

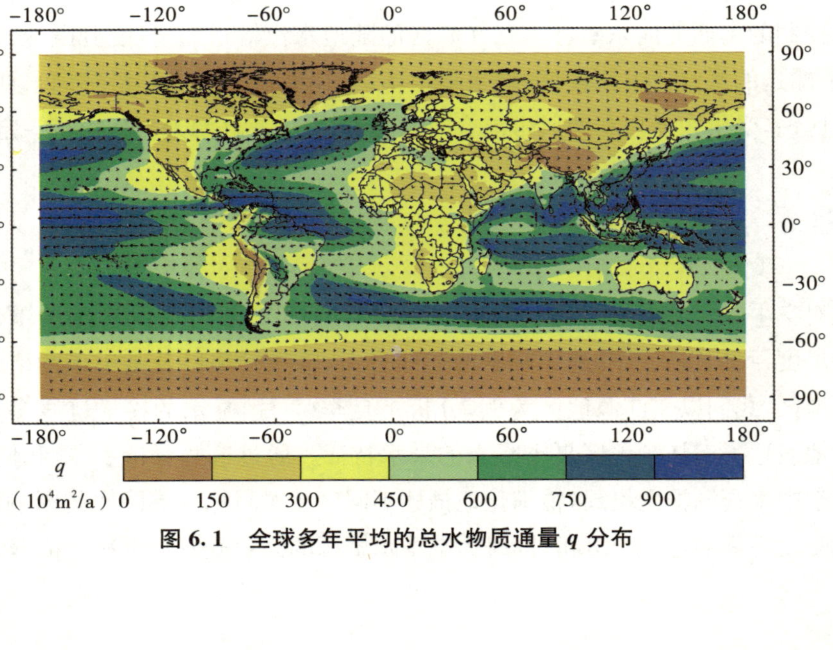

图 6.1　全球多年平均的总水物质通量 q 分布

然后，我们按照不同时间进行划分，得到了全球多年平均不同季节的总水物质通量分布，如图 6.2 所示。盛行西风、信风和季风是全球最主要的大气环流形式，一直是大气和气象领域的研究热点和重点（Palmén and Newton，1969；Manabe et al.，1975；Douglas et al.，1993；Adams and Comrie，1997；Trenberth et al.，2000；Wang and LinHo，2002；Ding and Chan，2005），直接影响了总水物质通量的大小与方向。因此，本书分析了受上述三种大气环流影响的全球主要气候区的总水物质通量的时空特征。

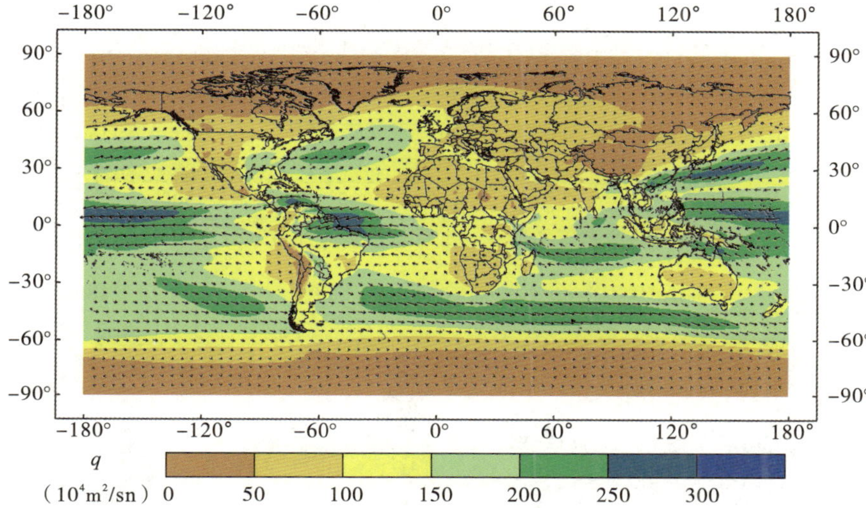

(a)全球多年平均 3—5 月总水物质通量 q 分布

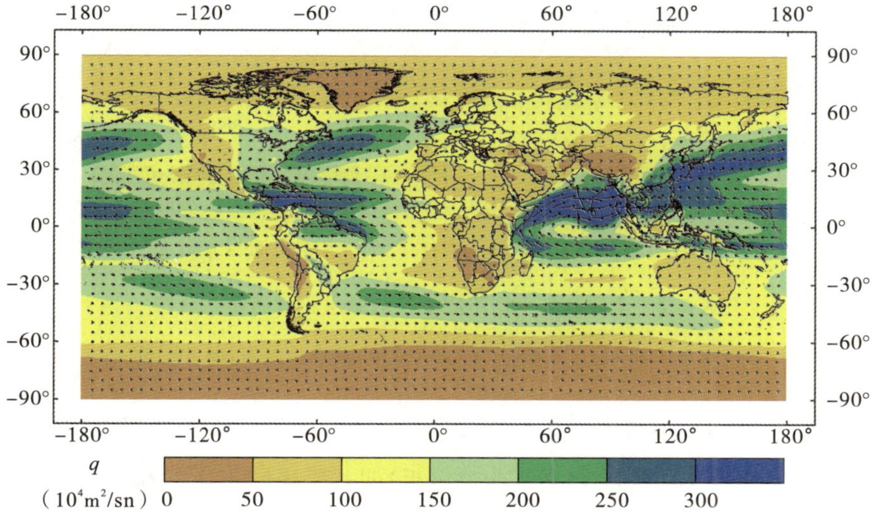

(b)全球多年平均 6—8 月总水物质通量 q 分布

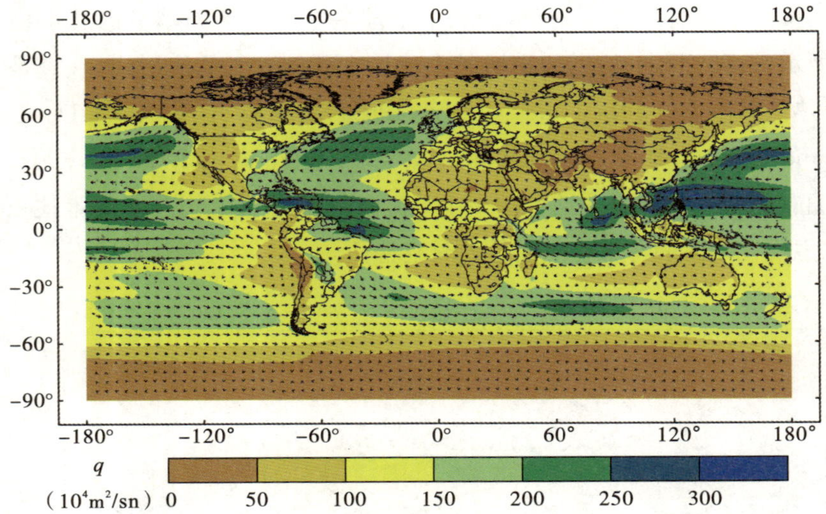

(c)全球多年平均 9—11 月总水物质通量 q 分布

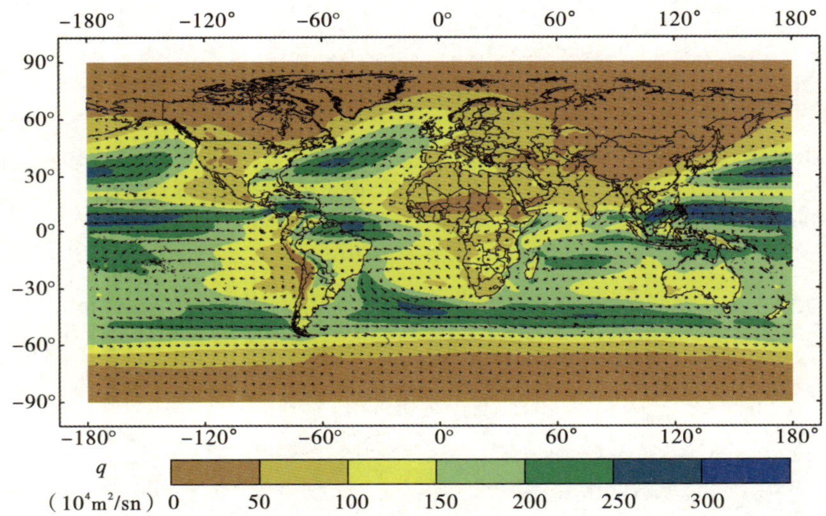

(d)全球多年平均 12 月至次年 2 月总水物质通量 q 分布

图 6.2 全球多年平均不同季节的总水物质通量 q 分布

注:本书采用 sn 代表季节(season)的时间单位缩写,特此说明。

1)盛行西风影响的总水物质通量的时空特征分析。首先,南半球的盛行西风无论从方向和大小两方面来看四个季节都表现得非常稳定;而北半球两个主要盛行西风带,一个是北太平洋的盛行西风影响着北美洲中纬度的西海岸,另外一个是北大西洋的盛行西风影响着欧洲西海岸,均表现出夏季越靠北通量越大的特征,影响的内陆范围也更大。

2)信风影响的总水物质通量的时空特征分析。因为海陆关系与地形因素的不同,不同地区的信风带输送的总水物质通量会有较大差别。对于西亚地区和非洲的北部,信风是从内陆干旱区吹来的，空气湿度低，明显发现这两个地区的总水物质通量非常低，导致降水非常少，最终形成大片的沙漠；而对于南半球的几个信风带影响区域：巴西东南沿海、马达加斯加岛北部、澳大利亚的东北部，这三个地区的信风都是从海洋向陆地输送，从总水物质通量来看，其通量大小与盛行西风的通量大小基本一致，同时夏季会比其他季节更强一些，这些地区在源源不断的湿润海洋水汽输送的基础上，加上地形抬升的影响，得以产生相对多的降水，也就造就了小范围的热带雨林气候。

3)季风影响的总水物质通量的时空特征分析。不同季节大陆与海洋的加热程度不同，导致不同季节显著变化的风系称为季风，世界上主要的季风区域有东亚（Horton，1945；Fujisada et al.，2012）、南亚、北美洲东南部（Montgomery and Dietrich，1989；Montgomery and Foufoula-Georgiou，1993）、南美洲东南部等。从上述的总水物质通量的季节分布图上也可以发现这些区域有着明显的季节特征，特别是东亚和南亚。在夏季，亚洲大陆内部为印度低压，而海洋上是高压，导致印度洋上非常强大的西南季风以及西太平洋上的东南季风，其总水物质通量在数值上均超过了同样时间的盛行西风和信风所影响的区域。而到了冬季，亚洲大陆内部是高压，而海洋上是低压为主，因此变成了西北季风和东北季风，但在总水物质通量上明显比夏季季风的数值小太多了。这个季风的特征也说明对我国而言，夏季具有充沛的水汽来源，是降水的丰水期，而冬季是明显的枯水期，难有大规模的降水过程。

总体而言，从全球全年大的输送格局来看，总水物质通量的输送呈现夏季向北偏移，冬季向南偏移的季节规律；同时很明显地反映了盛行西风带、信风带和季风带的输送特征。从我国的总水物质通量输送时空特征来看，我国夏季受到强大的印度洋西南季风和太平洋东南季风影响，其源源不断的湿润水汽提供了夏季丰富的降水来源；而冬季从北方过来的西北季风或东北季风，总水汽通量非常小因此也难以产生大的降水过程，这个输送特征造就了我国典型的季风性气候。

全球尺度的总水物质的输送强度及方向是全球海陆间水循环的关键因素，其决定了一个地区水物质的丰富程度，是一个地区降水多寡的限制性因素。但是总水物质通量很大并不代表其降水量就会很大，降水的发生与当地的下垫面以及气象条件有着密切的关系。

6.1.2 白水通量的时空特征

接下来，我们得到了全球多年平均白水(通量)的分布(图 6.3)，其分布特征与多年平均的年总水物质通量的输送特征基本一致，也符合全球大气环流的规律；在数值上白水(通量)总体而言约占总水物质通量的 1/3，但在一些局部地区也显示了不一样的规律。首先无论是北半球还是南半球盛行西风带上的白水(通量)都非常大，但相应的北半球的东北信风带和南半球的东南信风带所影响的区域并没有明显突出，与总水物质通量相比明显减少了；其次在一些季风区也发现相对变小了。而从陆地上的高值区域分析，陆地上的高值区域基本属于季风气候区，如东亚地区、北美洲的东南部、南美洲的东南部。这在一定程度上说明盛行西风和特定季节的季风才具有大规模的白水输送条件，而大多数信风带并没有非常良好的白水输送条件，这与信风带的大气环流特征有着潜在的关系，后续将按照季节展开相应的研究。

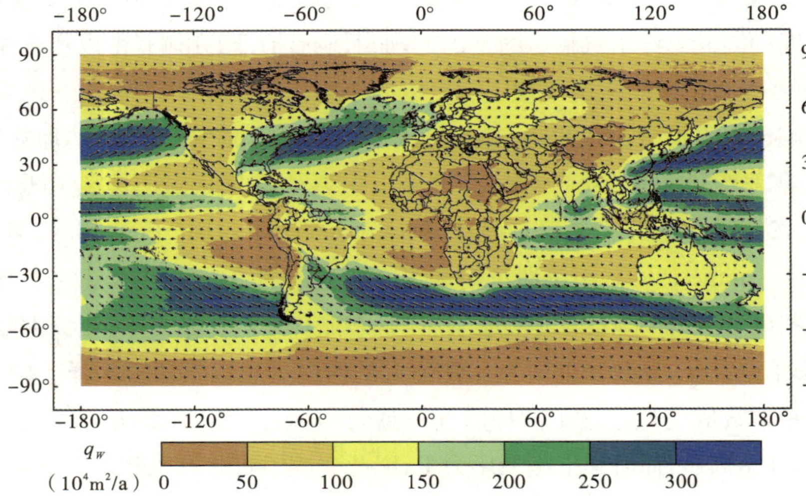

图 6.3　全球多年平均的白水(通量)q_W 分布

同理，我们可以得到全球多年平均不同季节的白水(通量)的分布，如图 6.2 所示。白水(通量)是总水物质通量的一部分，因此白水(通量)也会受到大气环流的影响，研究盛行西风、信风和季风影响的白水(通量)的时空特征分析同样具有重要意义，考虑到白水是空中水物质输送过程中与降水有关的水物质通量，因此将更多地从输送水物质的状态与输送过程的背景水含量进行分析。

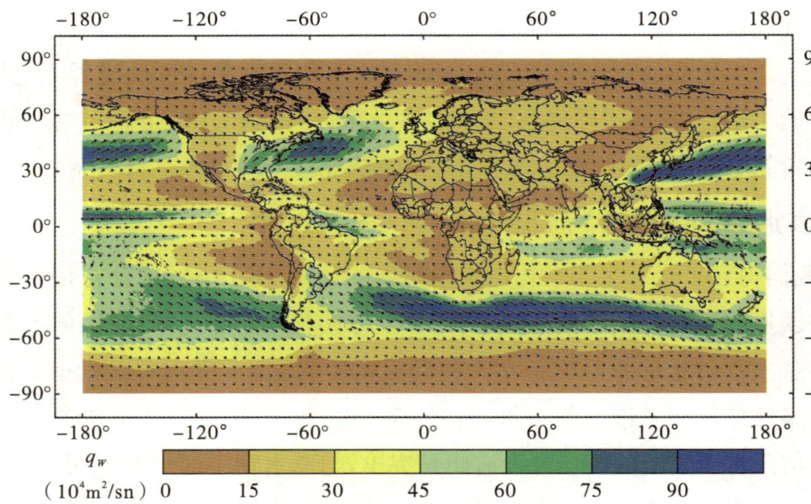

(a)全球多年平均 3—5 月白水(通量)q_W 分布

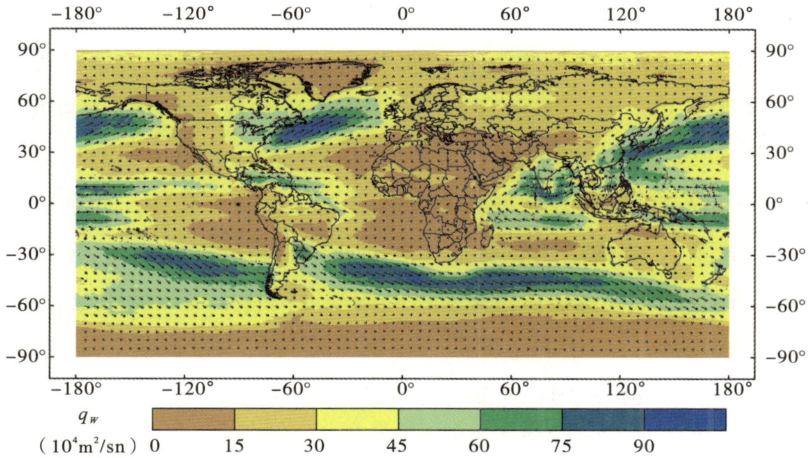

(b)全球多年平均 6—8 月白水(通量)q_W 分布

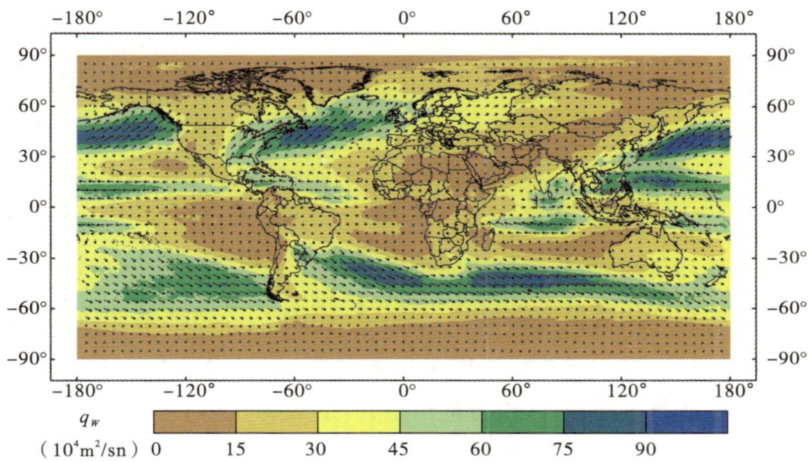

(c)全球多年平均 9—11 月白水(通量)q_W 分布

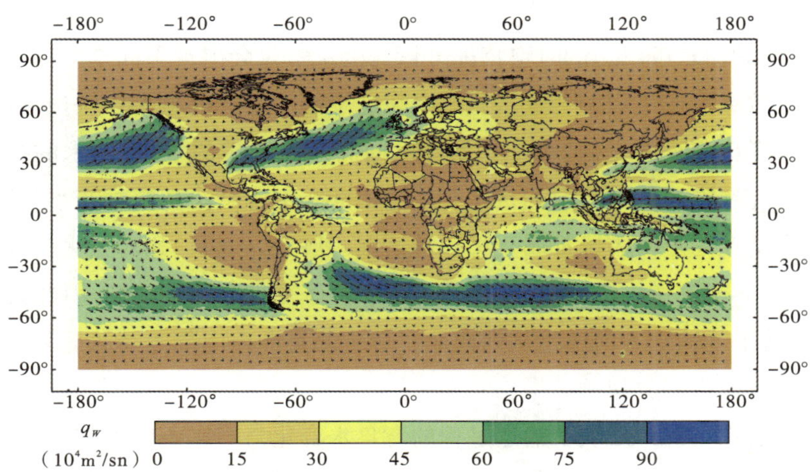

(d)全球多年平均 12 月至次年 2 月白水(通量)q_W 分布

图 6.4 全球多年平均不同季节的白水(通量)q_W 分布

1)盛行西风影响的白水(通量)的时空特征分析。盛行西风是从南北纬 30°附近的副热带高压带向南北纬 60°附近的副极地低压带输送,因此都是从低纬度向高纬度进行输送。从 4.1.1 节中的垂直积分总水物质含量 *TCW* 图,我们可以发现总水物质含量的基本分布特征是赤道高而逐渐向两极减少,同时气温也遵循相同的规律赤道高而两极低,因此是暖湿气流向相对干冷的地区进行输送,在输送的过程中具有良好的降水条件。而根据白水的计算原理,总水物质减去背景水,当输送路径从低纬度的地区向高纬度输送时,根据背景水的纬度分布特征是赤道高两极低,也就是从背景水汽高的地区向背景水汽低的地方进行输送,所以白水的统计结果就会变大。对于北半球两个主要受盛行西风带影响的地区:北美洲西海岸和欧洲西海岸,一年四季受到从海洋上输送过来的暖湿气流,也就形成了典型的温带海洋气候,全年相对丰富且平均,其白水(通量)也是相对丰富而稳定。

2)信风影响的白水(通量)的时空特征分析。跟盛行西风带不一样,信风带是从南北纬 30°附近的副热带高压向赤道低压带输送,按照总水物质含量和气温的纬度分布特征,信风与盛行西风输送的恰恰相反,是相对干冷的空气向暖湿的地区进行输送,因此白水的统计值也就不大,因为是从背景水汽低的地方向背景水汽高的地方输送。但是,如果遇到地形抬升,根据背景水的统计结果,海拔越高的地区背景水则越低,所以就要综合评估地形抬升的作用与纬度之间的差距,地形抬升足够高的话,那么同样也会满足从背景水汽高的地方向背景水汽低的地方输送,而且是暖湿的气流向干冷的高空输送,这样自然就会形成良好的降水条件。对于南半球的几个信风带影响区域:巴西东南沿海、马达加斯加岛北部、澳大利亚的东北部,虽然都是信风带,由于存在较大的地形抬升作用,也得以产生了比较多的降水。但对于北半球的西亚地区与非洲北部,没有地形抬升,从 2.3.3 小节中的背景水汽图也可以发现这两个地区的背景水汽并没有大的变化,因此计算得到的白水(通量)也就相对比较小,难以转化为降水,于是形成了沙漠气候。

3)季风影响的白水(通量)的时空特征分析。由于季风会出现不同季节向不同方向输送的规律,但只要按照输送过程的背景水汽的变化这个统一的标准就可以快速地判断白水(通量)的大小。不考虑高程的变化,对于从低纬度向高纬度输送的季风,白水的统计结果会相对大;而对于从高纬度向低纬度输送的季风,白水的统计结果就会相对变小。因此,我们可以发现,东亚和南亚的夏季季风都属于第一种情况,其白水(通量)相对是大的,而在冬季,季风的方向是从北向南输送,属于第二种情况,与降水有关的水物质量少,因此长时间累计之后白水(通量)的平均输送方向还是从南向北。对于北美洲东南部等季风区域也可以用同样的方法进行分析,能得到类似的结果。

总体而言,白水(通量)反映了输送过程的背景水变化与降水条件的内在关系,其全球分布与总水物质通量有相同的地方,也有不同的地方,从背景水汽高值的区域向低值的区域进行输送的地区,白水的统计相对就会大,反之则小。而从我国的季风特征来分析,白水(通量)的方向大多是由南向北，这显示了白水(通量)的方向与总物质通量的方向不一致的地方，也表明了白水(通量)所表达的物理含义具有与总水物质通量不一样的特性，能够更深入地分析大气环流对不同地区降水条件的影响。

6.1.3 白水比率的时空特征

下一步，我们可以得到白水比率 *WWR* 的全球多年平均分布(图 6.5)，其总体的分布特征是赤道低两极高，同时也包含了更多的细节信息(在局部区域内有更大的变化)，突出了海陆间与地形的影响等，这些特征与总水物质通量、白水(通量)都不太一样。

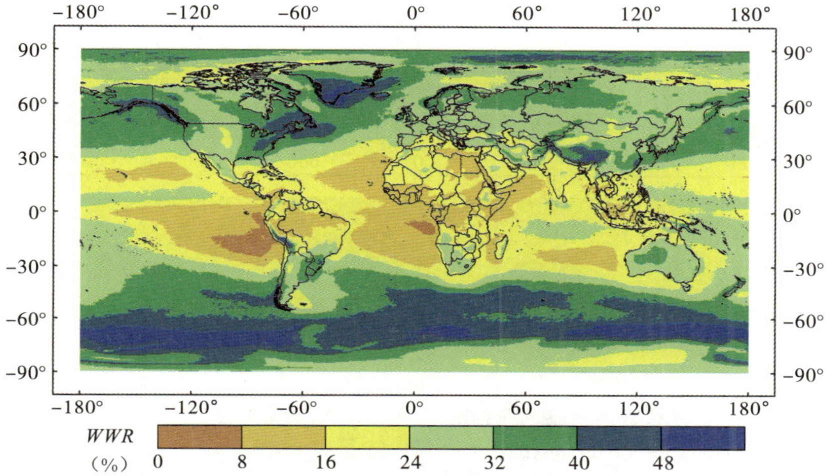

图 6.5　全球多年平均的白水比率 *WWR* 分布

同理，我们可以得到不同季节的全球多年平均白水比率的分布，如图 6.6 所示。

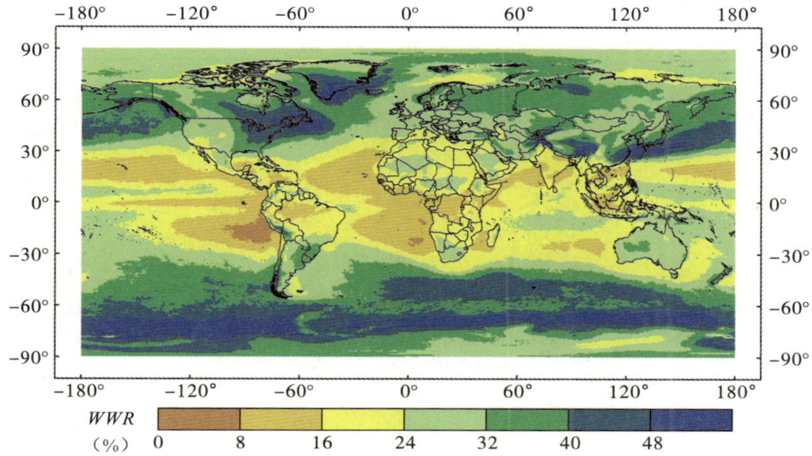

(a)全球多年平均 3—5 月白水比率 *WWR* 分布

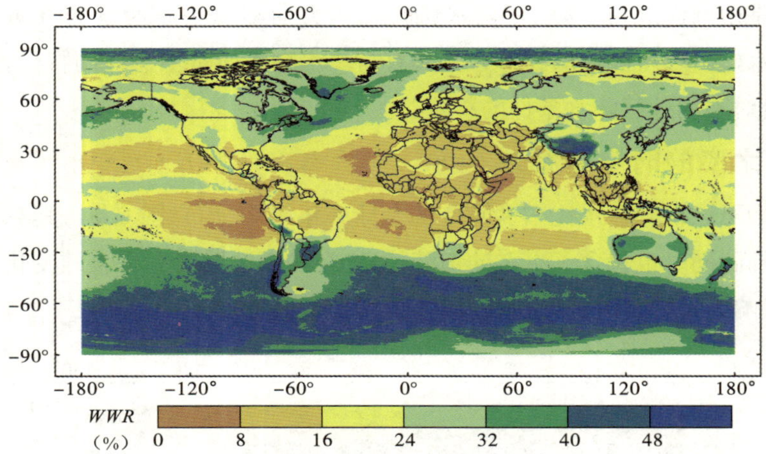

(b)全球多年平均 6—8 月白水比率 *WWR* 分布

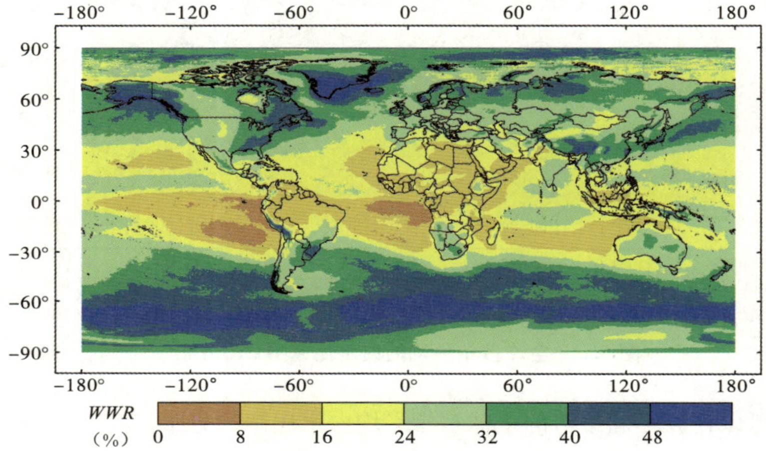

(c)全球多年平均 9—11 月白水比率 *WWR* 分布

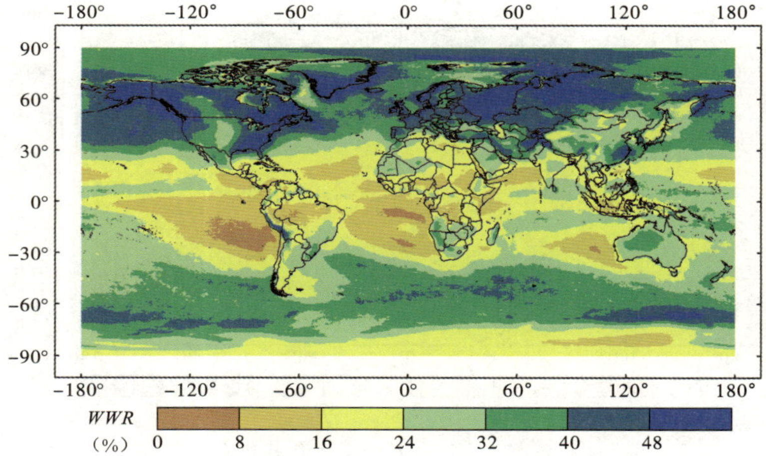

(d)全球多年平均 12 月至次年 2 月白水比率 *WWR* 分布

图 6.6　全球多年平均不同季节的白水比率 *WWR* 分布

无论是从多年平均的结果，还是从不同季节的分布来看，相对于总水物质通量和白水（通量）的结果，大气环流的特征在白水比率的分布图中明显地弱化了，南半球的盛行西风带依然是白水比率较高的地区，而南北半球的信风带却是白水比率比较小的地方。白水比率表现更多的是与降水条件有关的特征，下面从大气环流、地形两方面对白水比率进行时空特征分析，此外对我国白水比率的时空特征进行深入分析。

1）大气环流对白水比率的影响。全球尺度的大气环流是地球重要的能量与物质的输送过程，它将不同浓度（湿度）和温度的水物质进行大规模的迁移混合，而在这个过程中，也就会在不同区域产生不同的降水结果，从而形成各自的气候。白水比率，反映的是白水（通量）占总水物质通量的比值，而白水（通量）的统计与上述过程中浓度和温度与临界降水（见2.3.3 小节中临界降水法的计算过程）有着密切的联系。因此，对于盛行西风、信风以及季风这些大气环流，只要叠加背景水汽图（图 2.3）就可以快速地判断出白水比率的大小，处于高背景水汽向低背景水汽输送的地区，白水比率大，反之白水比率小。可以明显地从白水比率的分布图中看出信风带的白水比率都很低，不到 24%，甚至在 16%以下；而对于盛行西风带，大多在 32%以上，甚至超过 40%。

2）地形对白水比率的影响。地形的影响主要在于对背景水的影响。从白水比率的分布图中可以发现，大多山脉都是高值区域，如喜马拉雅山脉、安第斯山脉等。通过仔细分析，这个高值区域都在山脉迎风坡的一侧，只有迎风坡这一侧才会满足从背景水汽高的地方向背景水汽低的地方输送，因此我们可以发现在夏季，喜马拉雅山脉的南麓的白水比率是最高的，此外柴达木盆地四周围绕的天山山脉、昆仑山脉和帕米尔高原都是在迎风坡的一侧处于高值，而在盆地内部是低值。白水比率直观地将水汽输送与迎风坡的地形特征显示出来，进一步地表现了白水（通量）的分析价值。

3）我国白水比率的时空特征。总体而言，我国的白水比率处于相对较高的水平，除塔里木盆地以外，基本上在 24%以上。这也反映了塔里木盆地深居内陆，四周山脉环抱的地形特征对空中水物质的输送及降水条件造成极大的影响，也就形成了我国最大的沙漠——塔克拉玛干沙漠。而我国的高值区域，一个是喜马拉雅山脉的南麓和东侧，特别是夏季，达到了48%以上，也就是输入的水物质中有一半以上是有条件转化为降水的；另外一个高值区是长江中下游地区，主要的时间表现为冬春季节，这表明了冬春季节我国长江中下游往往是北部冷流与南部暖流割据的地方，降水条件比较好，因此白水比率也就比较大，而春季出现明显的条带状，可能与春季我国东南沿海的梅雨有关。

总体而言，白水比率是空中水物质输送过程表达降水条件的一个特征参数，全球尺度分析的结果表明白水比率具有较高的应用价值。但同时也发现一些问题，对于全球白水比率比较低的陆地地区，如撒哈拉沙漠、亚马孙河流域、刚果河流域，其中撒哈拉沙漠属于信风带，因此白水比率很低，也是撒哈拉沙漠干旱无雨的核心原因；两个热带雨林地区应该说是具有非常好的降水条件(赤道低压、辐合作用),但正是由于高温高湿的气候,该地区基本上是常年多云覆盖,使得本书一开始统计的背景水可能会出现偏高的情况(图 2.3),这两个地区的统计质量都在 0.3 以下,甚至 0.1 以下,说明大部分天数都是有云覆盖的(图 2.4),即使采用回归出来的结果,其背景水总体也是处于非常高的水平,因此,相对于其庞大的总水物质通量,白水比率也就出现比较低的情况。

6.1.4 白水饱和度的时空特征

此外,我们还可以得到白水饱和度的全球分布(图 6.7),其分布呈现了与白水比率不同的分布特征。这个分布在一定程度上与白水比率 *WWR* 有类似的地方,都是信风带低而两极高,但看不出山脉地形的影响,而我国的东南沿海地区却是全球中低纬度地区少有的高值区,这显示了白水饱和度在表征空中水物质特征与白水比率不一样的维度。

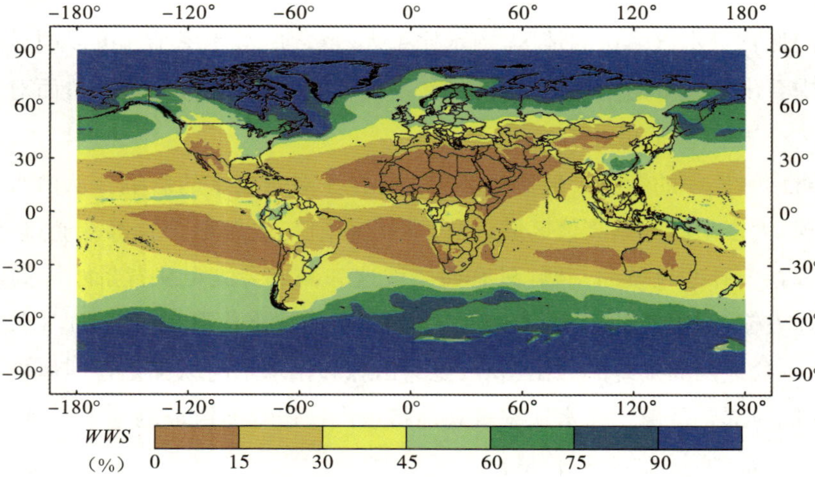

图 6.7 全球多年平均的白水饱和度 *WWS* 分布

白水饱和度代表的含义是输送水汽的饱和程度,高值区输送的水汽越接近饱和状态,或存在大量的液态或固态水从而导致总水物质含量 *TCAW* 接近整层饱和状态水汽的含量,因此,与白水饱和度密切相关的一方面是输送水汽的饱和度,也就是与大气环流相关;另一方面就是固液水含量,也就与云量相关,下面将分别对白水饱和度和固液水含量展开分析,最后对我国的白水饱和度进行特征分析,其中全球多年平均不同季节的白水饱和度分布如图 6.8 所示。

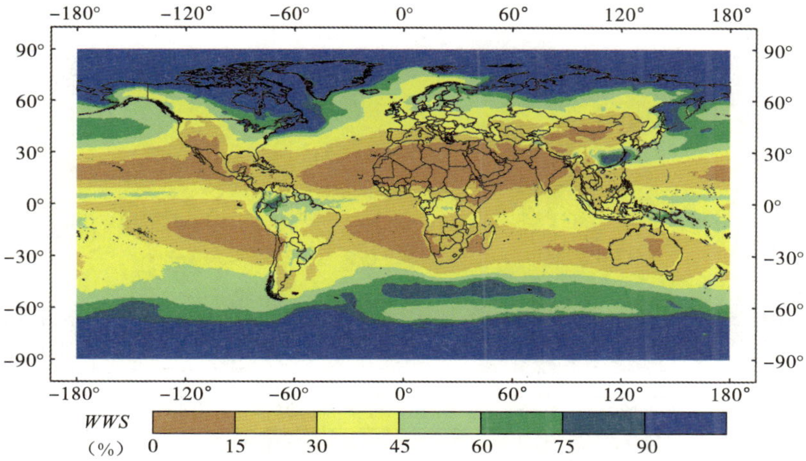

(a)全球多年平均 3—5 月白水饱和度 *WWS* 分布

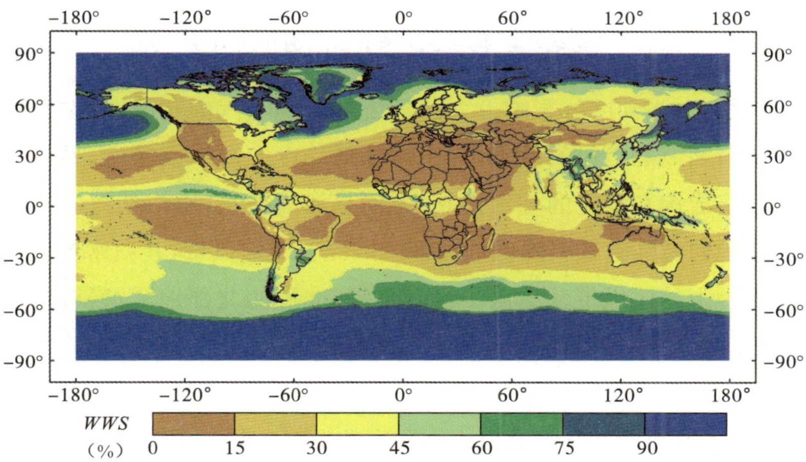

(b)全球多年平均 6—8 月白水饱和度 *WWS* 分布

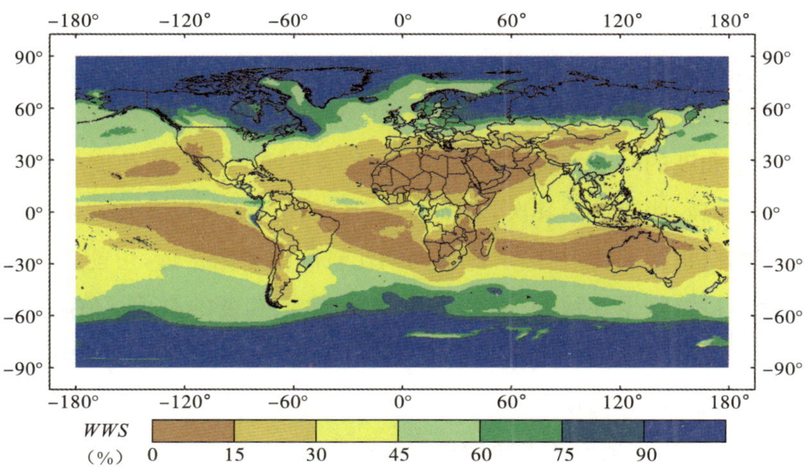

(c)全球多年平均 9—11 月白水饱和度 *WWS* 分布

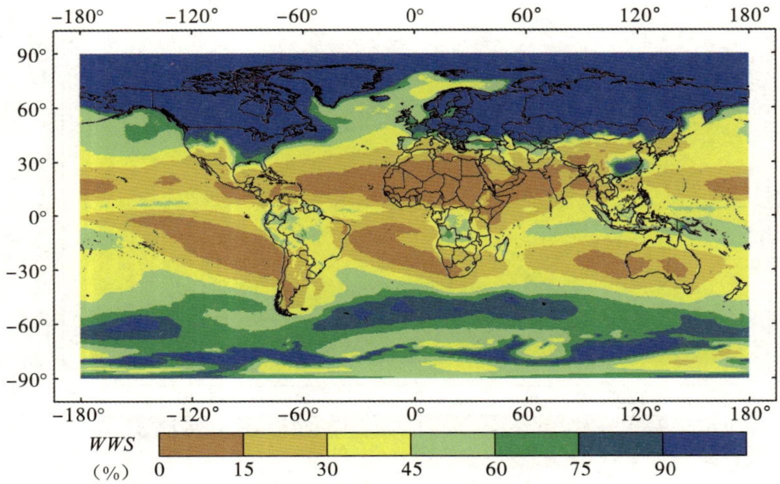

(d)全球多年平均 12 月至次年 2 月白水饱和度 *WWS* 分布

图 6.8　全球多年平均不同季节白水饱和度 *WWS* 分布

1)大气环流对白水饱和度的影响。大气环流会影响水汽饱和度,一方面是纬度的输送关系,主要就是盛行西风和信风的差别,一个是从低纬度向高纬度输送,另外一个是高纬度向低纬度输送,会造成饱和度上的差别;另一方面是海陆关系,水汽从海洋向陆地输送将会提高饱和度,从陆地向海洋输送将降低饱和度。因此对于信风带,其白水饱和度基本处于一个低值,而处于陆地上的信风带就更低了,如西亚和非洲的北部地区;盛行西风区域的白水饱和度基本上处于一个相对的高值,同时赤道低压区域也是相对的高值,包括亚马孙河流域等。

2)水物质输送中的固液水含量对白水饱和度的影响。我们观察 4.1.1 小节中的总云覆盖度 *TCC* 分布图,可以发现总云覆盖度与白水饱和度具有较高的重叠度,特别是对于陆地地区,总云覆盖度与空中水物质输送的固液水含量具有较高的相关性,表明云量中固液水的含量与降水是否发生是联系紧密的,因此白水饱和度在更深一层的维度上表明了白水通量是否具备降水条件,是白水分析理论体系中关键的特征参数之一。

3)我国白水饱和度的时空特征。首先,我国多年平均的白水饱和度呈现与降水基本一致的关系:东南沿海高、西北低。其次,对不同季节进行分析,可以发现我国东南沿海在冬春季节出现比较高的白水饱和度,与白水比率同期比较高的原因接近,可能是冬春季节南北气流在我国东南沿海持续割据导致的;而到了夏季,白水饱和度的高值区在我国的西南地区,这可能与夏季印度洋的西南季风有密切的关系;到了秋季,高值区到了四川盆地附近,这可能与我国四川盆地的秋雨有比较大的关系。

总体而言,白水饱和度是与降水密切相关的特征参数,相对于白水比率在赤道高总水物质通量的地区出现低值这样不公允的情况,白水饱和度可以更公允地在全球范围内统一地比较输送的水物质中与水汽饱和度、固液水比例的深层关系。但同时也发现，两极的白水饱和度大多超过90%，这可能与低温情况下计算得到的饱和水汽含量比实际的饱和水汽含量要低有关。伴随着天气过程空气中会有大量固液相态的水物质，因此实际的水物质含量会变得比较大，在特定天气条件下也会出现白水饱和度偏大的情况。

6.1.5 讨论与小结

全球多年平均的总水物质通量反映了大尺度的大气环流特征，而白水（通量）的分布反映了水汽输送过程的背景水变化与降水条件的内在关系，比总水物质通量更能反映降水潜力的强弱。白水比率能够进一步显示空中水物质在输送过程的降水条件的优劣，进一步反映海陆关系、地形条件等因素对降水条件的影响；而白水饱和度能够在输送水物质的饱和状态上提供更多的细节信息，同时可以更公允地评价不同地区的白水输送特性。总体而言，研究白水分布、白水比率以及白水饱和度对空中水物质的特征研究具有指导意义。

通过对上述全球白水及其比率、饱和度的分析，仍然发现一些问题，如热带雨林地区的背景水评估还存在改进的空间，同时对于两极的饱和水汽的计算可能还存在一些问题。但对于其余地区，特别是中高纬度的地区（包括我国地区），背景水的评估、白水的统计以及白水比率和白水饱和度都有比较高的可信度，因此对我国的空中水物质的分析研究具有潜在的科学和应用价值。

此外，通过对总水汽通量和白水（通量）的分析，亚马孙河流域的水物质输送是从海洋向陆地输送，靠近陆地时处于比较高的水平，而随着向内陆输送，逐渐开始变低，但对于美国东海岸和我国东南沿海恰恰相反，白水（通量）从海洋向陆地输送是由低逐渐变高然后又回到海洋上，这个差异说明亚马孙河流域处于热带辐合区，有源源不断的水汽从海洋向内陆输送，但在沿途输送过程中持续地发生降水，已经产生从地表回到海洋的径流，其水汽输送的方向与河流的方向是相反的；而对于美国东海岸与我国东南沿海，水汽输送的方向与河流的方向基本是一致的，白水（通量）是逐渐变大输送回海洋。与亚马孙热带雨林类似的地区还有美国西海岸、欧洲西海岸等，而与美国东海岸和我国东南沿海类似的地区还有南美洲拉普拉塔平原等。

这些地区代表的是水汽输送方向与河流方向相同与相反导致的两种截然不同的白水（通量）规律，其背后受到了流域内循环等环节对水汽输送和白水（通量）的影响，有待未来深入研究。

6.2 三江源地区

三江源是我国重要的生态屏障，蕴含着丰富的水资源，有“中华水塔”之称。三江源及它所在的青藏高原的水汽输送路径和特征研究是目前的研究热点（林振耀和吴祥定，1990；王根绪等，2001；苗秋菊等，2004；李生辰等，2009b；Zhang et al.，2013；Fu and Zeng，2014；曾小凡等，2014)，从全球水循环及空中水输送特征进行三江源地区的水文气象研究具有深远的意义，因此，本书选取三江源地区作为研究案例之一。

与6.1节的全球尺度一样，本节对三江源地区进行总水物质通量、白水(通量)、白水比率和白水饱和度的时空特征分析。这里选取的三江源地区是以流域边界定义的源区，黄河源为唐乃亥水文站以上流域，长江源为直门达水文站以上流域，澜沧江源为昌都水文站以上流域。分析的时段依然是1979年到2017年共39年数据，按照3—5月、6—8月、9—11月以及12月至次年2月来研究四个不同时段的分布特征。

6.2.1 总水物质通量的时空特征

同样地，我们首先分析三江源地区多年平均总水物质通量的分布(图6.9)，从通量大小分布来看，三江源地区的总水物质通量大小符合东南高、西北低的基本特征；而从通量的方向来看，一年四季基本上处于由西向东的输送方向，但在澜沧江源头地区的总水物质通量的输送方向存在由南向北的分量，这与印度洋夏季西南季风有关系，也证明了印度洋西南季风是能影响到三江源地区的。

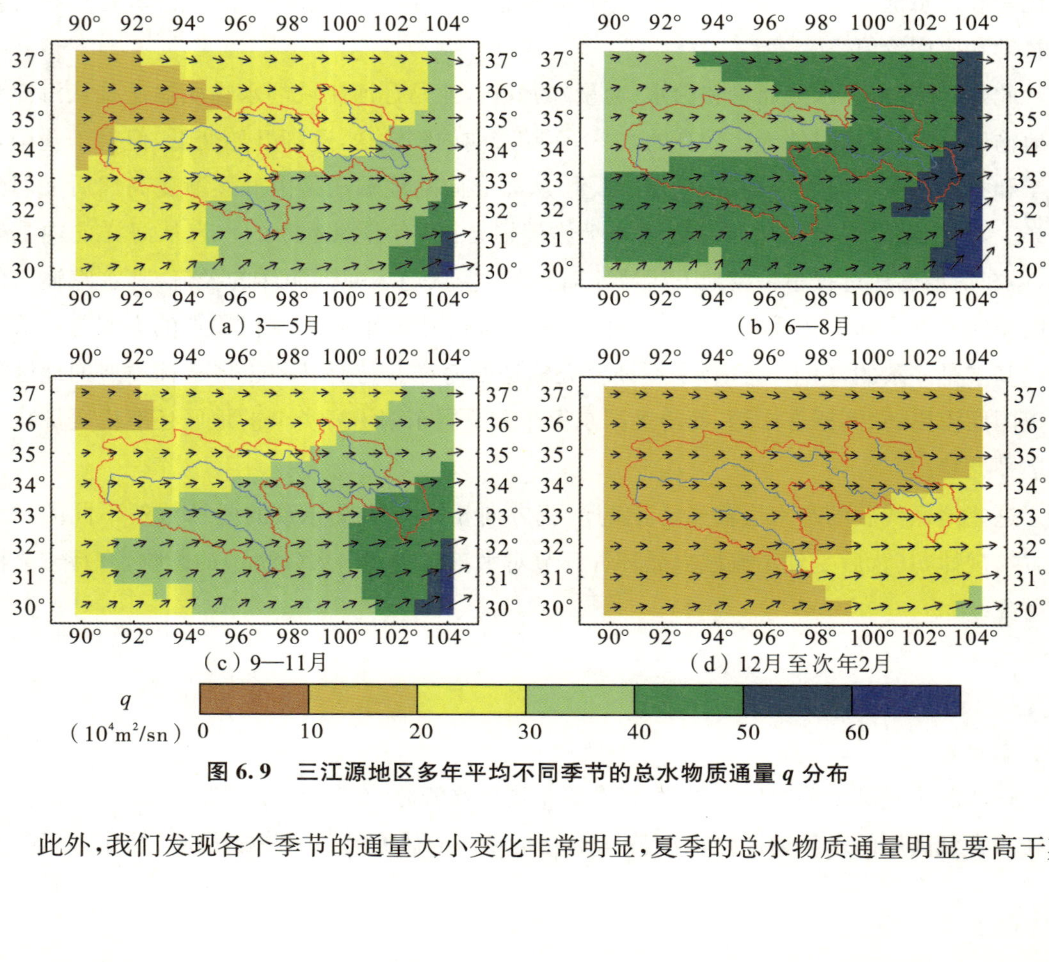

图6.9 三江源地区多年平均不同季节的总水物质通量 q 分布

此外，我们发现各个季节的通量大小变化非常明显，夏季的总水物质通量明显要高于其他季节，夏季在黄河源河曲地区可以达到 40×10^4 m^2，而到了冬季整个三江源地区基本不超过 20×10^4 m^2。

6.2.2 白水通量的时空特征

然后，我们分析不同季节的白水(通量)分布情况(图 6.10)，从通量大小分布来看，三江源地区的白水(通量)大小符合东南高、西北低的基本特征，与总水物质通量的分布基本一致；而从输送的平均方向来看，一年四季基本上是由西向东、西南向东北的输送规律。但从输送通量大小的时空分布来看，季节的差异性非常大，夏季在澜沧江源和黄河源南部超过 20×10^4 m^2，而冬季大部分地区不到 8×10^4 m^2。

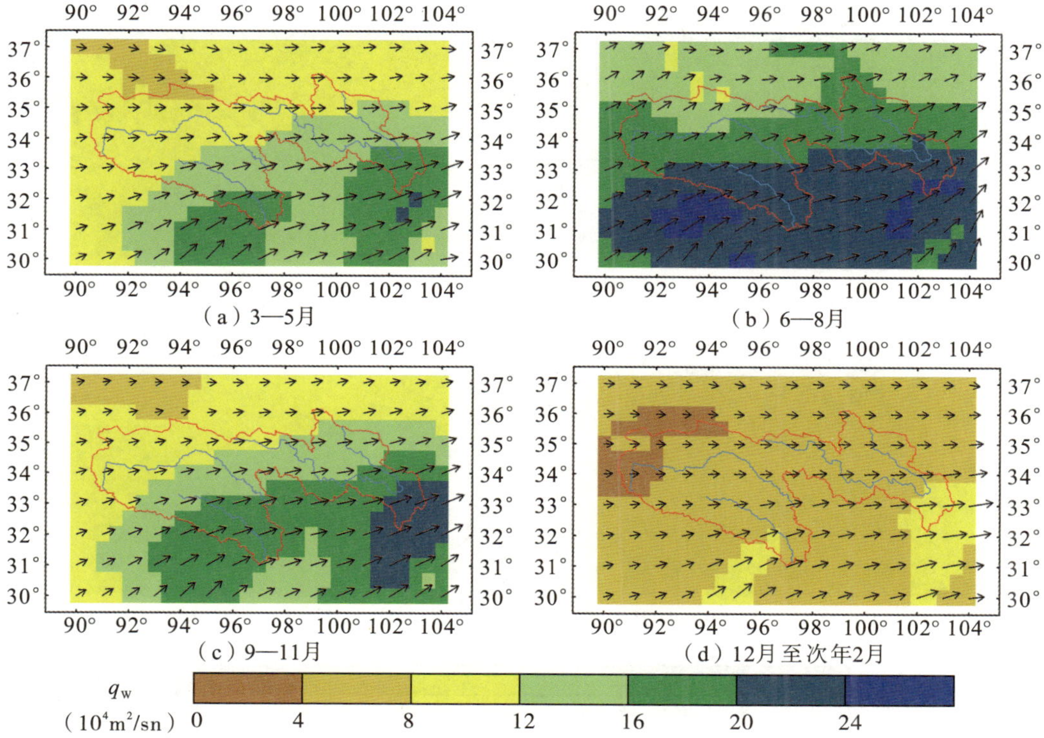

图 6.10 三江源地区多年平均不同季节的白水(通量)q_W 分布

与总水物质通量的平均输送方向进行对比，可以明显发现，在春、夏、秋季，三江源地区东南部白水(通量)的平均输送方向是由西南向东北，这表明了与降水有关的水物质主要是从西南向东北输送；在夏季，西南方向输送的白水(通量)甚至还可以到达黄河源的北部。三江源虽然地处高原，但是存在良好的水汽输送条件，相比盛行西风，从西南方向上来的印度洋季风给三江源地区提供了充沛的暖湿气流，这是三江源地区降水丰富的核心原因之一。同时，对于三江源地区东南部，澜沧江源和黄河源南部都是白水(通量)局部高值的地区，这说明这两个地区具有良好的空中水向降水转化的条件。

6.2.3 白水比率的时空特征

随后，我们分析不同季节的白水比率分布(图 6.11)，从总体特征来看，三江源地区相对于周边地区(东边、北边和西边)都是一个局部的高值，从多年平均值来看，全国多年平均的白水比率为 32%，而三江源地区多年平均的白水比率达到了 44%，说明三江源地区的白水比率相对全国而言处于较高水平。其中 3—11 月基本上全流域超过 40%，即使是冬季全流域也基本上达到了 32%以上，超过了全国的平均水平，这与三江源地区受到的大气环流特征有着密切的关系，也说明在这些月份内三江源地区的成云致雨的天气过程比较多，可考虑空中水的开发利用。

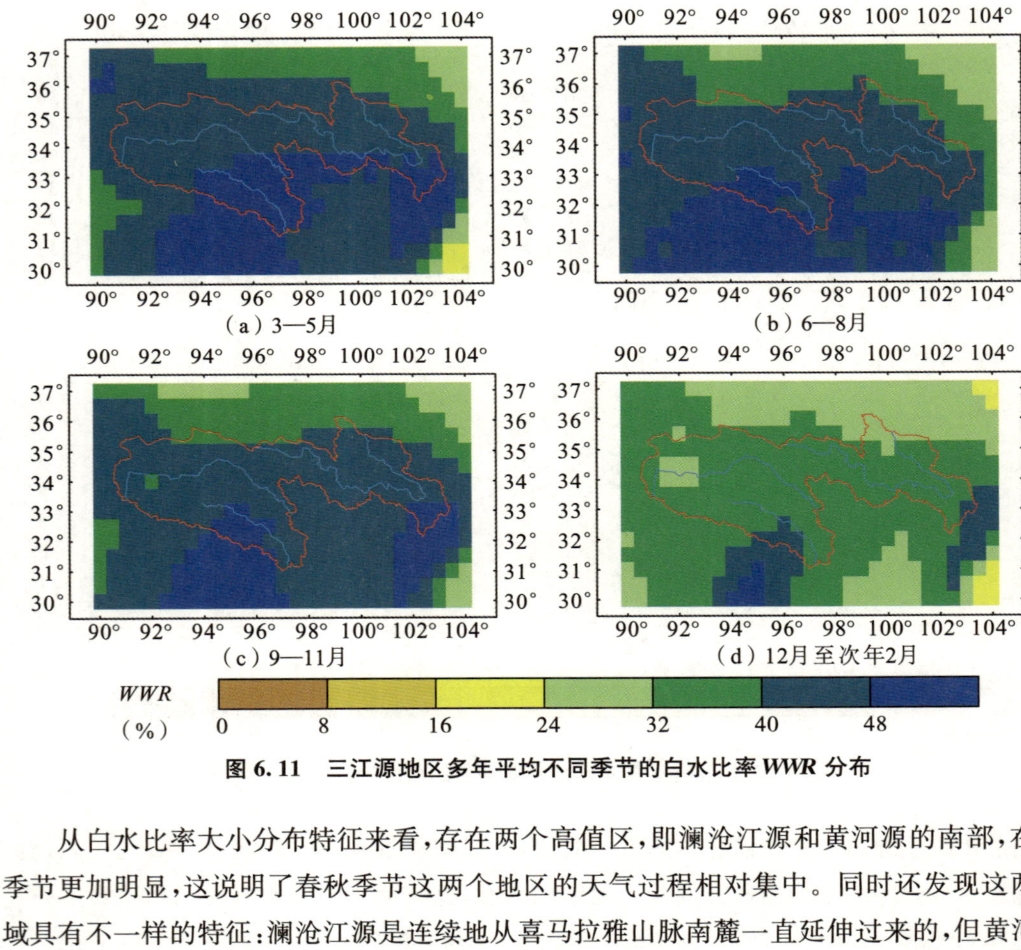

图 6.11 三江源地区多年平均不同季节的白水比率 *WWR* 分布

从白水比率大小分布特征来看，存在两个高值区，即澜沧江源和黄河源的南部，在春秋季节更加明显，这说明了春秋季节这两个地区的天气过程相对集中。同时还发现这两个区域具有不一样的特征：澜沧江源是连续地从喜马拉雅山脉南麓一直延伸过来的，但黄河源区的南部的高值却是一个局部高值，高值中心接近黄河河曲位置，这说明黄河河曲地区独特的地形条件，使得西南方向输送过来的水物质可以进行良好的成云降水转化。

6.2.4 白水饱和度的时空特征

最后，我们分析不同季节的白水饱和度分布(图 6.12)，总体而言，三江源地区的白水饱和度依然满足东南高西北低的基本规律，但在季节分布上呈现与白水比率迥然不同的特征。白水饱和度的峰值出现在夏季，整个三江源地区超过40%，这也是三江源地区年内发生降水的主要时期；其次相对高值的时期是秋季和春季；最差的时候是冬季，不到24%，长江源不到16%。同时，与白水比率一致，白水饱和度也表现出了两个高值区：澜沧江源和黄河源的南部，说明这两个地区的湿度更高，成云致雨的条件更好。

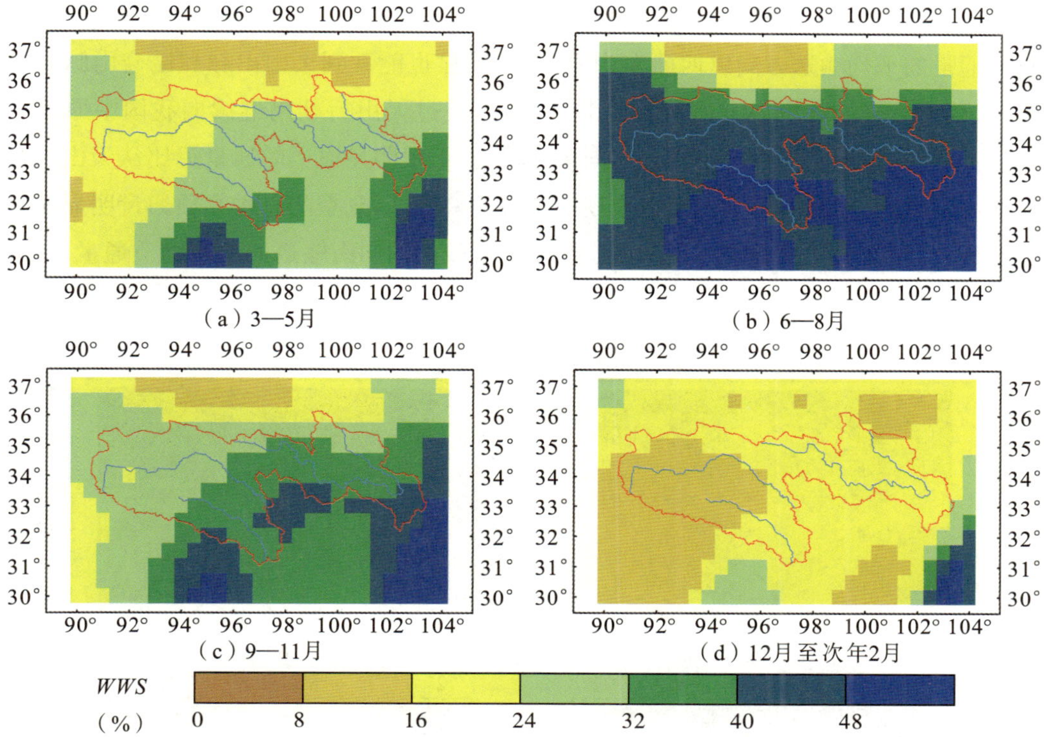

图6.12 三江源地区多年平均不同季节的白水饱和度 *WWS* 分布

6.2.5 讨论与小结

三江源地区多年平均的白水比率为44%，多年平均的白水饱和度为30%，均处于我国的较高水平，这与当地的气候地理条件有着密切关系。在输送通量的平均方向方面，多年平均的白水(通量)方向与总水物质通量方向在部分地区存在比较明显的差异，这是不同方向输送的水物质通量中含有白水比例不一样导致的，这个特征在黄河源区的夏季表现得比较突出。

6.3 塔里木盆地

塔里木盆地位于我国西北，是我国面积最大的盆地，具有独特的水文气象特征，其空中的水汽输送与降水、水资源等关系问题是国内众多学者的研究热点(林振耀和郑度,1992;俞亚勋等,2003;王可丽等,2005;李万莉等,2008;魏娜等,2010;陈亚宁等,2012)。本书以盆地四周山脉的分水岭作为边界,开展塔里木盆地及周边的水汽输送特征研究。

6.3.1 总水物质通量的时空特征

同理,我们先分析塔里木盆地的多年平均不同季节的总水物质通量分布(图 6.13),从通量大小来看,塔里木盆地的总水物质通量北高南低,四周的山脉形成一个封闭的阻挡圈;总水物质通量的平均输送方向以西向东为主,但很明显也能看到天山山脉和昆仑山脉的阻挡作用,从西边过来的水汽一方面从天山北部输送,绕过天山后朝南继续向我国中原地区输送,另一方面在盆地几乎内部平行于纬向水平输送,但很明显输送的通量远比从天山山脉北侧输送的通量小。此外,不同季节也表现了明显的差异性,夏季的总水物质通量明显比其他季节要高,同时盆地内部在天山山脉的南麓出现了较大的向南输送的总水物质通量,可能与盆地内的夏季局部气候有关。

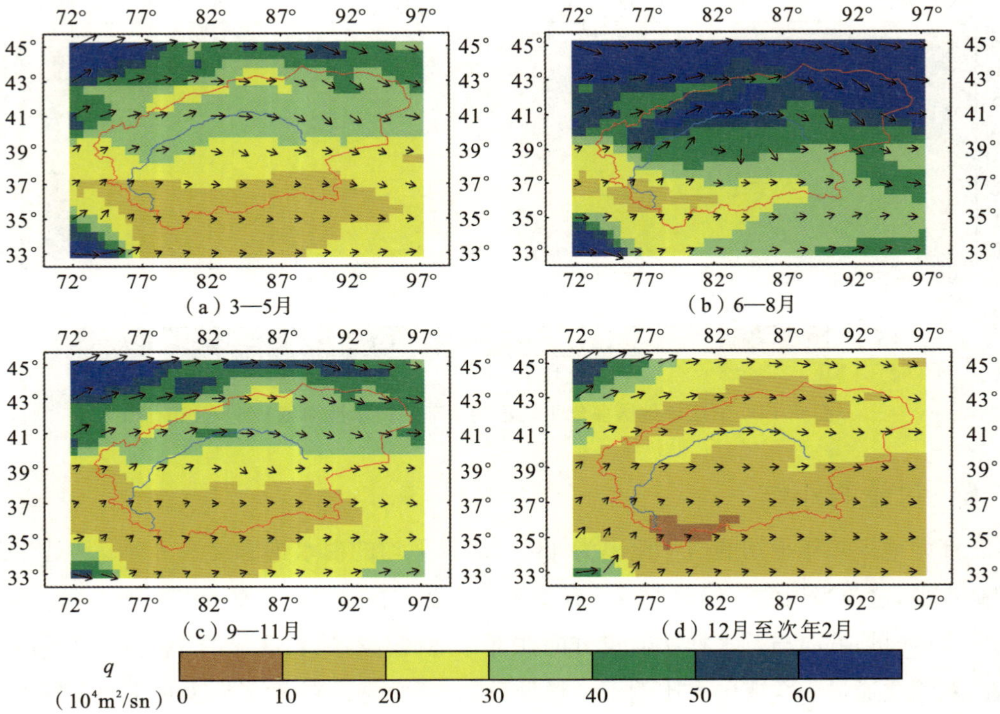

图 6.13 塔里木盆地多年平均不同季节的总水物质通量 q 分布

6.3.2 白水通量的时空特征

然后,我们得到不同季节的白水(通量)分布,如图 6.14 所示,从通量大小来看,塔里木盆地内部的白水(通量)明显比总水物质量低得多,多年平均的年总水物质通量为 1.16×10^6

m^2，而年白水（通量）只有 $0.31\times10^6\ m^2$，只有总水物质通量的27%。三江源的总水物质通量和塔里木盆地的非常接近，为 $1.15\times10^6\ m^2$，但白水占了44%。同时其内部的白水（通量）明显低于盆地外部的白水（通量），在夏季除了天山山脉南麓存在较高的白水（通量）以外，盆地内的其余地方基本处于低值，这表明了塔里木盆地北边、西边以及南边的山脉严重地影响了向盆地内部输送的白水（通量），因此将严重影响塔里木盆地的降水量。

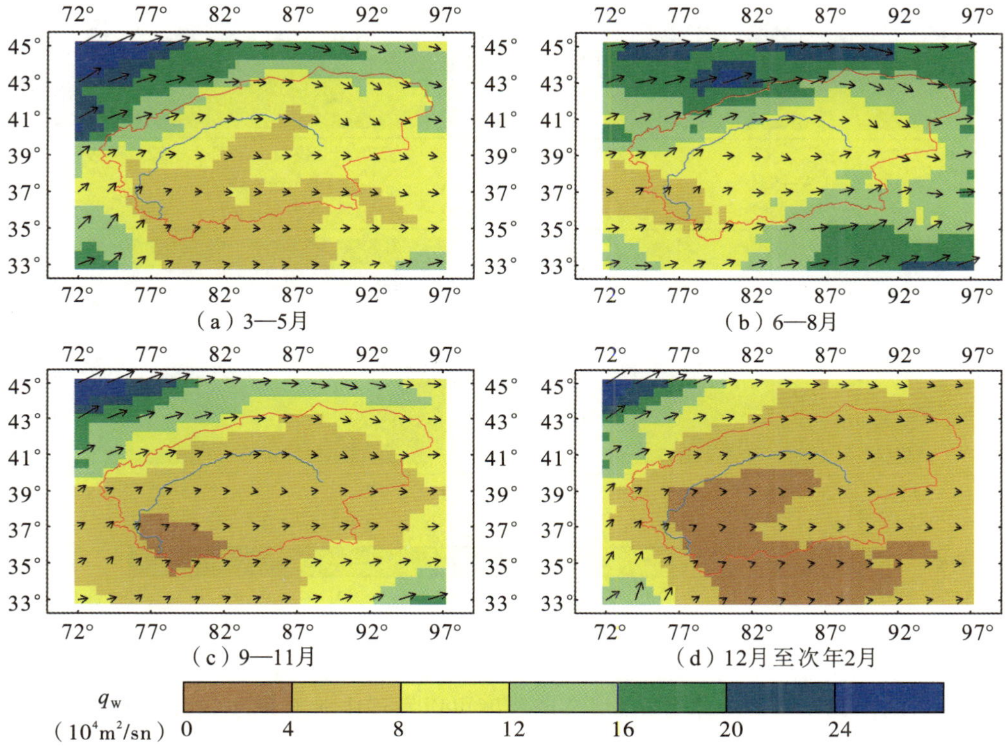

图6.14 塔里木盆地多年平均不同季节的白水（通量）q_W 分布

从白水（通量）的平均输送方向来看，全年基本上呈现从西向东的输送规律，但在各个季节上也有细微的差别。春季盆地内部基本上是平行于纬度方向的水平输送，而在盆地的东北角，从天山山脉北麓过来的水汽顺势向南输送；到了夏季，从西南角上来的白水（通量）可以进入盆地深处并一直影响盆地内部的输送方向，最后大部分白水从盆地的东南角输出到盆地外；而秋季和冬季都处于非常小的值，其方向也是以从西向东为主。

6.3.3 白水比率的时空特征

再者，我们得到塔里木盆地多年平均不同季节的白水比率分布，如图6.15所示，从总体特征来看，塔里木盆地相对周围地区为一个局部低值，从多年平均来看，全国多年平均的白水比率为32%，而塔里木盆地多年平均的白水比率只有27%，其主要的贡献还是盆地四周山前较大的白水比率。如果只考虑盆地内部，春季不到24%，而夏、秋、冬都不到16%，这说明盆地内部极低的白水比率。从全球白水比率分布图(图 6.5)来看,也能发现塔里木盆地是我国白水比率最低的区域。

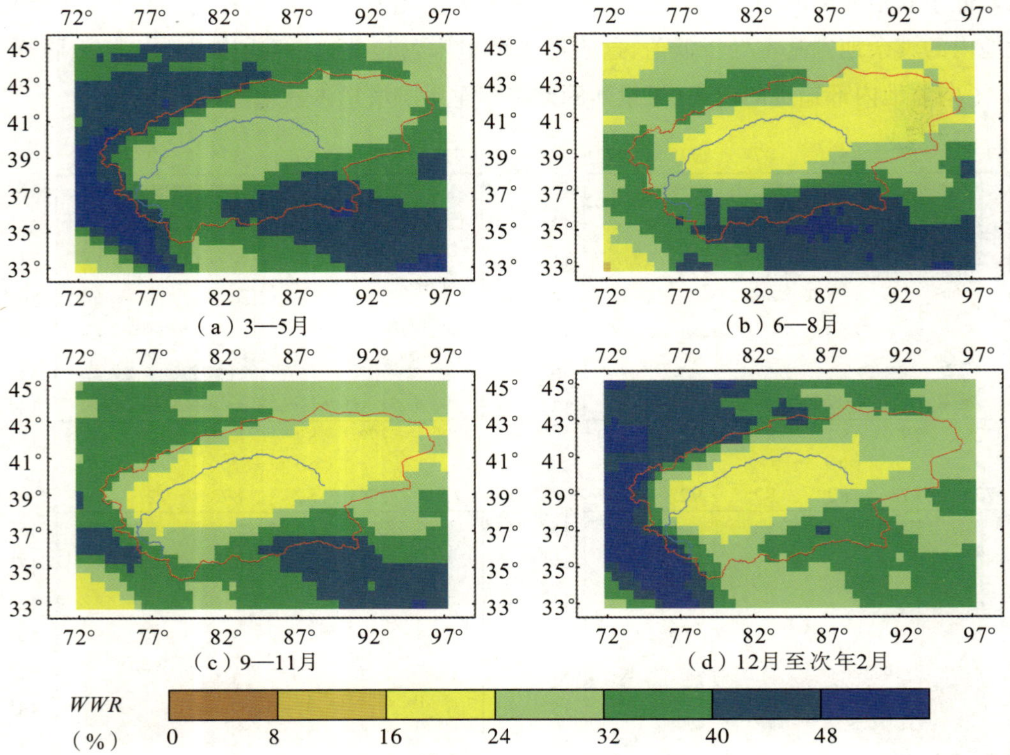

图 6.15　塔里木盆地多年平均不同季节的白水比率 *WWR* 分布

从山脉对白水比率的影响来分析,从全球尺度可以发现山脉有助于提高白水比率,但塔里木盆地的案例更明显地显示了处于迎风坡比处于背风坡的白水比率更大。首先,在冬春季节塔里木盆地的西南侧山脉,属于西南风的迎风坡区域,白水比率超过了 48%,而跨过分水岭之后,白水比率就不到 40%,一旦脱离了山脉的影响范围,马上下降到 32%以下;而春夏秋季节的昆仑山脉的南侧的白水比率也都达到了 40%以上,但翻过昆仑山脉的分水岭之后,在塔里木盆地的内侧,白水比率就马上下降到 32%以下。

6.3.4　白水饱和度的时空特征

最后,我们得到不同季节的白水饱和度的分布,如图 6.16 所示,总体而言,盆地内部与盆地四周存在较大的差距,同时在季节上的分布也有较大差距,这说明在塔里木盆地周边的水物质输送相态的时空变化非常大。下面将分别对四个季节依次进行分析。

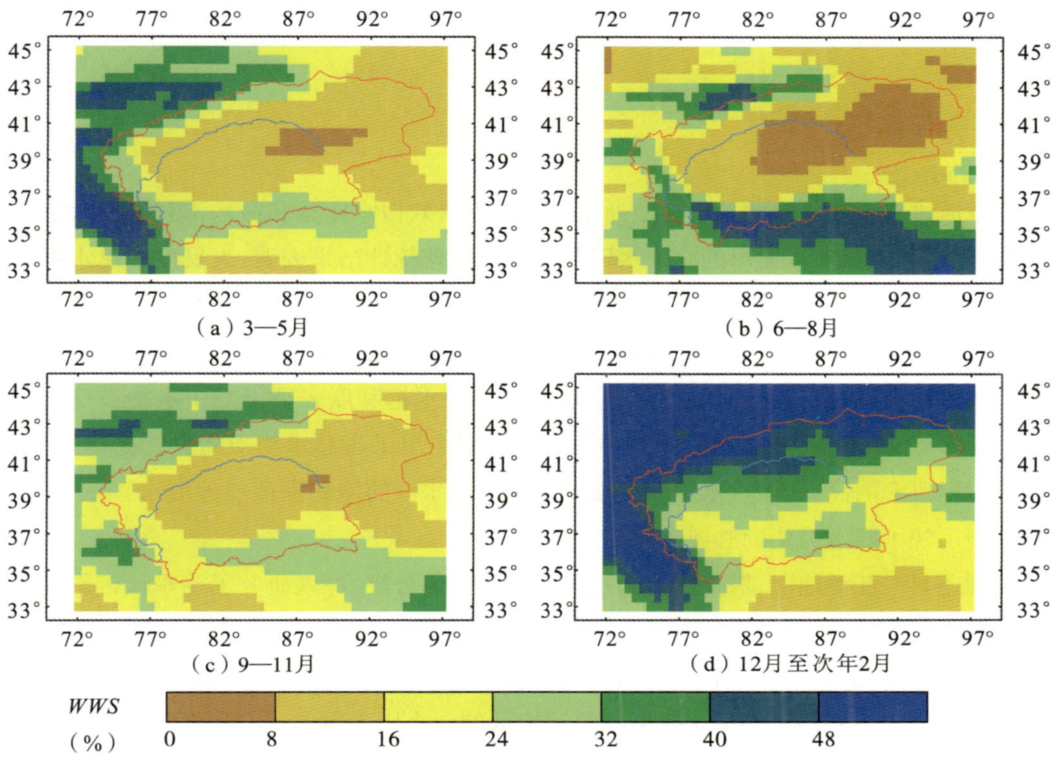

图 6.16　塔里木盆地多年平均不同季节的白水饱和度 WWS 分布

首先，春季塔里木盆地内部的白水饱和度大部分不超过 16%，而在盆地的西北侧、西南侧的迎风坡上，白水饱和度超过 32%，甚至达到了 48%以上，而处于盆地内部的背风坡的白水饱和度只有 24%～32%，这说明一方面是输送水汽的湿润程度，另一方面是在地形抬升的影响下，水物质的饱和程度在发生变化；夏季白水饱和度的高值在盆地的南侧和北侧迎风坡，达到了 32%以上，而盆地内部依然在 16%以内，这两个区域的高值极有可能与夏季的季风有关系；到了秋季，除了盆地的西北角白水饱和度相对高一点，其余地区的饱和程度都下降了，这可能是秋季没有强大的气流影响导致的；而到了冬季，整个盆地的北部的白水饱和度都达到了 48%以上，而天山山脉南侧也相应地达到了 32%以上，表明整个盆地极有可能受到了冬季强大的西北季风影响。

6.3.5　讨论与小结

塔里木盆地多年平均的白水比率为 27%，多年平均的白水饱和度为 16%，均远远低于我国的平均水平，这与塔里木盆地深居内陆且四周环绕高山有着密切的关系。塔里木盆地白水（通量）以及白水比率、白水饱和度最典型的分布特征就是盆地边缘外迎风坡的值很大，过了分水岭在盆地内部的背风坡次之，而在盆地内部则是非常小的值，这说明盆地四周的高山具有良好的成云致雨条件，如果要对盆地周边进行空中水开发利用，首选应该是在迎风坡区域，其次是背风坡区域。

6.4 本章小结

本章通过对全球尺度的总水物质通量、白水（通量）、白水比率和白水饱和度的时空特征进行分析，阐释了第 2 章提出的空中水资源理论。全球统计结果表明，大尺度的总水物质通量主要由全球尺度的大气环流（盛行西风、信风和季风）决定，表征了一段时间内从空中通过的总水物质量；而白水（通量）受到海陆关系及地形对降水条件的影响，表征的是一段时间内从空中通过的与降水有关的水物质量；白水比率和白水饱和度表征了空中水物质输送过程天气过程多寡、降水条件好坏的特征参数，白水比率突出了占总水物质通量的比值，反映的是天气过程概率的高低，而白水饱和度强调的是输入水汽的饱和程度或固液水含量的多少，更进一步反映了降水需要的必要条件。

本章还对三江源地区、塔里木盆地进行了区域性的分析，深入研究了受季风带影响的白水输送的时空特征，以及受海陆关系和地形因素影响的白水比率与白水饱和度在空间分布特征。分析结果表明，三江源和塔里木盆地区域内部平均的年总水物质通量非常接近，分别为 $1.15\times10^6\ m^2$ 和 $1.16\times10^6\ m^2$，但三江源地区的白水比率和白水饱和度明显高于塔里木盆地，三江源和塔里木盆地的降水量特征表明了这两个地区降水的差异基本上不是由总水物质通量决定的，但明显受到了白水比率和白水饱和度的影响。三江源地区虽在高原之上，但白水比率和白水饱和度都超过了全国平均水平，分别为 44％和 30％，而塔里木盆地由于深居内陆，同时四面环山，其白水比率和白水饱和度远低于全国平均水平，分别为 27％和 16％，但也反映了这两个参数在迎风坡和背风坡区域的差异，为空中水的开发利用提供了选址的参考。

第 7 章 空中水资源转化分析

7.1 全球尺度

按照第 2 章的白水降水转化的分析理论，本章按照全球尺度开展总水物质降水效率、白水降水效率的时空特征分析：首先，给出多年平均的空间分布，然后分别对上述参数按照北半球的季节进行划分，即按照 3—5 月、6—8 月、9—11 月以及 12 月至次年 2 月四个时段来研究降水分布特征。

7.1.1 降水的时空特征

首先，我们得到全球多年平均的降水分布，如图 7.1 所示，降水最多的地方是赤道附近的热带雨林区，如亚马孙热带雨林、刚果河热带雨林等，其次是亚热带季风区，如北美洲东南部、我国东南部等，而降水量最少的地方是热带沙漠。

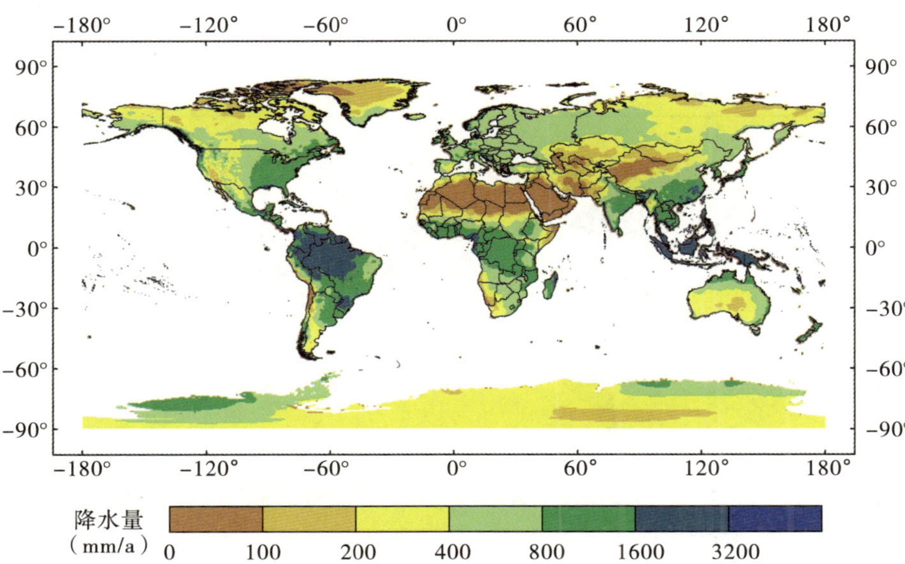

图 7.1 全球多年平均的降水量分布

计算得到我国多年平均的降水量为 649mm/a，降水分布从东南向西北逐渐减少，我国长江中下游地区、珠三角地区、海南岛和台湾岛超过 1600mm/a，而降水少的地方有塔里木盆地、青藏高原西北部等，降水量不到 100mm/a。

海陆间的水循环依靠盛行西风、信风和季风等大尺度的大气环流实现了物质与能量的交换，也是影响陆地降水的主要因素(Brubaker et al.，1993；Higgins et al.，1997；黄荣辉等，1998；Simmonds et al.，1999；Renhe，2001；孙颖和丁一汇，2002；Liu et al.，2004)。因此，本书分别分析对受上述三种大气环流影响的全球主要气候区的降水量和水汽输送的时空特征，如图 7.2 所示，是全球多年平均不同季节的降水分布。

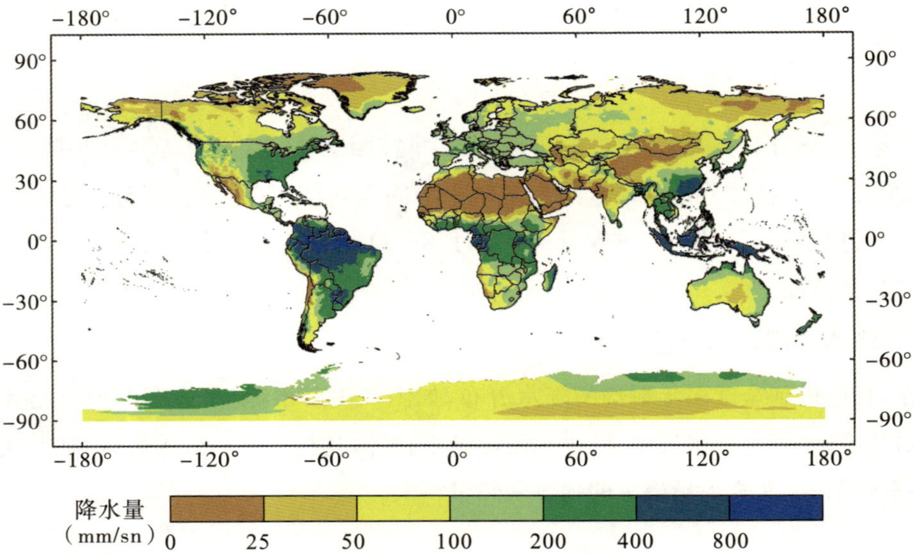

(a)全球多年平均 3—5 月降水量分布

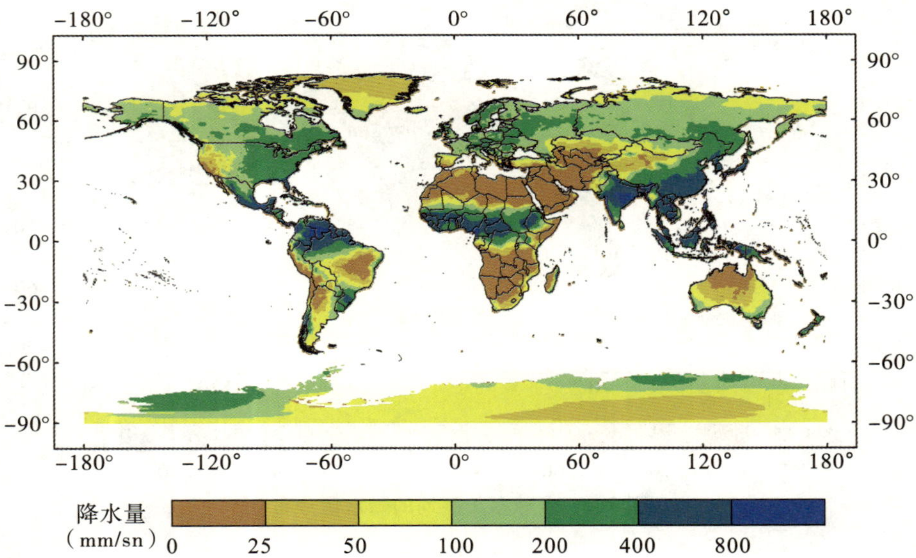

(b)全球多年平均 6—8 月降水量分布

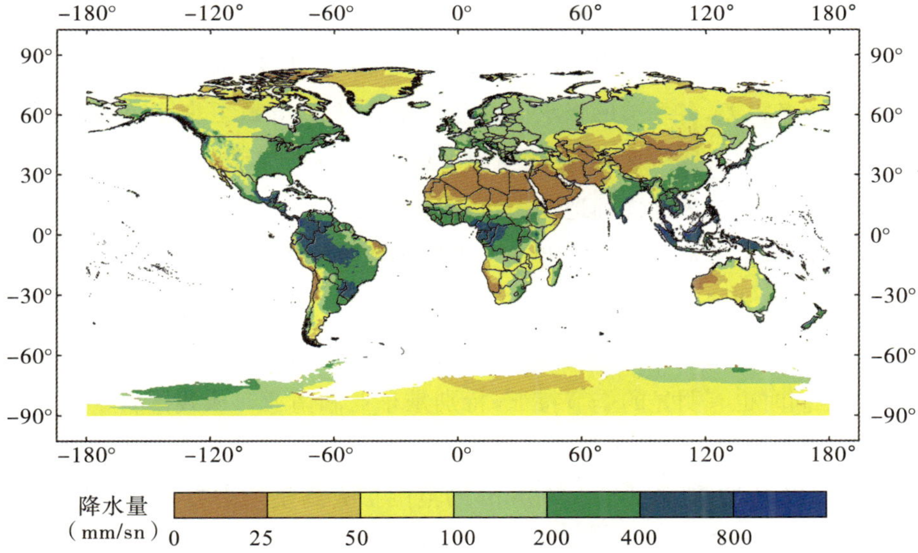

(c)全球多年平均 9—11 月降水量分布

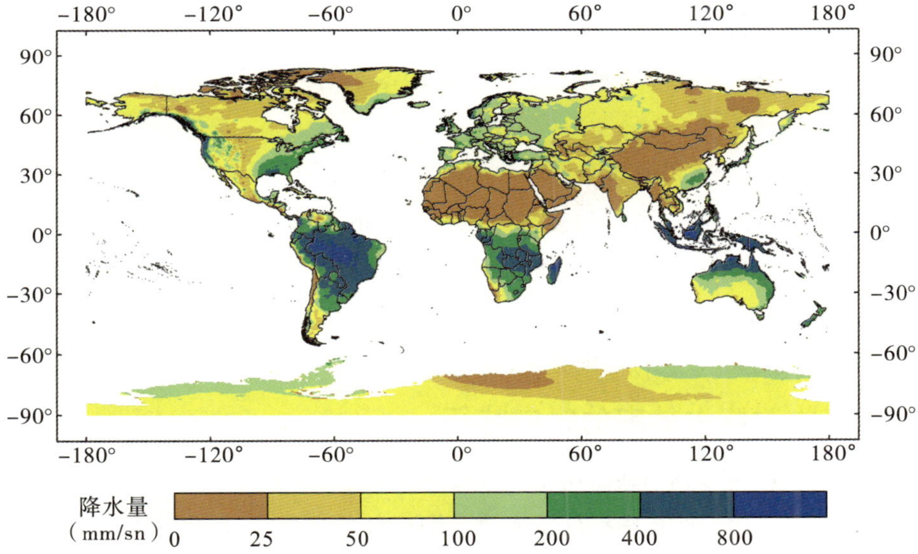

(d)全球多年平均 12 月至次年 2 月降水量分布

图 7.2 全球多年平均不同季节的降水量分布

1)盛行西风影响的降水量的时空特征分析。南半球盛行西风影响的陆地区域并不大，因此主要讨论北半球的两个主要盛行西风带。北太平洋的盛行西风影响着北美洲中纬度的西海岸，西风到了陆地后便遇到了北美洲的落基山脉，在落基山脉迎风坡一侧，常年降水量丰沛且均匀，年降水量超过 800mm；北大西洋的盛行西风从欧洲西海岸登陆，由于没有大的山脉阻挡，可以一直到亚欧大陆内部，年降水量超过 400mm，各个季节也比较均匀，均达到 100mm 以上。

2)信风影响的降水量的时空特征分析。海陆关系与地形因素的不同,信风会导致受影响区域产生不一样的降水特征。对于西亚地区和非洲的北部,信风是从内陆干旱区吹来的,空气湿度低,降水条件差,各季节的降水量均在25mm以下,导致了热带沙漠的干旱气候;而对于南半球的几个信风带影响区域:巴西东南沿海、马达加斯加岛北部、澳大利亚的东北部,这三个地区的信风都是从海洋向陆地输送,由于存在较高的地形抬升现象,得以产生了相对多的降水,年降水量在1600mm以上,也就造就了小范围的热带雨林气候。

3)季风影响的降水量的时空特征分析。世界上最主要的季风区域有东亚、南亚、北美洲东南部、南美洲东南部等。而从上述的降水量的季节分布图来看,年降水量都达到了800mm以上,但同时也有明显的季节特征,特别是东亚和南亚。从我国各个季节的降水分布,可以明显发现季风的影响几乎覆盖了全国,在春季,降水量从东南沿海的400～800mm到西北的25mm以下;在夏季,400～800mm的范围扩大到整个南方,200～400mm的区域覆盖了整个东北、内蒙古、甘肃和西藏的东南部,西北地区大多也在25～50mm;到了秋季,与春季的分布基本一致,但南方的降水量减少到200～400mm;到了冬季,只有少部分地区处于200～400mm的降水量,整个东北、华北和西北降水量都在25mm以下。这说明夏季的西南季风和东南季风是我国降水的主要来源,而冬季的西北季风和东北季风并不能带来丰沛的降水。

总体而言,从全球降水量分布来看,一些地区的降水由于受到季风的影响,年内的降水分布时空分布不均;而一些地区受到盛行西风或信风的影响,常年有比较稳定的降水,其核心原因是输送水物质的多寡与当地的降水条件。降水条件好的地方,只要有水物质输入,那么就可能发生比较大的降水过程;而降水条件不好的地方,无法大规模地转化为有效降水。因此,研究输入水物质与降水的转化关系,有助于深入分析空中水开发利用的问题。

7.1.2 总水物质降水效率的时空特征

此时,我们得到全球多年平均的总降水物质降水效率分布(图7.3),该分布与总水物质通量、降水量的规律均不一样,并不具备赤道高两极低的普遍规律,而表现出较强的地理气候特征。

不考虑南极洲的情况,总水物质降水效率的高值区域出现在格陵兰岛的南侧、南美洲北部山区、非洲刚果河流域下游、印度尼西亚、喜马拉雅山南麓和青藏高原东侧,超过了$0.4\times10^{-6}\ m^{-1}$;而全球范围除了我国的西北部、中亚、西亚、非洲的北部和澳大利亚南部等地区的总水物质降水效率小于$0.1\times10^{-6}\ m^{-1}$,其余大部分地区的总水物质降水效率在$0.1\times10^{-6}\ m^{-1}$到$0.4\times10^{-6}\ m^{-1}$之间。因此,全球的分布在纬度上并没有发现太大的相关关系,反映了总水物质降水转化的内在特性与纬度的关系不大。全球范围内总水物质降水效率最低的地方在西亚和非洲北部,不到$0.02\times10^{-6}\ m^{-1}$,反映了该地区降水条件极端恶劣的现实。

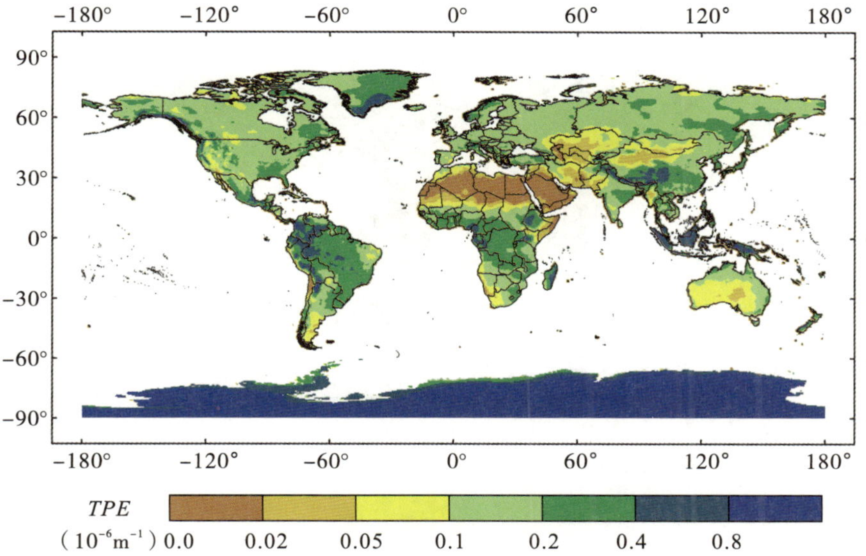

图 7.3　全球多年平均的总水物质降水效率 *TPE* 分布

统计得到我国的总水物质降水效率平均值约为 $0.2\times10^{-6}\ m^{-1}$，处于世界的中等水平。但国内分布的差异性非常大，最高的地方出现在喜马拉雅的南麓和青藏高原东侧，超过了 $0.4\times10^{-6}\ m^{-1}$；而在柴达木盆地不到 $0.05\times10^{-6}\ m^{-1}$，相差近 10 倍，而同样在新疆内的天山山脉附近，降水效率也达到了 $0.2\times10^{-6}\ m^{-1}$，体现了山脉对降水发生的重要影响。如图 7.4 所示，显示了全球多年平均不同季节的总水物质降水效率分布。

为了更全面地评估不同气候区的季节特征，绘制了 2.3.3 小节中六个典型气候区的年内降水及总水物质降水效率 *TPE* 年内分布图，如图 7.5 所示。

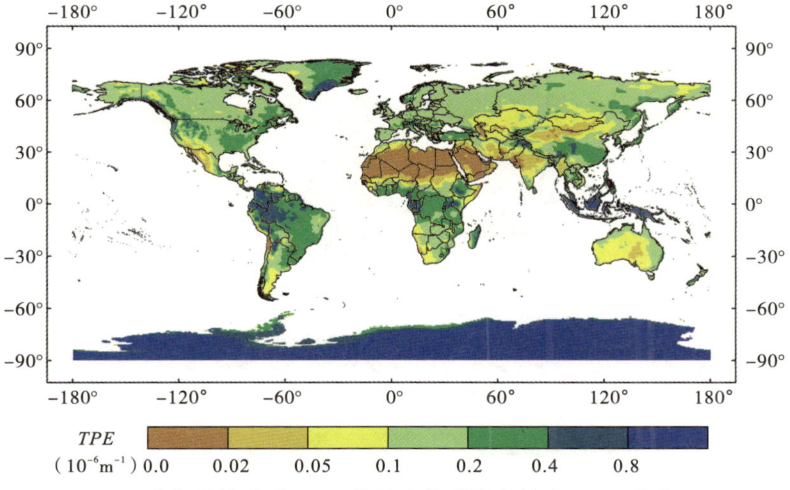

(a)多年平均全球 3—5 月总水物质降水效率 *TPE* 分布

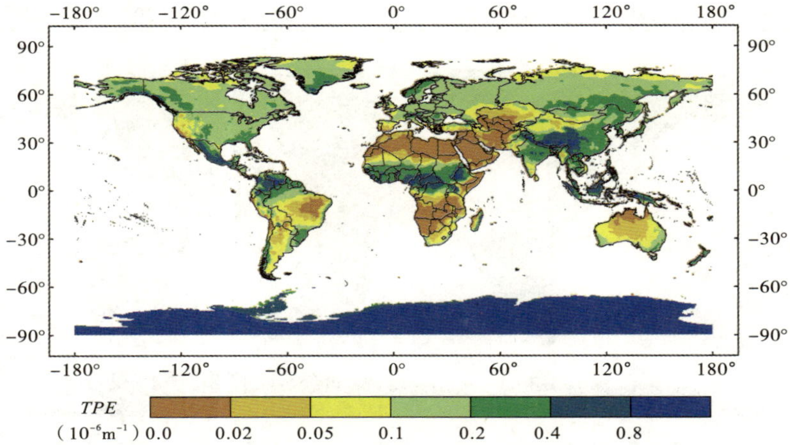

(b)多年平均全球 6—8 月总水物质降水效率 *TPE* 分布

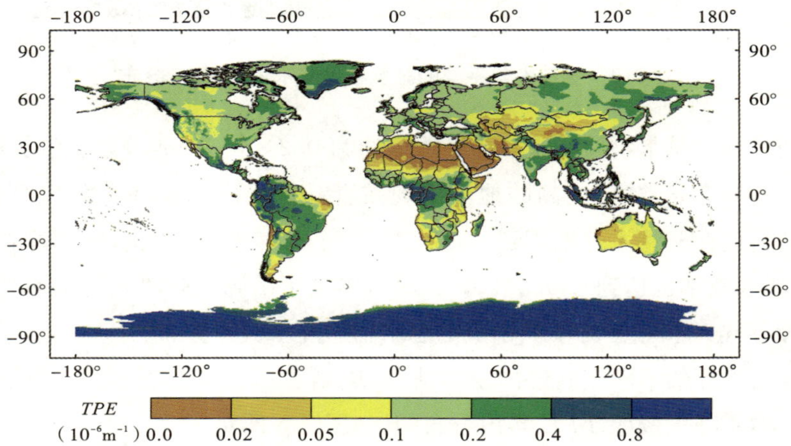

(c)多年平均全球 9—11 月总水物质降水效率 *TPE* 分布

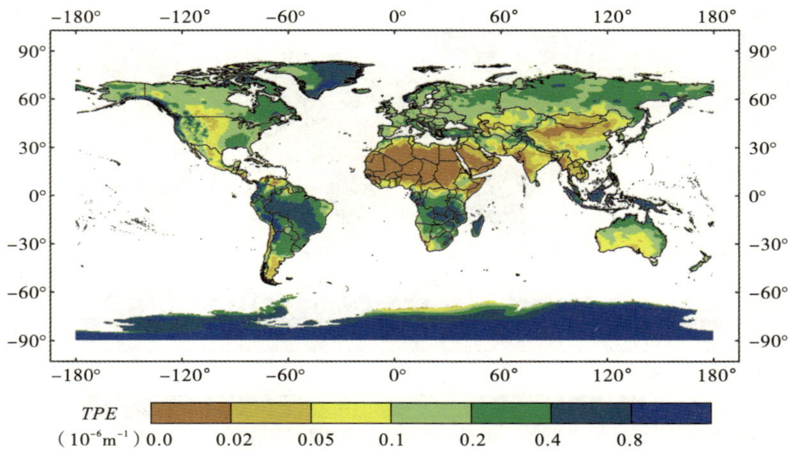

(d)多年平均全球 12 月至次年 2 月总水物质降水效率 *TPE* 分布

图 7.4　全球多年平均不同季节的总水物质降水效率 *TPE* 分布

如图 7.5(a)所示，亚马孙热带雨林中部地区的降水丰沛且年内分配相对均匀，最低月的降水量也超过 110mm，与最高月份的降水量相比约为其 1/3，而总水物质降水效率与降水量的年内分布相对吻合；如图 7.5(b)所示，长江中下游地区峰值月份的降水量也达到了 300mm，但季节之间的差距相对较大，降水量最少的月份发生在 12 月，不到 50mm，不过从降水效率来看，差距却没有降水量的大，特别是 7 月到 12 月之间，降水效率表现得相对平稳；如图 7.5(c)所示，欧洲西海岸的降水量非常平均，各月的降水量在 45mm 到 70mm 之间，总水物质降水效率整体水平在 $0.1\times10^{-6}\ m^{-1}$ 到 $0.2\times10^{-6}\ m^{-1}$ 之间，但明显出现 4—5 月的峰值和 7—8 月的谷值；如图 7.5(d)所示，塔里木盆地中部的降水量很少，年降水量不足 60mm，集中在 5—9 月，占了全年的 80%，总水物质降水效率也很低，没有一个月份超过 $0.1\times10^{-6}\ m^{-1}$；如图 7.5(e)所示，青藏高原中部的降水量也不低，年降水量超过 350mm，夏季的集中程度更高，超过 90%的降水发生在 5—9 月，但总水物质降水效率是这六个气候区中最高的，7—8 月的总水物质降水效率都超过了 $0.7\times10^{-6}\ m^{-1}$，说明青藏高原夏季具有非常好的降水转化条件；如图 7.5(f)所示，撒哈拉沙漠东北部的降水量极低，年降水量只有 5.5mm，集中在 12 月至次年 4 月，而总水物质降水效率更低，最大的月份也不到 $0.01\times10^{-6}\ m^{-1}$。

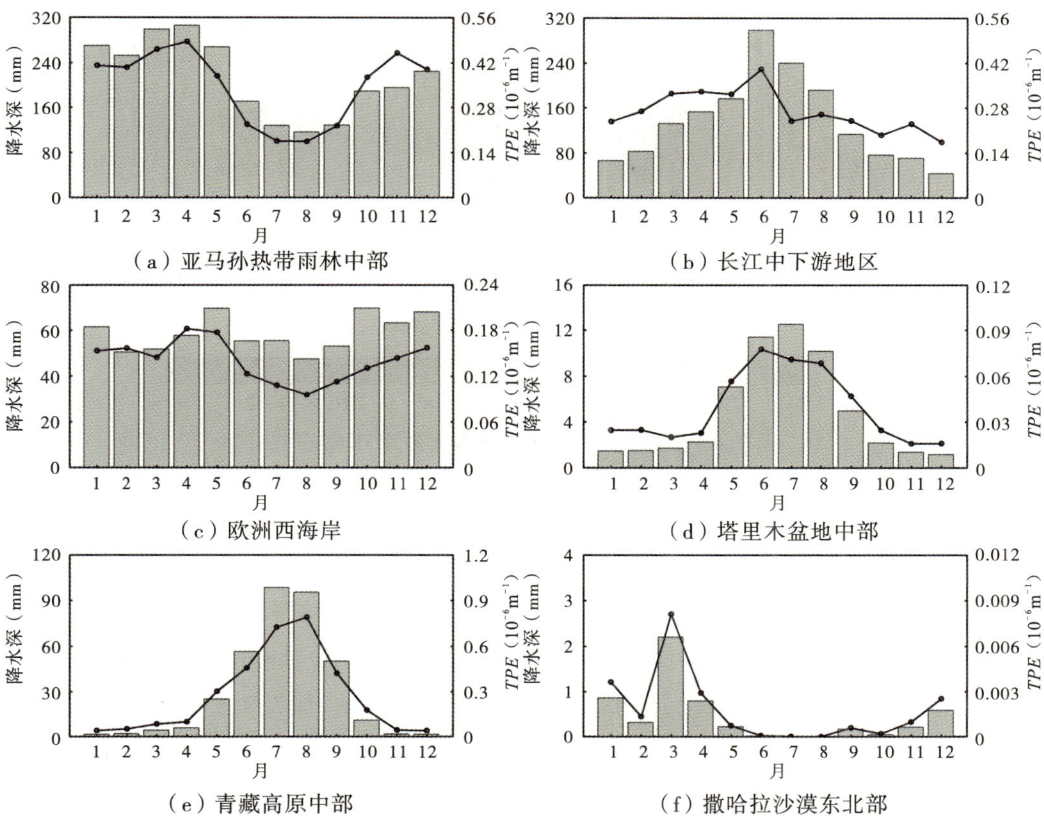

图 7.5 全球典型气候区的降水及总水物质降水效率 *TPE* 年内分布

空中水物质在输送过程中存在很多与降水无关的输送过程，从而导致总水物质降水转化效率的结果千差万别，因此研究与降水有关的白水降水效率可以更有效地评价降水的转化条件。

7.1.3 白水降水效率的时空特征

如图 7.6 所示，我们计算得到了全球多年平均的白水降水效率分布，其值比总水物质降水效率要高，但全球的差异性也变得更大。赤道上几个热带雨林区都是白水降水效率高值区域，达到 $1.6\times10^{-6}\ m^{-1}$；其次的高值地区在青藏高原南麓和东侧横断山脉一带，达到 $0.8\times10^{-6}\ m^{-1}$ 以上，夏季的时候尤为突出；而白水降水效率比较小的地方有我国的西北部、中亚、西亚、澳大利亚西南部以及北非，与总水物质降水效率的低值区域基本一致，全球白水降水效率最低的区域依然是西亚沙漠和撒哈拉沙漠，其值小于 $0.1\times10^{-6}\ m^{-1}$。统计得到我国的白水降水效率平均值约为 $0.6\times10^{-6}\ m^{-1}$，处于世界的中等水平。

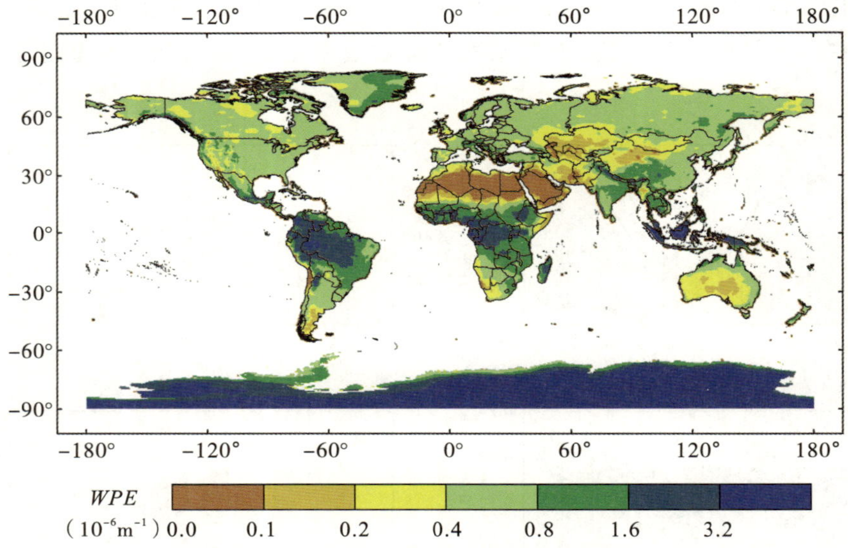

图 7.6　全球多年平均的白水降水效率 *WPE* 分布

为了进一步分析白水降水效率的时空分布特征，我们计算得到了全球多年平均不同季节的白水降水效率分布(图 7.7)。如图 7.8(a)所示，亚马孙热带雨林的白水效率非常高，全年在 $1.0\times10^{-6}\ m^{-1}$ 到 $4.0\times10^{-6}\ m^{-1}$ 之间，与总水物质降水效率不同，白水降水效率在 7 月为谷值，而 11 月达到峰值，但对应的降水量并不是峰值；如图 7.8(b)所示，长江中下游地区的白水降水效率相对平稳变化，冬季为谷值，而夏季为峰值，6、7、8 三个月的白水降水效率达到了 $1.0\times10^{-6}\ m^{-1}$ 以上，但 9、10 月下降得非常明显，呈现出与总水物质降水效率不太一样的规律，这说明，在 9、10 两个月白水通量并没有伴随总水物质通量的减少而减少，是白水降水效率快速减少了，导致了降水量的减少；如图 7.8(c)所示，欧洲西海岸的降水量非常平均，但白水降水效率却有明显的峰谷，在 5 月达到峰值，超过 $0.7\times10^{-6}\ m^{-1}$，而在 1 月出现谷值，仅有 $0.3\times10^{-6}\ m^{-1}$，从处在谷值的 1 月缓步增长到 3 月，在 4 月发生突然的跳跃达到 5 月的峰值后，相对均匀地下降，这体现了欧洲西海岸季节上降水转化独特的规律；如图 7.8(d)所示，塔里木盆地的白水降水效率与降水量、总水物质降水效率的变化规律相对一致，转化效率最大值为 $0.4\times10^{-6}\ m^{-1}$；如图 7.8(e)和 7.8(f)所示，青藏高原中部和撒哈拉沙漠东北部的白水降水效率与各自的降水量、总水物质降水效率的变化规律都相对一致，说明白水(通量)与总水物质通量的输送很大程度上受到了当地的地理与气候条件所影响。

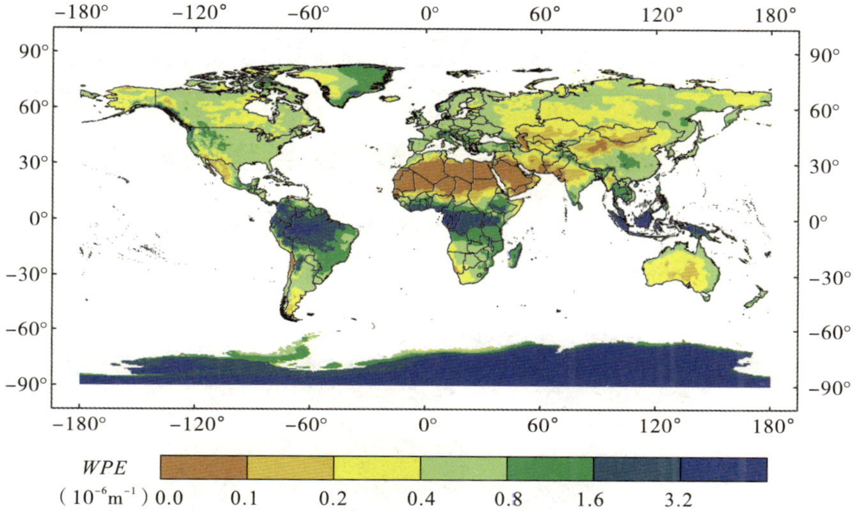

(a)全球多年平均 3—5 月白水降水效率 *WPE* 分布

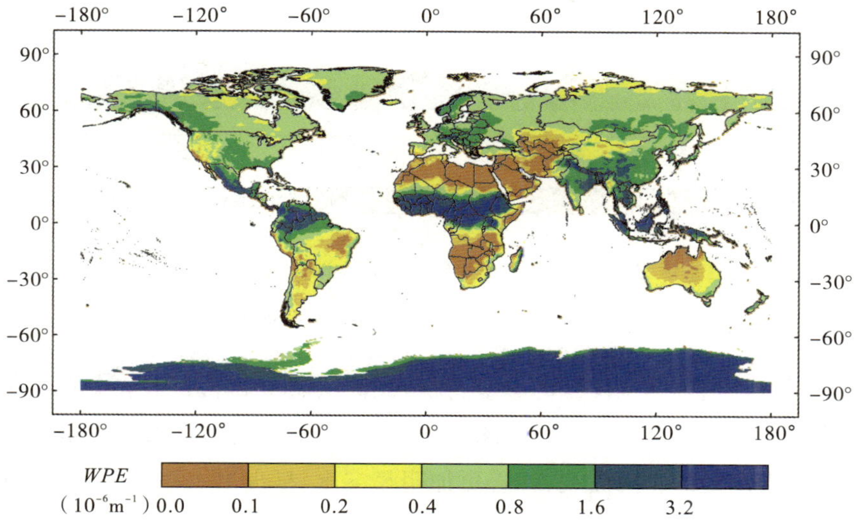

(b)全球多年平均 6—8 月白水降水效率 *WPE* 分布

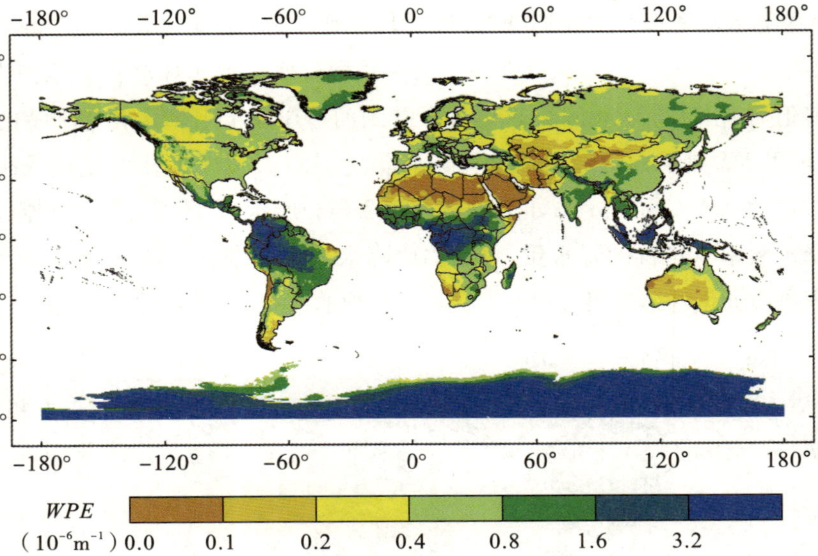

(c)全球多年平均 9—11 月白水降水效率 *WPE* 分布

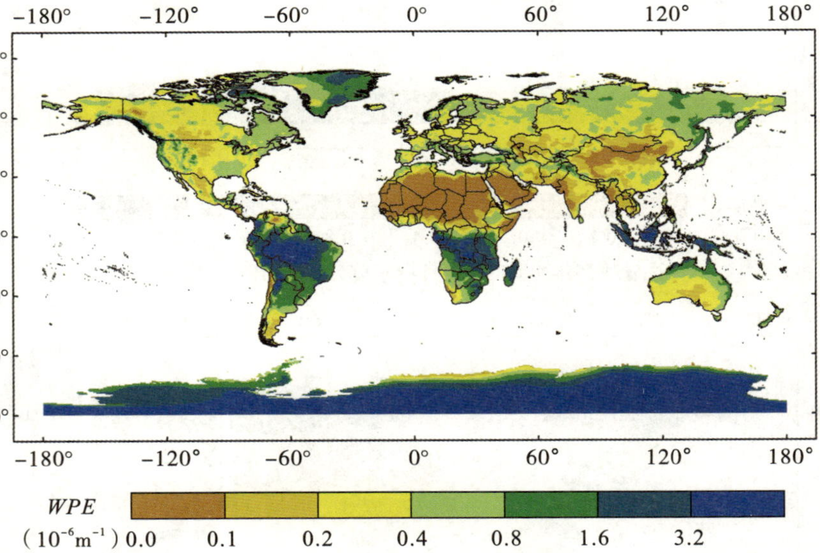

(d)全球多年平均 12 月至次年 2 月白水降水效率 *WPE* 分布

图 7.7　全球多年平均不同季节的白水降水效率 *WPE* 分布

为了更全面地评估不同气候区的季节特征，我们绘制了 2.3.3 小节中六个典型气候区的降水及白水降水效率 *WPE* 年内分布图，如图 7.8 所示。白水降水效率呈现出比总水物质降水效率更光滑渐变的年内曲线，峰谷更加明显突出，呈现出一些气候模式，有待深入探索其背后的规律。

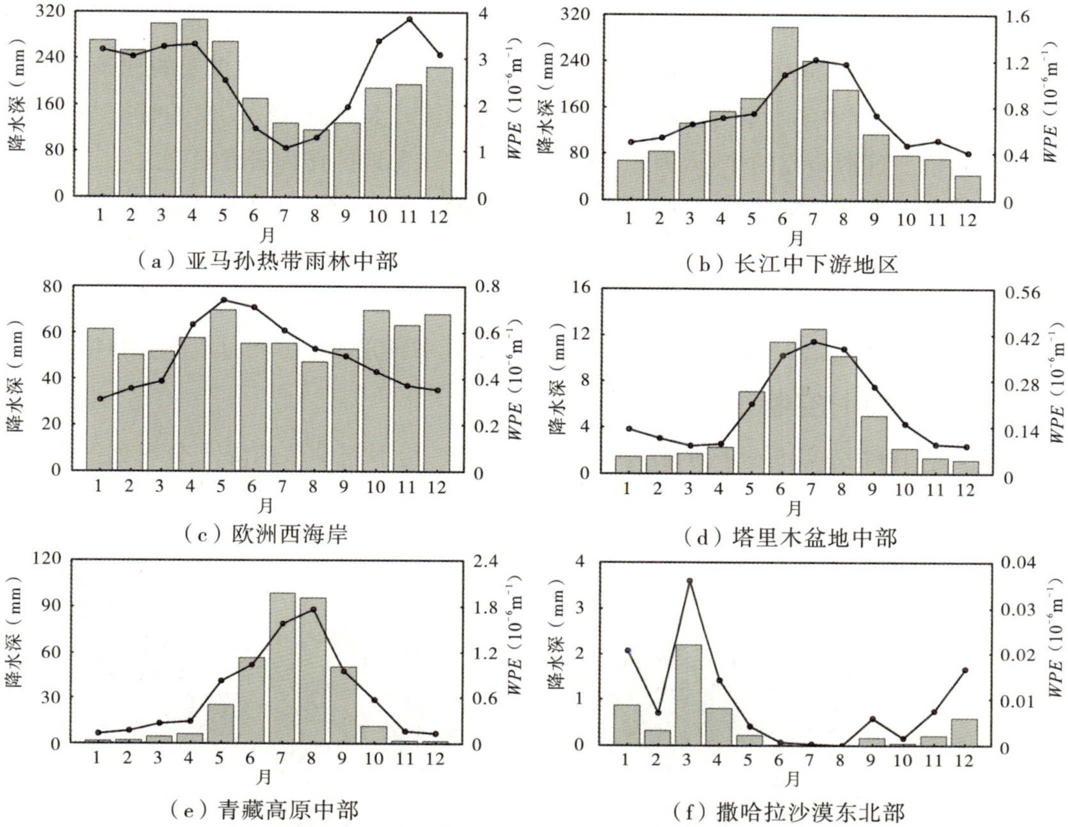

图 7.8　全球典型气候区的降水及白水降水效率 *WPE* 年内分布

7.1.4　讨论与小结

本节利用总水物质降水效率和白水降水效率两个与降水转化相关的特征参数，分别从不同的角度对降水转化的程度进行了定量化的描述。通过白水降水效率可以直观地观察全球各个地区白水向降水转化的剧烈程度，值越大，说明单位距离白水向降水转化自身的比例的速度越快，其数量级约为 $10^{-6}\ m^{-1}$，也就是每 1000 km 可以将空中输送的白水全部转化为降水。

本节从总水物质通量中分解出与降水有关的白水（通量），进一步明确了降水转化的水物质来源，更有针对性地分析有降水可能天气过程的降水转化情况，因此得到的白水降水效率更真实地反映了一个地区的降水事件发生的降水效率，对空中水的开发利用具有指导意义，而其潜在的物理机理与当地的地理环境与气象条件有着更密切的关系，值得深入研究。

7.2　三江源地区

三江源地区虽然处于胡焕庸线以西，但年降水量超过了 400mm；地处高原，无论是输送的总水物质通量还是白水(通量)都不及我国东北的大部分地区,但却有着非常大的降水效率;良好的降水条件实现了空中水向降水的高效转化,从而发育了我国重要的三条大江,三江源地区也因此有"中华水塔"之称。三江源地区的生态、水文、气象、气候的特征与演变规律研究是目前三江源研究的热点,因此,本书选取了三江源地区作为研究案例之一。

与7.1节的全球尺度分析一样,本节对三江源地区进行降水量、总水物质降水效率和白水降水效率的时空特征分析。本书中选取的三江源地区是以流域边界定义的源区,与6.2节中的区域一致。同全球尺度分析的案例一样,分析数据也是1979年到2017年,共39年,按照3—5月、6—8月、9—11月以及12月至次年2月来研究四个不同时段的分布特征。

7.2.1 降水的时空特征

首先,我们分析三江源地区的降水情况,其多年平均不同季节的降水分布如图7.9所示。从总量来看,流域平均降水量为487mm/a,从其空间分布来看,整体呈东南多、西北少的规律,各季节的降水量相差非常大。

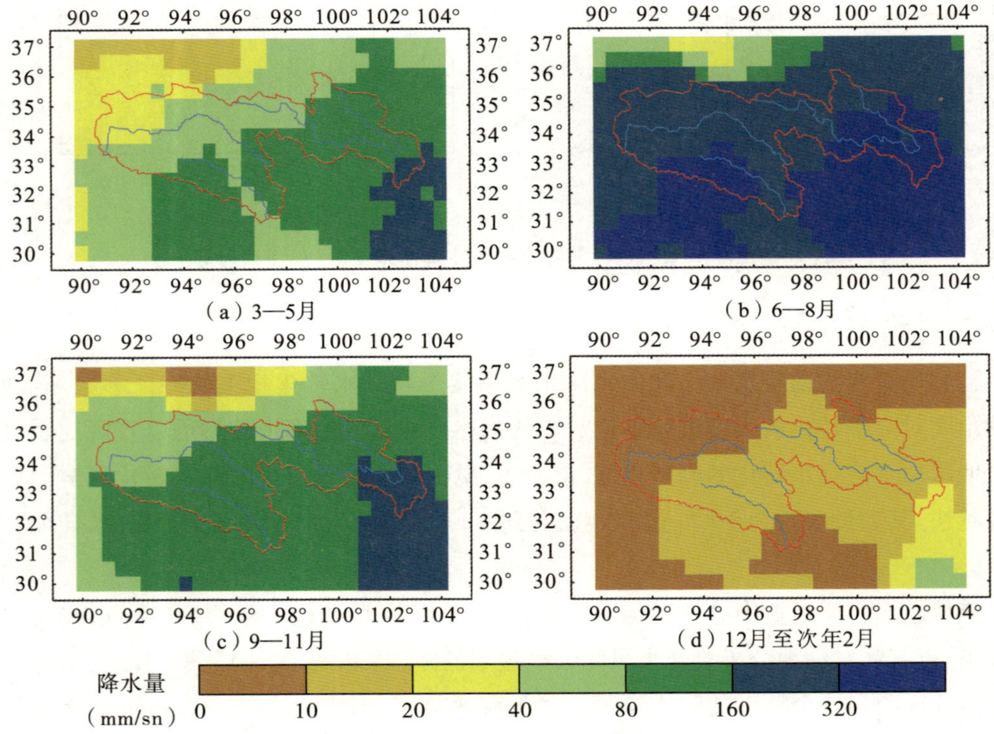

图7.9 三江源地区多年平均不同季节的降水量分布

此外,我们对月份进行分别统计,得到三江源地区多年平均月降水量分布(图7.10),该地区表现出比较明显的夏季多雨、冬季少雨的雨热同期的气候特征。

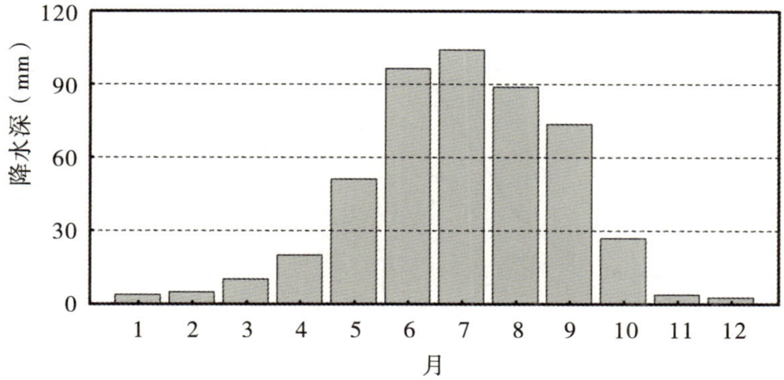

图 7.10 三江源地区多年平均各月份的降水量分布

7.2.2 总水物质降水效率的时空特征

然后,我们得到三江源地区的总水物质降水效率分布情况(图 7.11),统计发现,其多年平均的总水物质降水效率等于 $0.42 \times 10^{-6}\ m^{-1}$,远大于全国的平均水平;从其空间分布来看,流域内相对比较均匀,但季节的差异性比较大。

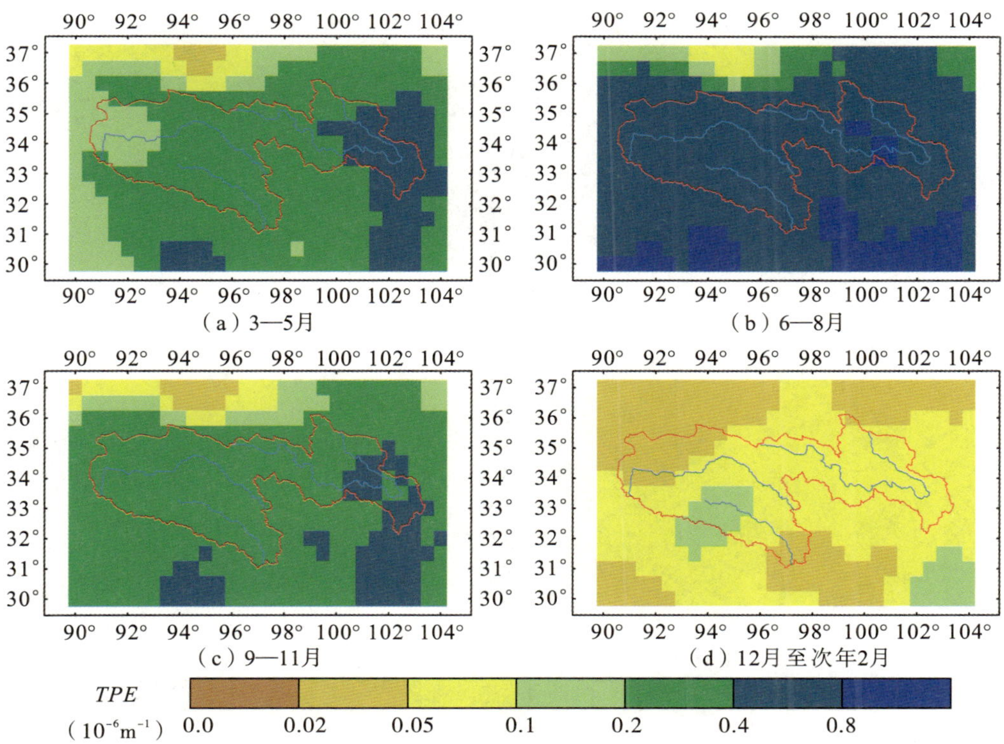

图 7.11 三江源地区多年平均不同季节的总水物质降水效率 *TPE* 分布

同理,我们对不同月份进行了统计,得到图 7.12 的分布过程,该分布与降水的分布特征非常接近,体现了水汽输送与降水的一致性。

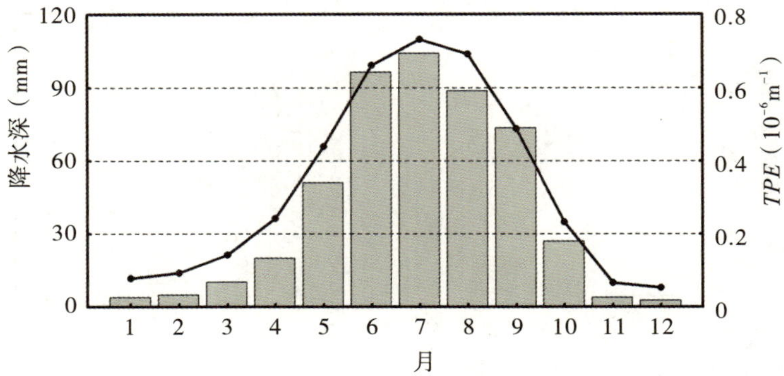

图 7.12　三江源地区多年平均各月份的总水物质降水效率 *TPE* 分布

7.2.3　白水降水效率的时空特征

最后，我们对白水降水效率进行分析，其多年平均不同季节的分布如图 7.13 所示，统计得到流域平均的白水降水效率等于 $0.96\times10^{-6}\ m^{-1}$，远大于全国的平均水平；从其空间分布来看，呈现东边高而西部低的基本特征，而季节上依然是差距巨大。

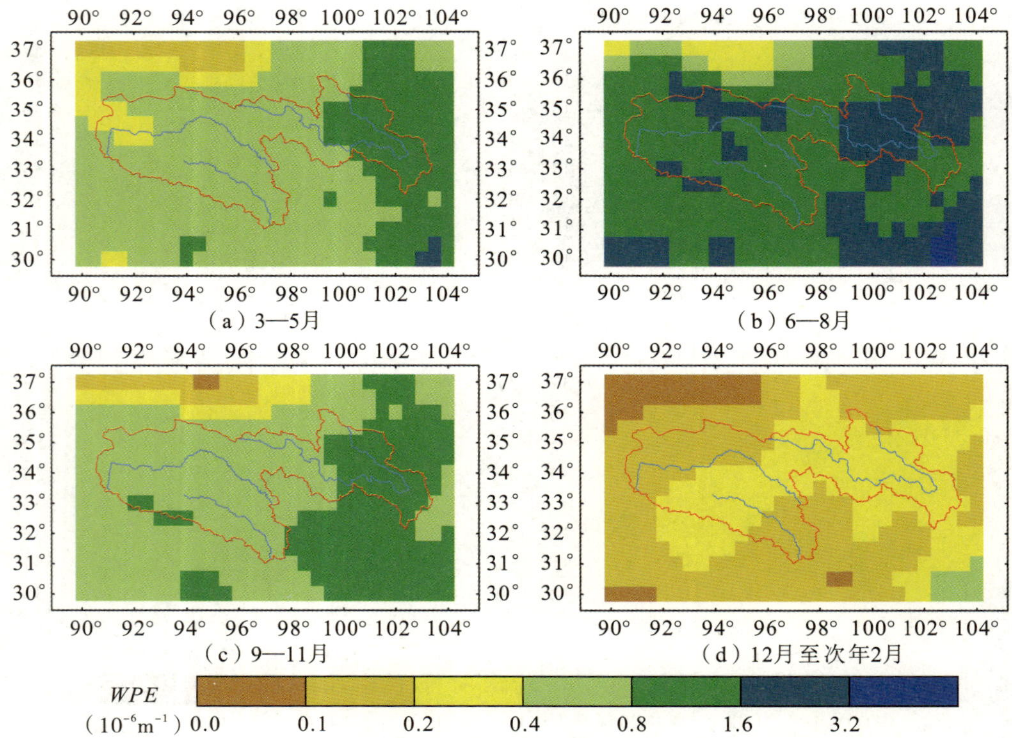

图 7.13　三江源地区多年平均不同季节的白水降水效率 *WPE* 分布

如图 7.14 所示，是不同月份的白水降水效率统计结果，与降水、总水物质降水效率的分布特征非常接近，体现了气候特征良好的一致性。

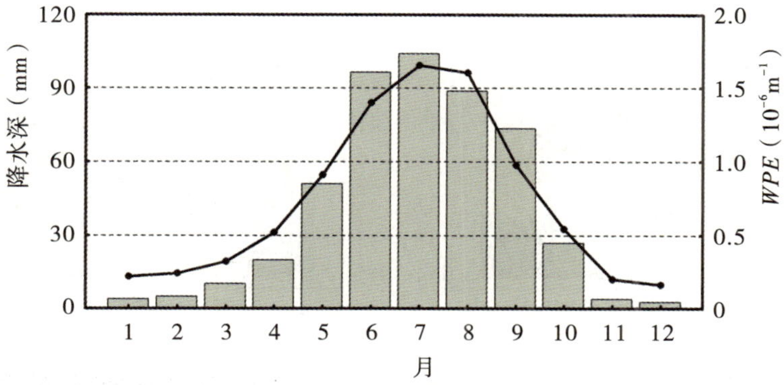

图 7.14　三江源地区多年平均各月份的白水降水效率 *WPE* 分布

7.2.4　讨论与小结

三江源地区地处高原，无论是瞬时的空中水物质含量，还是长时间统计的总水物质通量或白水通量，相对同等降水量的地区都处于低值，但是其白水含量、白水饱和度以及总水物质降水效率、白水降水效率在全国范围内都处在前列，这些定量表达的特征参数能够反映出三江源地区独特的地理位置与所受到的大气循环及空中水资源输移规律的影响。

7.3　塔里木盆地

与4.3小节的研究区域塔里木盆地一致，本节对其进行降水量、总水物质降水效率和白水降水效率的时空特征分析。

7.3.1　降水的时空特征

首先，我们得到塔里木盆地多年平均不同季节的降水分布(图7.15)，其流域平均降水量为68mm/a，盆地内部与盆地外部形成了鲜明的对比，山脉对塔里木盆地的降水起到了非常关键的作用，地形的抬升为成云致雨提供了良好的条件。

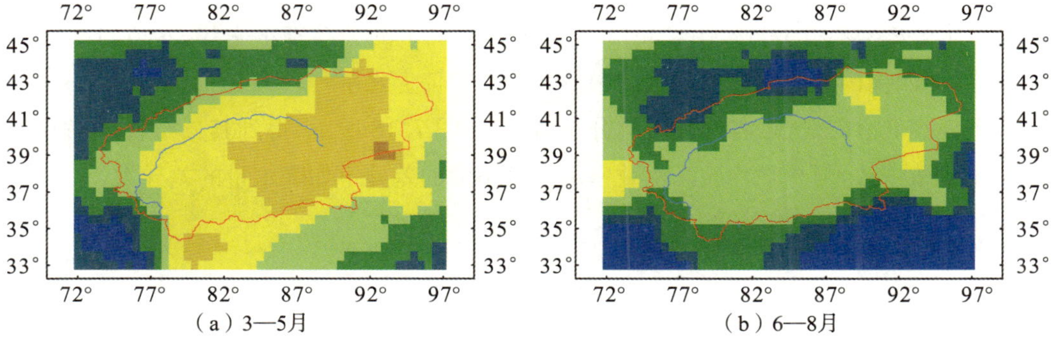

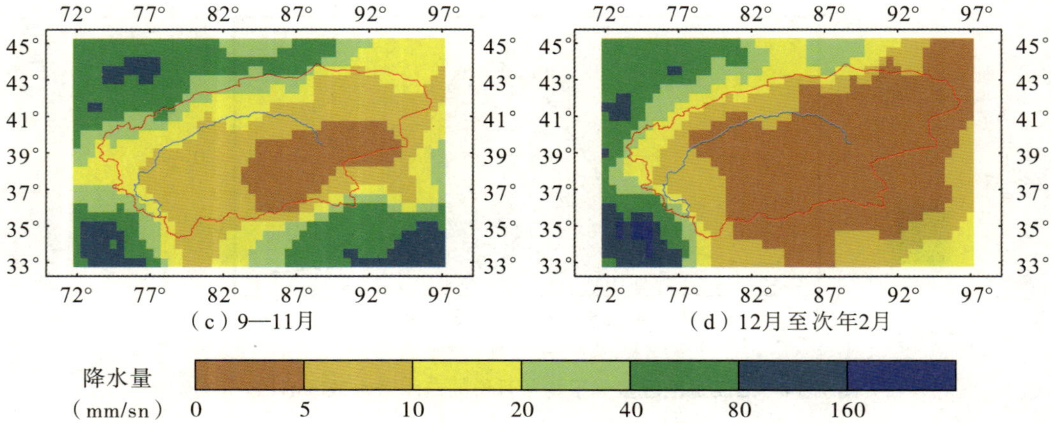

图 7.15　塔里木盆地多年平均不同季节的降水量分布

同理,我们可以得到塔里木盆地各月份的平均降水量(图 7.16),其主要降水仍然发生在夏季,但最高月份的降水量也不到 15mm。

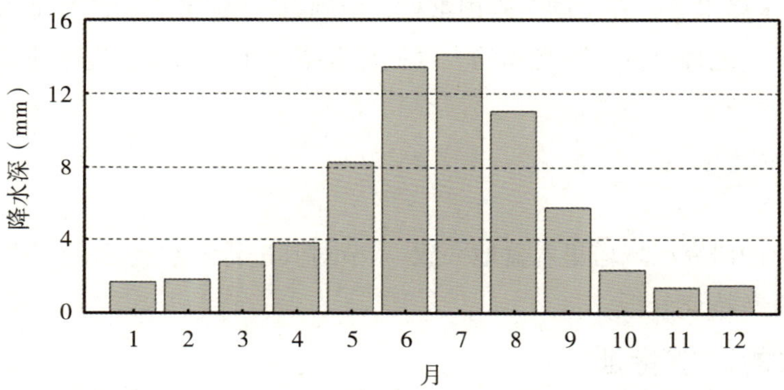

图 7.16　塔里木盆地多年平均各月份的降水量分布

7.3.2　总水物质降水效率的时空特征

然后,我们分析塔里木盆地的总水降水效率分布情况(图 7.17),统计得到其流域平均总水物质降水效率只有 $0.056\times10^{-6}\ m^{-1}$;空间分布与降水的分布基本一致,盆地内部处于极低的水平,而四周山脉依然处于全国的中等甚至中等偏上水平。

同理,我们统计该区域各个月份的分布情况,如图 7.18 所示,得到其分布特征基本与降水的年内分布一致,但总水物质降水效率最大最小值的差异不如降水量的差异大。

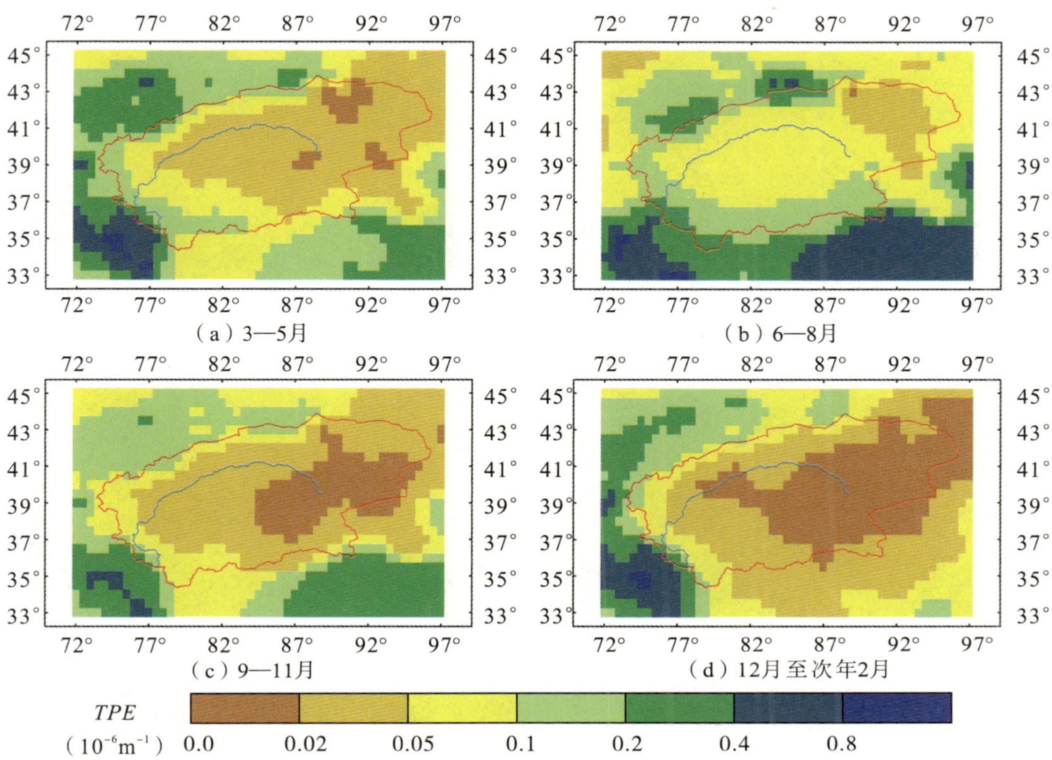

图 7.17　塔里木盆地多年平均不同季节的总水物质降水效率 *TPE* 分布

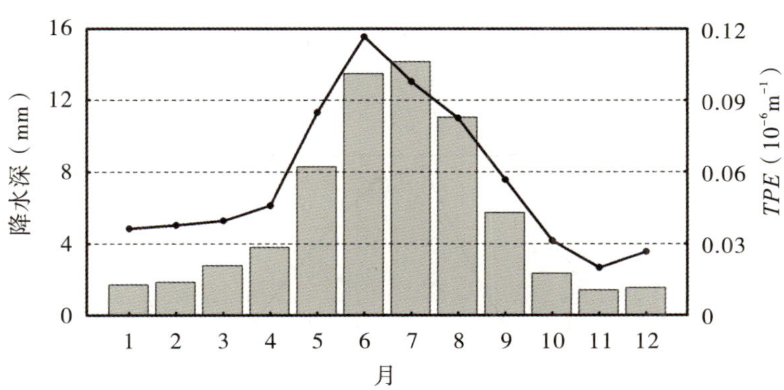

图 7.18　塔里木盆地多年平均各月份的总水物质降水效率 *TPE* 分布

7.3.3　白水降水效率的时空特征

最后，我们分析塔里木盆地多年平均的白水降水效率分布，如图 7.19 所示，统计得到其流域平均的白水降水效率约等于 0.19×10^{-6} m^{-1}，同样远小于我国的平均水平；空间分布与总水物质降水效率的分布基本一致。

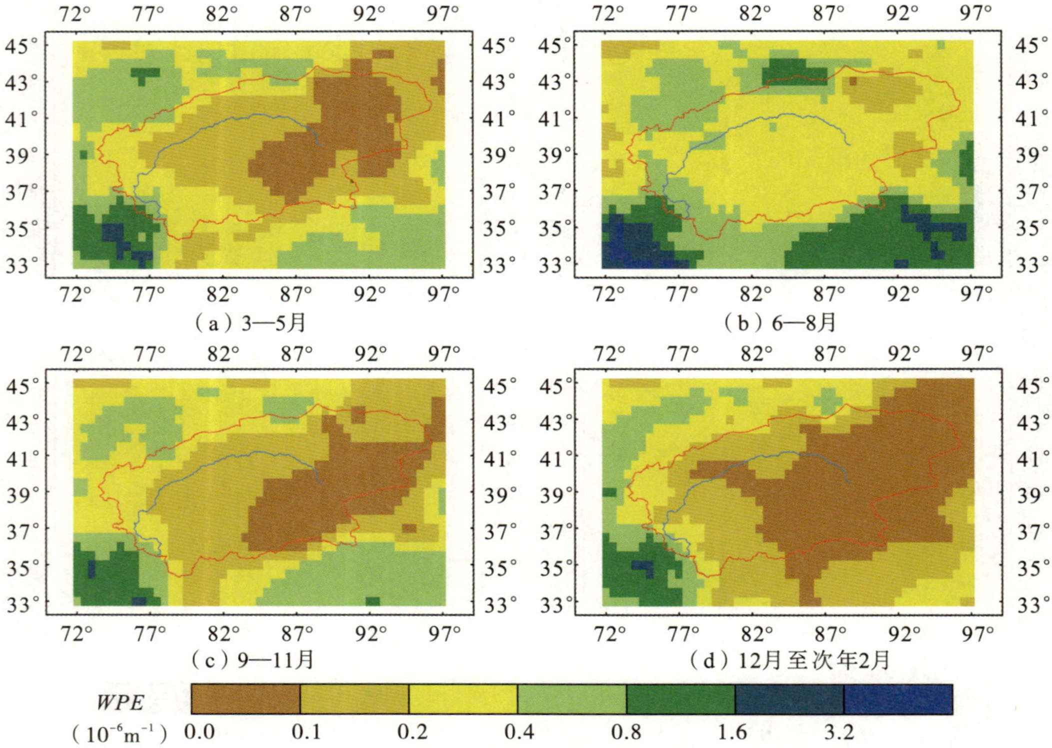

图 7.19　塔里木盆地多年平均不同季节的白水降水效率 *WPE* 分布

同理,我们计算得到各个月份的白水降水效率分布(图 7.20),相对于总水物质降水效率,白水降水效率的年内分布更加均匀。

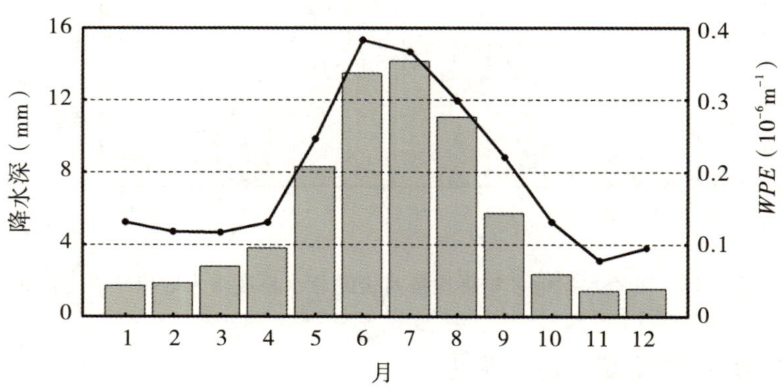

图 7.20　塔里木盆地多年平均各月份的白水降水效率 *WPE* 分布

7.3.4　讨论与小结

塔里木盆地深居内陆,远离海洋,且四周由山脉和高原围绕,虽然其总水物质通量与三江源地区的接近,但是由于其独特的地形环境,白水比率低,降水条件非常差,其降水量不到三江源地区的15%；但从其空间分布来看，山脉所在的地区具有良好的白水(通量)和降水效率，是空中水开发利用的可选之地。

7.4 本章小结

本章通过对全球尺度的总水物质降水效率、白水降水效率的时空特征进行分析，阐释了第2章提出的白水降水转化理论。全球统计结果表明，总水物质降水效率反映了降水转化的内在特征，能直观地表现全球各个地区空中水向降水转化的剧烈程度，全球大部分地区的总水物质降水效率在 $0.1\times10^{-6}\ m^{-1}$ 到 $0.4\times10^{-6}\ m^{-1}$ 之间；而利用白水降水效率能更有针对性地分析有降水可能天气过程的降水转化情况，能反映出更多的气候模式和特点，值得深入挖掘。

本章还对三江源地区、塔里木盆地进行了地区性的对比分析，深入研究了气候和地形影响的降水效率的时空分布特征。图7.21反映了三江源地区与塔里木盆地空中水资源特征对比结果。

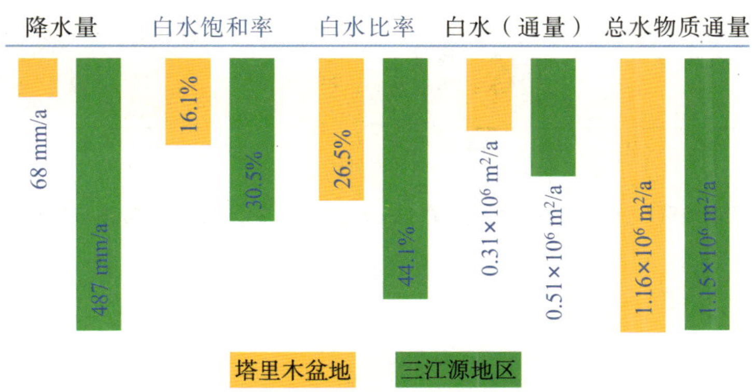

图7.21 三江源地区与塔里木盆地空中水资源特征对比

从图7.21可以看出，三江源地区和塔里木盆地的平均总水物质通量基本一致，但塔里木盆地的白水通量就明显比三江源地区差，因此，从白水比率和白水饱和度来看，塔里木盆地的降水条件明显低于三江源地区，最终体现在降水量上，三江源地区平均降水量有487mm/a，而塔里木盆地只有68mm/a。借助白水及其降水转化理论，我们能够进一步分析不同地区的降水特征，白水特征及降水效率有助于我们对空中水资源开发提供参考价值。三江源地区的总水物质降水效率和白水降水效率分别为 $0.42\times10^{-6}\ m^{-1}$ 和 $0.96\times10^{-6}\ m^{-1}$，而塔里木盆地总水物质降水效率和白水降水效率分别为 $0.056\times10^{-6}\ m^{-1}$ 和 $0.19\times10^{-6}\ m^{-1}$，远小于三江源地区的结果，表明受地理环境与水汽输送(大气环流)的影响，三江源地区具有良好的降水条件，对塔里木盆地的山脉地形分析进一步论证了区域尺度的地形条件仍然会对降水转化产生关键性的作用。

为了进一步分析白水(通量)、总水物质通量对降水量的影响,我们绘制了白水(通量)、总水物质通量与场次降水量的散点图,如图 7.22 所示。对于三江源地区(左图),白水(通量)和降水量线性拟合的 R^2 达到 0.58,略高于总水物质通量的 0.52;但对于塔里木盆地(右图),白水(通量)和降水量线性拟合的 R^2 达到 0.56,但总水物质通量只有 0.03,表明了塔里木盆地的总水物质通量难以解释降水量的多寡,但白水(通量)仍然具有较好的相关性。此外,白水(通量)与降水量线性拟合的系数均明显大于总水物质通量与降水量线性拟合的系数,也反映了白水(通量)对降水量的多寡具有更显著的敏感性。

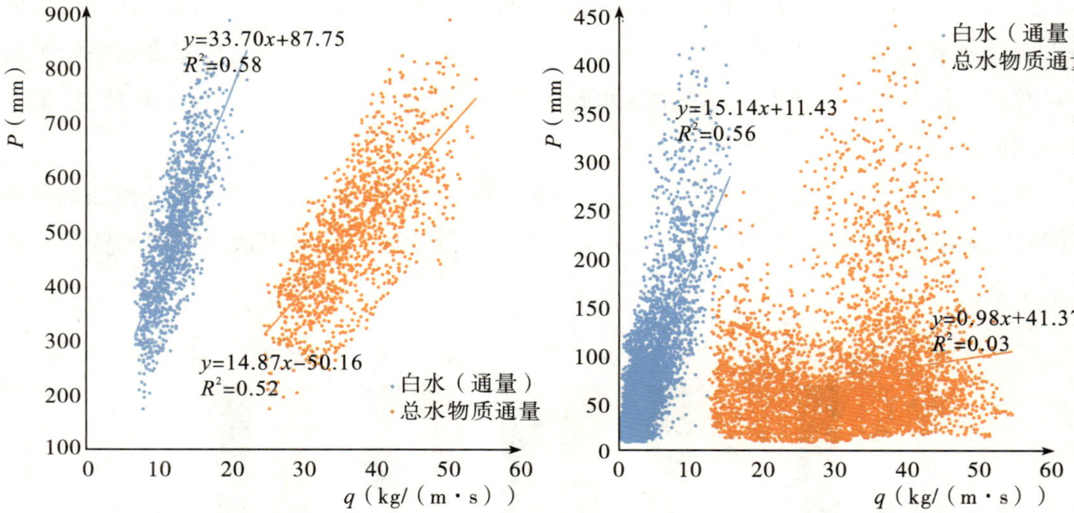

图 7.22　三江源地区(左)与塔里木盆地(右)白水(通量)、总水物质通量与场次降水量的相关性

第 8 章 空地水资源耦合分析

8.1 空地耦合的分析方法

水资源、河流管理等研究常以地表流域作为分析对象，因此，上述以点为分析对象的白水及相关参数难以满足对流域的宏观把握，本章提出的流域白水及其特征参数对空地水转化以及空地耦合的时空特征分析具有一定的应用价值。

8.1.1 流域宏观白水比率

按照白水比率的定义，我们可以得到流域宏观白水比率为输入流域内的白水（通量）与总水物质通量的比值，用 WWR_A 表示，计算方法如式(8-1)所示：

$$WWR_A = \frac{Q_W}{Q} = \frac{\int_t \oint_S \frac{1}{2} TCWW \cdot (\boldsymbol{u} \cdot \boldsymbol{n} + |\boldsymbol{u} \cdot \boldsymbol{n}|) \mathrm{d}S \mathrm{d}t}{\int_t \oint_S \frac{1}{2} TCAW \cdot (\boldsymbol{u} \cdot \boldsymbol{n} + |\boldsymbol{u} \cdot \boldsymbol{n}|) \mathrm{d}S \mathrm{d}t} \tag{8-1}$$

流域宏观白水比率可用于评价从空中输入一定流域内具备成云致雨潜力水物质的比率，为无量纲数。

8.1.2 流域宏观白水饱和度

按照白水饱和度的定义，我们可以统计一段时间内输入流域内的白水（通量）与理想饱和状态下的白水（通量）的比值来评价白水（通量）的饱和程度，用 WWS_A 表示，计算方法如式(8-2)所示：

$$WWS_A = \frac{Q_W}{Q_{WS}} = \frac{\int_t \oint_S \frac{1}{2} TCWW \cdot (\boldsymbol{u} \cdot \boldsymbol{n} + |\boldsymbol{u} \cdot \boldsymbol{n}|) \mathrm{d}S \mathrm{d}t}{\int_t \oint_S \frac{1}{2} (TCSW - \overline{TCBW}) \cdot (\boldsymbol{u} \cdot \boldsymbol{n} + |\boldsymbol{u} \cdot \boldsymbol{n}|) \mathrm{d}S \mathrm{d}t} \tag{8-2}$$

流域宏观白水饱和度可被用于评价从空中输入一定流域内白水（通量）的饱和程度，为无量纲数。

8.1.3 流域宏观白水降水转化率

按照单点的计算方法可以得到流域内白水降水效率的空间分布，因此对一个流域而言，可以采用空间加权平均的方法得到流域平均的白水降水效率 $\overline{WPE}$，本书将权重取为通过该位置的白水(通量) q_W ,如式(8-3)所示：

$$\overline{WPE}=\frac{\int_0^W\int_0^L q_W\cdot WPE\,\mathrm{d}l\,\mathrm{d}w}{\int_0^W\int_0^L q_W\,\mathrm{d}l\,\mathrm{d}w} \tag{8-3}$$

$\overline{WPE}$ 代表的是流域内白水降水效率的空间平均，其量纲与 WPE 的量纲一致，还是 $[\mathrm{L}^{-1}]$。

为了表征流域宏观的降水转化特性，也可以从单点的白水降水效率扩展到流域的白水降水转化率(White Water Precipitation Conversion Ratio, WPR)。首先定义输入某个单宽截面的白水沿输送路径 L 经过一段距离后的降水转化率，用 WPR_L 表示。因此，可以定义得到 WPR_L 等于路径上的总降水除以输送过程中白水(通量)的平均值，如式(8-4)所示：

$$WPR_L=\frac{\int_0^L P\,\mathrm{d}l}{\overline{q_W}} \tag{8-4}$$

需要注意的是，式(8-4)的分子降水 P 对输送路径进行了积分操作，量纲从$[\mathrm{LT}^{-1}]$变成了$[\mathrm{L}^2\mathrm{T}^{-1}]$，而 $\overline{q_W}$ 的量纲与 Q_W 一样，还是$[\mathrm{L}^2\mathrm{T}^{-1}]$，因此 WPR_L 就变成了一个无量纲数，其表征的是通过一段距离后，白水(通量)转化为降水(通量)的比值。这时再对不同白水输送截面的 WPR_L 进行加权操作，权重取为各个输送截面在输送路径上的白水(通量)的平均值，即 $\overline{q_W}$ ，于是可以得到流域的白水降水转化率，用 WPR 表示，其表达式如式(8-5)所示：

$$WPR=\frac{\int_0^W \overline{q_W}\cdot WPR_L\,\mathrm{d}w}{\int_0^W \overline{q_W}\,\mathrm{d}w} \tag{8-5}$$

将式(8-4)代入式(8-5)，可以得到式(8-6)：

$$WPR=\frac{\int_0^W \overline{q_W}\dfrac{\int_0^L P\,\mathrm{d}l}{\overline{q_W}}\,\mathrm{d}w}{\int_0^W \overline{q_W}\,\mathrm{d}w}=\frac{\int_0^W\int_0^L P\,\mathrm{d}l\,\mathrm{d}w}{\int_0^W \overline{q_W}\,\mathrm{d}w} \tag{8-6}$$

式中，分子 $\int_0^W\int_0^L P\,\mathrm{d}l\,\mathrm{d}w$ 就是流域总降水 P_A ，分母 $\int_0^W \overline{q_W}\,\mathrm{d}w$ 指的是流域中全部输送路径上白水(通量)的平均值之和。假定流域内径流是均匀产生的，此时 $\int_0^W \overline{q_W}\,\mathrm{d}w$ 等价于白水输入量与输出量的平均值。根据空地水分平衡关系，不考虑流域内水物质蓄存量的变化，总水物质输入量等于总水物质输出量与径流量之和，如式(8-7)所示：

$$Q_B+Q_W=Q_{B\text{-out}}+Q_{W\text{-out}}+R_A \tag{8-7}$$

式中，$Q_{B\text{-out}}$ 代表输出的背景水汽通量，$Q_{W\text{-out}}$ 代表输出的白水，R_A 代表流域径流量。假设输入和输出的背景水汽通量相同，即 $Q_B = Q_{B-out}$ ，于是有 $Q_W = Q_{W-out} + R_A$ ，此时计算式(8-6)的分母得：

$$\int_0^W \overline{q_W} \mathrm{d}w = \frac{Q_W + Q_{W-out}}{2} = \frac{Q_W + Q_W - R_A}{2} = Q_W - \frac{1}{2}R_A \tag{8-8}$$

将式(8-8)代入式(8-6)，得到：

$$WPR = \frac{P_A}{Q_W - \frac{1}{2}R_A} \tag{8-9}$$

该计算式分母中的 1/2 系数适用于流域径流均匀的假定，不同的径流分布将会有不同的系数，系数的取值范围从 0 到 1 变化，若所有的径流发生在白水输入的时刻，而在白水输送过程的流域内部没有产生，此时系数取为 1，相当于一开始的时候将白水的一部分全部转为地表水且不再参与空中循环，此时流域内的白水(通量)不变，也就等于 $Q_W - R_A$ ；如果所有的径流都在白水输送到流域边界即将出境时才发生，此时系数取为 0，相当于所有白水输入过程中都没有损耗，直到流出流域边界为止，此时流域内的白水(通量)不变，也就等于 Q_W 。但实际流域都不会出现上述两种情况，大多数是不均匀地在流域内产生径流，作为一个理想的条件，假如认为径流在流域内是均匀产生的，则可以推导出该系数为 1/2；若径流 R_A 相对输入白水 Q_W 不可忽略，则该系数的取值会对结果有较大影响，如果径流 R_A 相对输入白水 Q_W 只是一个小量，则影响不大。

同理可得流域的总水物质降水转化率(Total Water Precipitation Conversion Ratio, TPR)，如式(8-10)所示：

$$TPR = \frac{P_A}{Q - \frac{1}{2}R_A} \tag{8-10}$$

该定义反映的是输入流域内的总水物质通量向降水转化的比例，由于输入的总水物质通量 Q 比输入的白水(通量) Q_W 要大，该值要比流域的白水降水转化率要低。

8.1.4　流域白水输送的等效路径长度

采用流域的白水降水转化率 WPR 除以流域平均的白水降水效率 $\overline{WPE}$ ，可以得到流域白水输送的等效路径长度 L_W ，如式(8-11)所示：

$$L_W = \frac{WPR}{\overline{WPE}} \tag{8-11}$$

这个路径长度反映了白水在流域内输送的平均路径长度，与流域大小形状以及水汽输送的方向有关。一般来说，流域越大，输送的等效路径越长。

同理，可以采用空间加权平均的方法得到流域平均的总水物质降水效率 $\overline{TPE}$ ，本书将

权重取为通过该位置的总水物质通量 q ,如式(8-12)所示:

$$\overline{TPE}=\frac{\int_0^W\int_0^L q\cdot TPE\,\mathrm{d}l\,\mathrm{d}w}{\int_0^W\int_0^L q\,\mathrm{d}l\,\mathrm{d}w} \tag{8-12}$$

$\overline{TPE}$ 代表的是流域内总水物质降水效率的空间平均,其量纲与 TPE 的量纲一致,还是 $[\mathrm{L}^{-1}]$,此时采用流域的总水物质降水转化率 TPR 除以流域平均的总水物质降水效率 $\overline{TPE}$,可以得到流域总水物质输送的等效路径长度 L_T ,如式(8-13)所示:

$$L_T=\frac{TPR}{\overline{TPE}} \tag{8-13}$$

这个路径长度反映了总水物质通量在流域内输送的平均路径长度。因为 e_T 和 e_W 的方向不同,所以对于同一个流域, L_T 和 L_W 一般也不相等。

8.2 全球主要流域的空地耦合分析

本书选取了亚马孙河、密西西比河及刚果河三个流域进行空地耦合的时空分析,如图 8.1 所示。

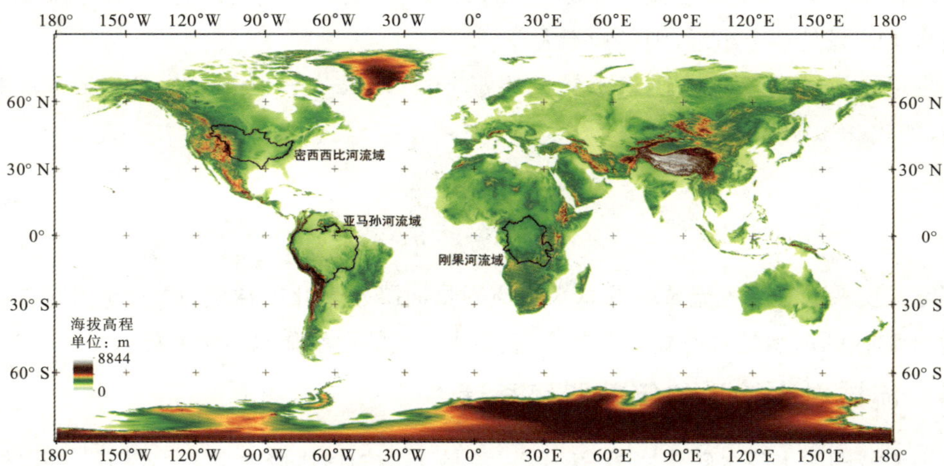

图 8.1 亚马孙河、密西西比河及刚果河流域分布

本节将统计上述流域以下空地水耦合分析的特征参数:

1)流域面积 A ;

2)流域年降水量 P_A 、年径流量 R_A ,以及对应的折合水深;

3)流域多年平均年总水物质输入量 Q 、年白水输入量 Q_W ;

4)流域宏观白水比率 WWR_A 和白水饱和度 WWS_A ;

5)流域宏观总水物质降水转化率 TPR 和白水降水转化率 WPR ;

6)按照面平均的方法得到流域平均总水物质降水效率 $\overline{TPE}$ 和白水降水效率 $\overline{WPE}$;

7)根据 5)和 6)的结果计算相应总水物质输送的等效路径长度 L_T 和白水输送的等效路径长度 L_W 。

此外,本节还将分析总水物质通量、白水(通量)不同季节的输送特征,1979 年到 2017 年总水物质输入量、白水输入量、白水比率、白水饱和度与降水量的年际变化特征。

8.2.1 亚马孙河流域

亚马孙河流域的统计结果如表 8.1 所示。计算的亚马孙河流域面积为 5972386km^2,多年平均总水物质输送量为 217711.3 亿 m^3/a,白水输入量为 26868.6 亿 m^3/a,白水比率为 12.3%,白水饱和度为 25.9%,多年平均的降水量为 116170.5 万亿 m^3/a,折合水深为 1945.1mm/a,多年平均的径流量为 69300 亿 m^3/a,折合水深 1160.3mm/a,得到流域总水物质降水转化率为 63.5%。可以发现白水的输入量远远小于降水量,这与亚马孙河流域的背景水汽统计不准确有关系(见 2.3.3 节背景水的计算方法及图 2.3 的统计质量),因此亚马孙河流域的白水降水转化率无意义,空间平均的总水物质降水效率为 3.28×10^{-7}m^{-1},计算得到其等效输送路径长度为 1934.8 km。

表 8.1　　亚马孙河流域白水的空地耦合特征参数

特征参数	多年平均值
计算流域面积 A(km^2)	5972386
总水物质输入量 Q(亿 m^3/a)	217711.3
白水输入量 Q_W(亿 m^3/a)	26868.6
降水量 P_A(亿 m^3/a)	116170.5
降水量(mm/a)	1945.1
径流量(未还原)R_A(亿 m^3/a)	69300
径流深(未还原)(mm/a)	1160.3
流域宏观白水比率 WWR_A(%)	12.3
流域宏观白水饱和度 WWS_A(%)	25.9
流域宏观总水物质降水转化率 TPR(%)	63.5
流域宏观白水降水转化率 WPR(%)	—
空间平均的总水物质降水效率$\overline{TPE}$(10^{-7} m^{-1})	3.28
空间平均的白水降水效率$\overline{WPE}$(10^{-7} m^{-1})	21.34
总水物质输送的等效路径 L_T(km)	1934.8
白水输送的等效路径 L_W(km)	—

为了研究不同季节,不同方向输入的总水物质和白水的时空特征,计算了 1979 年到

2017年不同季节从不同方向输入亚马孙河流域的总水物质通量(表8.2)、白水(通量)(表8.3)以及白水比率(表8.4)的结果。

表8.2 亚马孙河流域总水物质输入量的时空特征

单位:亿 m^3	全年	3—5月	6—8月	9—11月	12月至次年2月
汇总	217711.3	60003.7	50023.9	46965.2	60718.5
北进	44059.3	12377.6	3310.9	7780.1	20590.7
南进	11660.5	3105.0	2173.1	2733.3	3649.1
西进	7170.6	1787.8	1838.0	1918.7	1626.0
东进	154820.9	42733.3	42701.8	34533.0	34852.7

表8.3 亚马孙河流域白水输入量的时空特征

单位:亿 m^3	全年	3—5月	6—8月	9—11月	12月至次年2月
汇总	26868.6	8637.3	7503.6	4312.7	6415.1
北进	4719.6	1582.1	603.7	754.0	1779.9
南进	514.0	117.9	47.4	137.6	211.1
西进	79.3	16.6	3.5	17.4	41.8
东进	21555.7	6920.7	6849.0	3403.7	4382.3

表8.4 亚马孙河流域白水比率的时空特征

单位:%	全年	3—5月	6—8月	9—11月	12月至次年2月
汇总	12.3	14.4	15.0	9.2	10.6
北进	10.7	12.8	18.2	9.7	8.6
南进	4.4	3.8	2.2	5.0	5.8
西进	1.1	0.9	0.2	0.9	2.6
东进	13.9	16.2	16.0	9.9	12.6

从季节分析,亚马孙河流域的总水物质输入量的季节差异性相对较小,四个时间段的占比分别为27.6%、23.0%、21.6%和27.9%(由于四舍五入,百分比之和可能不等于100%,下同);而白水输入量的时间分布存在较大变化,四个时间段的占比分别为32.1%、27.9%、16.1%和23.9%,白水在9—11月的输入明显低于其他时间段。

从水物质输入的方向分析,亚马孙河流域的总水物质的主要输送方向为东边,占了总水物质输入的71.1%,其次是北边,占20.2%,而南边和西边最少,只占5.4%和3.3%;而白水的输入则更集中于东边,占80.2%,北边占17.6%,而东边和北边只有1.9%和0.3%。这说明亚马孙河流域主要的白水是从东边输入的,西边由于有安第斯山脉的阻挡,而同时也处于赤道附近，大气环流不能从西向东输送，而这个山脉同时也是东边来的水物质的一个极佳的迎风坡，提供了非常好的降水转化条件，使得从海洋以及热带雨林内部蒸散发产生的暖湿气流都在山前实现降水转化。由于亚马孙河独特的地理与气候环境，在统计背景水以及白水时仍存在一些技术上的问题，有待深入研究。

从输入方向和季节联合分析，基本上各个季节都是由东边输入的水物质量占了主导地位，特别地，在夏季，85.4%的总水物质、91.3%的白水都是从东边输入，说明夏季强大的盛行风源源不断地将海洋上湿润的水汽向亚马孙河流域内部输送进来，然后通过地表径流回归到海洋，形成一个强烈的循环过程。

从白水比率分析，季节间的差异性很小，全年平均是12.3%，各个季节也基本差不多。但在输送方向的白水比率呈现较大的差异性，从西边输入的白水比率平均只有1.1%，从南边输入的也只有4.4%，而北边输入的白水比率达到10.7%，最高的是东边输入的13.9%，但这个比例在全球范围内并不算太高。

为了进一步分析总水物质输入量、白水输入量、白水比率与降水的关系，我们分析了1979年到2017年共39年的上述变量的年际变化过程，如图8.2所示。

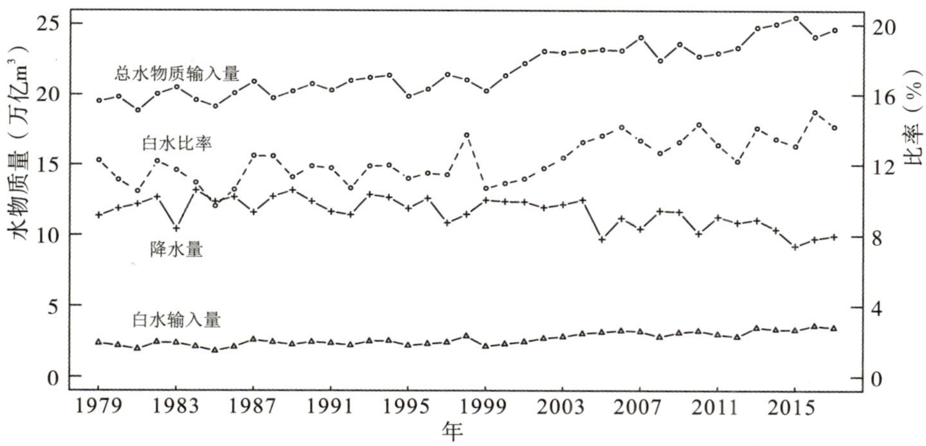

图8.2 亚马孙河流域总水物质输入量、白水输入量、白水比率与降水的年际变化

如图8.2所示，总水物质输入量、白水输入量、白水比率基本上呈现上升的趋势，但降水量却是下降的趋势，我们分别计算的总水物质输入量、白水输入量、白水比率与降水量之间的相关系数分别为−0.670、−0.705和−0.642，说明对于亚马孙河流域，本地降水的变化更多是由内循环和气象条件决定。

8.2.2 密西西比河流域

密西西比河流域的统计结果如表8.5所示。计算的密西西比河流域面积为3114220km²，多年平均总水物质输送量为166181.4万亿m^3/a，白水输入量为51810.1万亿m^3/a，白水比率为31.2%，白水饱和度为41.9%，多年平均的降水量为25539.9亿m^3/a，折合水深为820.1mm/a，多年平均的径流量为5620亿m^3/a，折合水深为180.5mm/a，得到流域的总水物质降水转化率为15.6%，流域的白水降水转化率为52.1%，空间平均的总水物质降水效率为$1.72\times10^{-7}m^{-1}$，空间平均的白水降水效率为$5.42\times10^{-7}m^{-1}$，因此两者的等效输送路径长度分别为908.9 km和961.7 km。

表8.5　　密西西比河流域白水的空地耦合特征参数

特征参数	多年平均值
计算流域面积$A(km^2)$	3114220
总水物质输入量Q(亿m^3/a)	166181.4
白水输入量Q_W(亿m^3/a)	51810.1
降水量P_A(亿m^3/a)	25539.9
降水量(mm/a)	820.1
径流量(未还原)R_A(亿m^3/a)	5620
径流深(未还原)(mm/a)	180.5
流域宏观白水比率WWR_A(%)	31.2
流域宏观白水饱和度WWS_A(%)	41.9
流域宏观总水物质降水转化率TPR(%)	15.6
流域宏观白水降水转化率WPR(%)	52.1
空间平均的总水物质降水效率$\overline{TPE}(10^{-7}\ m^{-1})$	1.72
空间平均的白水降水效率$\overline{WPE}(10^{-7}\ m^{-1})$	5.42
总水物质输送的等效路径L_T(km)	908.9
白水输送的等效路径L_W(km)	961.7

为了研究不同季节从不同方向输入的总水物质和白水的时空特征，计算了1979年到2017年不同季节从不同方向输入密西西比河流域总水物质输入量(表8.6)、白水输入量(表8.7)以及白水比率(表8.8)的结果。

表8.6　　密西西比河流域总水物质输入量的时空特征

单位:亿m^3	全年	3—5月	6—8月	9—11月	12月至次年2月
汇总	166181.4	40336.1	48838.1	43146.7	33860.5
北进	27044.5	5609.4	9262.6	6977.9	5194.7
南进	67619.3	18482.3	18564.3	17033.0	13539.7
西进	64652.5	14486.5	18379.4	17009.5	14777.1
东进	6865.1	1757.9	2631.9	2126.4	349.0

表 8.7 密西西比河流域白水输入量的时空特征

单位:亿 m^3	全年	3—5 月	6—8 月	9—11 月	12 月至次年 2 月
汇总	51810.1	13894.3	9572.5	13613.7	14729.6
北进	2669.2	534.1	629.4	631.1	874.7
南进	32902.8	9473.1	5756.1	8681.9	8991.8
西进	13945.5	3338.6	2444.3	3460.0	4702.7
东进	2292.6	548.6	742.8	840.8	160.4

表 8.8 密西西比河流域白水比率的时空特征

单位:%	全年	3—5 月	6—8 月	9—11 月	12 月至次年 2 月
汇总	31.2	34.4	19.6	31.6	43.5
北进	9.9	9.5	6.8	9.0	16.8
南进	48.7	51.3	31.0	51.0	66.4
西进	21.6	23.0	13.3	20.3	31.8
东进	33.4	31.2	28.2	39.5	46.0

从季节分析,密西西比河流域的总水物质输入量的季节差异性相对较小,四个时间段的占比分别为 24.3%、29.4%、26.0%和 20.4%;而白水输入量的时间分布基本一致,四个时间段的占比为 26.8%、18.5%、26.3%和 28.4%,相比之下,总水物质输入比白水输入更均匀一些。

从水物质输入的方向分析,密西西比河流域的总水物质的主要输送方向为南边和西边,分别占了总水物质输入的 40.7%和 38.9%,而北边占了 16.3%,最少的是懂边,只有 4.1%;而白水的输入则更集中于南边,占了 63.5%,西边占了 26.9%,而北边和东边只有 5.2%和 4.4%。这说明密西西比河流域主要的白水是从南边输入的,从大气环流来看主要是受墨西哥湾北上的强季风气候影响。

从输入方向和季节联合分析,可以明显发现,不同季节从不同方向输入的总水物质和白水的比例差别也不大,基本上由南边和西边输入的水物质所主导,总水物质从这两个方向的输入量在各个季节都达到了 75%以上,而白水从这两个方向输入量更是达到了 85%以上,说明密西西比河流域虽然处于季风性气候,但南边提供了稳定的空中水物质的输送过程;同时与南美洲的亚马孙河流域不同,密西西比河流域的处于盛行西风的下游,也提供了稳定的水物质通量。

从白水比率分析,季节间的差异性很小,全年平均是 31.2%,各个季节也基本差不多。但在输送方向的白水比率呈现较大的差异性,从北边输入的白水比率平均只有 9.9%,从西边输入的也只有 21.6%,而东边输入的白水比率达到 33.4%,最高的是南边输入的 48.7%,

这与海陆间的大气循环具有密切联系，可认为南边的水汽对降水的贡献是最大的。

为了进一步分析总水物质输入量、白水输入量、白水比率与降水的关系，分析了1979年到2017年共39年的上述变量的年际变化过程，如图8.3所示。

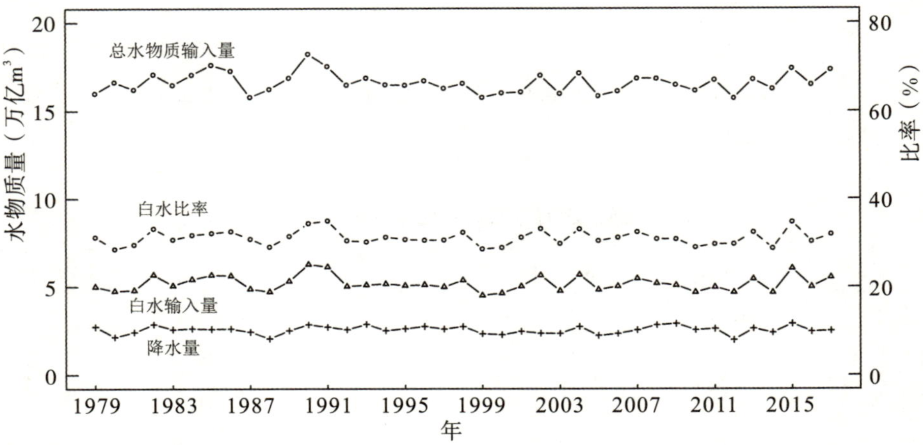

图8.3　密西西比河流域总水物质输入量、白水输入量、白水比率与降水的年际变化

如图8.3所示，总水物质输入量、白水输入量、白水比率以及降水量基本上处于平稳的状态；计算的总水物质输入量、白水输入量、白水比率与降水量之间的相关系数，分别高达0.592、0.623和0.588，均高于0.05的置信度水平，这说明密西西比河降水量的多寡与水汽的输入有着密切的关系，同时说明白水输入量的相关系数比总水物质输入量要大一些，反映了白水输入量更能反映降水量的多寡。

8.2.3　刚果河流域

刚果河流域的统计结果如表8.9所示。计算的刚果河流域面积为3685879km^2，多年平均总水物质输送量为141662.4亿m^3/a，白水输入量为11377.1亿m^3/a，白水比率为8.0%，白水饱和度为13.1%，多年平均的降水量为39096.7亿m^3/a，折合水深为1060.7mm/a，多年平均的径流量为12500亿m^3/a，折合水深为339.1mm/a，得到流域的总水物质降水转化率为28.9%。与亚马孙河流域一样，刚果河流域的背景水也存在问题，因此其白水统计有较大误差，这里的流域白水降水转化率没有意义，空间平均的总水物质降水效率为2.72×10^{-7}m^{-1}，计算其等效输送路径长度为1061.5 km。

表8.9　刚果河流域白水的空地耦合特征参数

特征参数	多年平均值
计算流域面积A(km^2)	3685879
总水物质输入量Q(亿m^3/a)	141662.4

续表

特征参数	多年平均值
白水输入量 Q_W(亿 m^3/a)	11377.1
降水量 P_A(亿 m^3/a)	39096.7
降水量(mm/a)	1060.7
径流量(未还原)R_A(亿 m^3/a)	12500
径流深(未还原)(mm/a)	339.1
流域宏观白水比率 WWR_A(%)	8.0
流域宏观白水饱和度 WWS_A(%)	13.1
流域宏观总水物质降水转化率 TPR(%)	28.9
流域宏观白水降水转化率 WPR(%)	—
空间平均的总水物质降水效率$\overline{TPE}$(10^{-7} m^{-1})	2.72
空间平均的白水降水效率$\overline{WPE}$(10^{-7} m^{-1})	17.60
总水物质输送的等效路径 L_T(km)	1061.5
白水输送的等效路径 L_W(km)	—

为了研究不同季节,不同方向输入的总水物质和白水的时空特征,计算了 1979 年到 2017 年不同季节从不同方向输入刚果河流域总水物质输入量(表 8.10)、白水输入量(表 8.11)以及白水比率(表 8.12)的结果。

表 8.10　刚果河流域总水物质输入量的时空特征

单位:亿 m^3	全年	3—5 月	6—8 月	9—11 月	12 月至次年 2 月
汇总	141662.4	39058.7	25774.6	39729.6	37099.5
北进	24181.8	5417.4	2665.7	6816.1	9282.6
南进	22657.8	6578.7	6491.4	5873.6	3714.1
西进	13451.7	1771.6	3752.2	2774.5	5153.4
东进	81371.1	25291.0	12865.3	24265.5	18949.3

表 8.11　刚果河流域白水输入量的时空特征

单位:亿 m^3	全年	3—5 月	6—8 月	9—11 月	12 月至次年 2 月
汇总	11377.1	2620.8	3178.6	2613.9	2963.9
北进	2874.9	697.9	854.9	814.8	507.4
南进	1639.7	350.4	365.8	338.7	584.9
西进	3380.1	395.1	1165.3	678.8	1140.9
东进	3482.4	1177.4	792.6	781.7	730.7

表 8.12　　刚果河流域白水比率的时空特征

单位:%	全年	3—5月	6—8月	9—11月	12月至次年2月
汇总	8.0	6.7	12.3	6.6	8.0
北进	11.9	12.9	32.1	12.0	5.5
南进	7.2	5.3	5.6	5.8	15.7
西进	25.1	22.3	31.1	24.5	22.1
东进	4.3	4.7	6.2	3.2	3.9

从季节分析，刚果河流域的总水物质输入量的季节差异性相对较小，四个时间段的占比分别为27.6%、18.2%、28.0%和26.2%；而白水输入量的时间分布基本一致，四个时间段的占比为23.0%、27.9%、23.0%和26.1%，相比之下，白水输入比总水物质输入更加均匀。

从水物质输入的方向分析，刚果河流域的总水物质的主要输送方向为东边，占总水物质输入的57.4%，北边与南边分别占17.1%和16.0%，最少的是西边，只有9.5%，这说明刚果河流域主要的水汽来源是从印度洋翻越东非高原而到达刚果河流域内；而白水的输入却显示更加均匀了，总水物质输入量最多的东边白水也只占30.6%，西边次之，占29.7%，而北边和南边分别有25.3%和14.4%。这个统计结果可能与刚果河流域的背景水统计有误差有关系。

从输入方向和季节联合分析，可以发现不同季节从不同方向输入的总水物质存在一定的差别，如在冬夏季节的时候，从西边输入的总水物质输入量分别占该季节的14.6%和13.9%，而在春秋季节的时候，这个比例只有4.5%和7.0%，因此，反映出在冬夏两个季节存在一定程度的季风影响。

由于白水统计有较大的误差，这里不对刚果河流域的白水比率进行深入分析，但对白水理论的完善提出更高的要求。

为了进一步分析总水物质输入量、白水输入量、白水比率与降水的关系，我们分析了1979年到2017年共39年的上述变量的年际变化过程，如图8.4所示。

如图8.4所示，总水物质输入量、白水输入量、白水比率以及降水量基本上呈现一个水平的趋势，但很明显，相对其他变量白水比率的变化幅度较大，计算的总水物质输入量、白水输入量、白水比率与降水量之间的相关系数分别为0.221、0.120和0.049，均小于0.05的置信度水平。

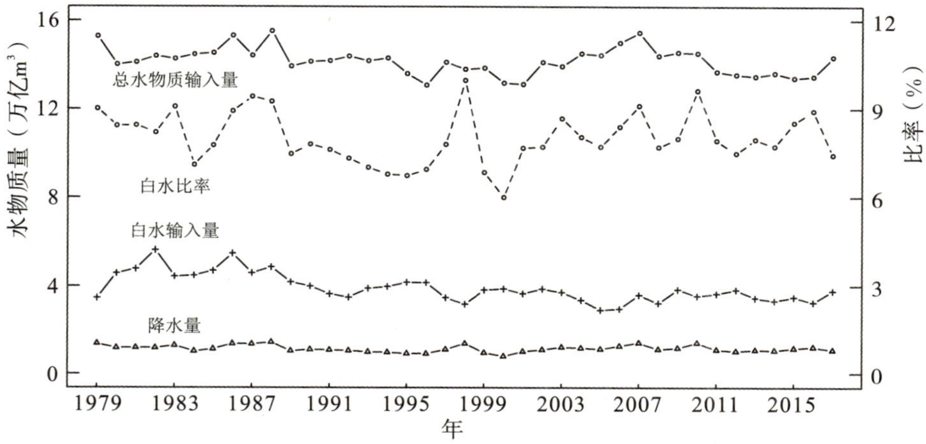

图 8.4 刚果河流域总水物质输入量、白水输入量、白水比率与降水的年际变化

8.2.4 讨论与小结

通过对亚马孙河流域、密西西比河流域以及刚果河流域进行空地耦合的时空特征分析，结果表明，亚马孙河流域与刚果河流域由于背景水的统计存在较大误差，得到的白水统计量有误，无法对这两个流域进行白水特征量的分析，但从密西西比河流域的分析结果来看，白水的统计以及流域宏观的空地水耦合特征参数在一定程度上反映了与降水有关的转化过程，对空中水的评估具有价值。

8.3 我国主要流域的空地耦合分析

选取长江、黄河、珠江、三江源四个流域（片）进行空地耦合的时空分析。其中，长江流域为大通水文站以上部分；黄河流域为花园口水文站以上流域，包括鄂尔多斯高原内流区；珠江流域为高要水文站以上部分，包括越南境内的郁江南源左江上游；三江源流域也是以流域边界定义的源区，黄河源为唐乃亥水文站以上流域，长江源为直门达水文站以上流域，澜沧江源为昌都水文站以上流域。各个流域的径流量采用控制水文站的实测数据计算，不进行径流量还原。

本节将统计上述四个流域的计算流域面积，多年平均年总水物质输入量、年白水输入量、年降水量、年径流量，并计算流域的总水物质和白水降水效率，以及流域平均的总水物质和白水降水效率，从而得到相应的总水物质和白水输送的等效路径长度。对总水物质和白水分析了不同季节的输送特征，并分析 1979 年到 2017 年与降水量之间的变化过程。

8.3.1 长江流域

长江流域的统计结果如表 8.13 所示。计算的长江流域面积为 1673589km^2，多年平均总水物质输送量为107274.6亿m^3，白水输入量为30430.7亿m^3/a，白水比率为28.4%，白水饱和度为51.9%，多年平均的降水量为17475.6亿m^3/a，折合水深为1044.2mm/a，多年平均的径流量为9050亿m^3/a，折合水深为535.4mm/a，得到流域的总水物质降水转化率为17.2%，流域的白水降水转化率为67.5%，空间平均的总水物质降水效率为$2.66\times10^{-7}m^{-1}$，空间平均的白水降水效率为$7.82\times10^{-7}m^{-1}$，因此两者的等效输送路径长度分别为639.4 km和862.6 km。

表8.13　　长江流域白水的空地耦合特征参数

特征参数	多年平均值
计算流域面积A(km^2)	1673589
总水物质输入量Q(亿m^3/a)	107274.6
白水输入量Q_W(亿m^3/a)	30430.7
降水量P_A(亿m^3/a)	17475.6
降水量(mm/a)	1044.2
径流量(未还原)R_A(亿m^3/a)	9050
径流深(未还原)(mm/a)	535.4
流域宏观白水比率WWR_A(%)	28.4
流域宏观白水饱和度WWS_A(%)	51.9
流域宏观总水物质降水转化率TPR(%)	17.2
流域宏观白水降水转化率WPR(%)	67.5
空间平均的总水物质降水效率$\overline{TPE}$(10^{-7} m^{-1})	2.66
空间平均的白水降水效率$\overline{WPE}$(10^{-7} m^{-1})	7.82
总水物质输送的等效路径L_T(km)	639.4
白水输送的等效路径L_W(km)	862.6

为了研究不同季节从不同方向输入的总水物质和白水的时空特征，计算了1979年到2017年不同季节从不同方向输入长江流域总水物质输入量(表8.14)、白水输入量(表8.15)以及白水比率(表8.16)的结果。

表8.14　　长江流域总水物质输入量的时空特征

单位:亿m^3	全年	3—5月	6—8月	9—11月	12月至次年2月
汇总	107274.6	30188.0	38717.7	22153.7	16215.1
北进	10861.2	2811.0	3994.0	2634.1	1422.0
南进	54117.8	15491.2	21494.6	9653.7	7478.2
西进	34762.4	11572.6	8398.1	7518.6	7273.2
东进	7533.2	313.2	4830.9	2347.3	41.7

表 8.15 长江流域白水输入量的时空特征

单位:亿 m^3	全年	3—5 月	6—8 月	9—11 月	12 月至次年 2 月
汇总	30430.7	10138.1	8736.9	6043.1	5512.6
北进	1103.8	286.3	398.9	319.9	98.7
南进	20497.9	7118.0	6062.4	3682.2	3635.4
西进	6615.4	2639.2	1032.6	1178.0	1765.6
东进	2213.6	94.7	1243.1	863.1	12.8

表 8.16 长江流域白水比率的时空特征

单位:%	全年	3—5 月	6—8 月	9—11 月	12 月至次年 2 月
汇总	28.4	33.6	22.6	27.3	34.0
北进	10.2	10.2	10.0	12.1	6.9
南进	37.9	45.9	28.2	38.1	48.6
西进	19.0	22.8	12.3	15.7	24.3
东进	29.4	30.2	25.7	36.8	30.6

从季节分析，长江流域的总水物质输入量的季节差异性不是特别大，四个时间段的占比分别为 28.1%、36.1%、20.7%和 15.1%；而白水输入量的时间分布基本一致，四个时间段的占比为 33.3%、28.7%、19.9%和 18.1%，相比之下，白水输入的时间分布更加均匀。

从水物质输入的方向分析，长江流域的总水物质的主要输送方向为南边，占总水物质输入的 50.4%，其次是西边，占 32.4%，而北边占 10.1%，最少的是东边，只有 7.0%；而白水的输入更加集中在南边和西边，分别占 67.4%和 21.7%，北边和东边只有 3.6%和 7.3%。通过白水输入量的分析，可以发现南北的差异更加显著，北边输入的水汽大多不能在长江流域内形成与降水有关的白水，而南方输入的水汽则具有很好的转化条件。

从输入方向和季节联合分析，可以发现不同季节从不同方向输入的总水物质和白水的比例差别很大。从输入方向来看，东边输入的总水物质，64.1%是 6—8 月贡献的，31.2%是 9—11 月贡献的，半年时间占 94.3%，白水的输入规律也基本一致；从季节来看，3—5 月输入的总水物质，51.3%来自南边输入，38.3%来自西边输入，只有 9.3%和 1.0%来自北边和东边，而白水的输入差异性更大，96.2%来自南边和西边，只有 3.8%来自北边和东边。

从白水比率分析，季节间的差异性不是很大，全年平均是 28.4%，6—8 月小于全年平均，只有 22.6%，而冬春季节大于全年平均，达到 34.0%和 33.6%。但在输送方向的白水比率呈现较大的差异性，从北边输入的白水比率平均只有 10.2%，从西边输入的也只有 19.0%，虽然在数量上远大于东边输入的，但白水比率比不上东边输入的 29.4%，而最高的是南边输入的 37.9%，这与长江流域所处地区的大气环流与水汽条件有着密切关系。

为了进一步分析总水物质输入量、白水输入量、比率、饱和度与降水的关系，分析了 1979 年到 2017 年共 39 年的上述变量的年际变化过程，如图 8.5 所示。

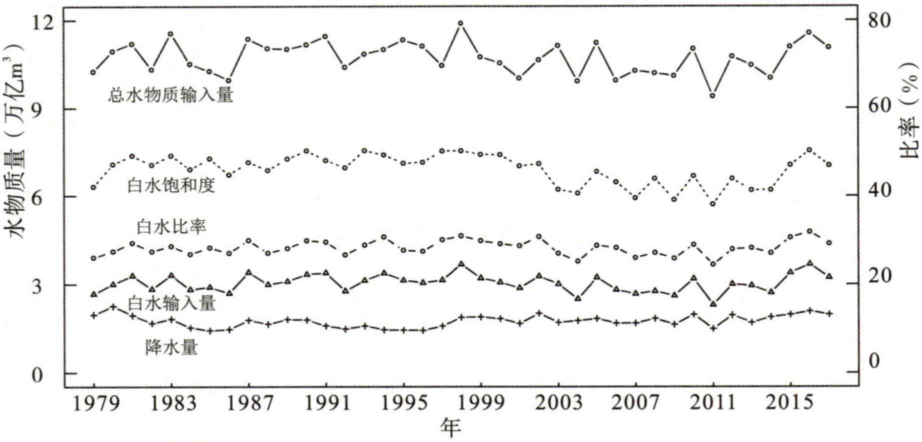

图 8.5　长江流域总水物质输入量、白水输入量、白水比率、白水饱和度与降水年际变化

如图 8.5 所示，总水物质输入量、白水输入量、白水比率、白水饱和度以及降水量基本上处于平稳状态，计算的这四个特征参数与降水量之间的相关系数分别为 0.297、0.345、0.324 和 0.089，相关性都不是特别高，说明在年尺度下去评估降水量的相关性存在一定的局限性。

8.3.2　黄河流域

黄河流域的统计结果如表 8.17 所示。计算的黄河流域面积为 784682.5km^2，多年平均总水物质输送量为 36833.1 亿 m^3/a，白水输入量为 9643.5 亿 m^3/a，白水比率为 26.2%，白水饱和度为 22.3%，多年平均的降水量为 3639.2 亿 m^3/a，折合水深为 463.8mm/a，多年平均的径流量为 263 亿 m^3/a，折合水深为 33.5mm/a，得到流域的总水物质降水转化率为 9.9%，流域的白水降水转化率为 38.3%，空间平均的总水物质降水效率为 2.17×10^{-7}m^{-1}，空间平均的白水降水效率为 6.77×10^{-7}m^{-1}，因此两者的等效输送路径长度分别为 456.9km 和 565.1 km。

表 8.17　　黄河流域白水的空地耦合特征参数

特征参数	多年平均值
计算流域面积 A(km^2)	784682.5
总水物质输入量 Q(亿 m^3/a)	36833.1
白水输入量 Q_W(亿 m^3/a)	9643.5
降水量 P_A(亿 m^3/a)	3639.2

续表

特征参数	多年平均值
降水量(mm/a)	463.8
径流量(未还原)R_A(亿 m^3/a)	263
径流深(未还原)(mm/a)	33.5
流域宏观白水比率 WWR_A(%)	26.2
流域宏观白水饱和度 WWS_A(%)	22.3
流域宏观总水物质降水转化率 TPR(%)	9.9
流域宏观白水降水转化率 WPR(%)	38.3
空间平均的总水物质降水效率$\overline{TPE}$(10^{-7} m^{-1})	2.17
空间平均的白水降水效率$\overline{WPE}$(10^{-7} m^{-1})	6.77
总水物质输送的等效路径 L_T(km)	456.9
白水输送的等效路径 L_W(km)	565.1

为了研究不同季节从不同方向输入的总水物质和白水的时空特征，计算了 1979 年到 2017 年不同季节从不同方向输入黄河流域总水物质输入量(表 8.18)、白水输入量(表 8.19)以及白水比率(表 8.20)的结果。

表 8.18　　黄河流域总水物质输入量的时空特征

单位:亿 m^3	全年	3—5 月	6—8 月	9—11 月	12 月至次年 2 月
汇总	36833.1	8265.0	15068.0	9219.1	4281.0
北进	7487.2	1889.2	3042.5	1556.8	998.6
南进	13499.8	2776.8	6375.4	3413.2	934.5
西进	14464.5	3395.0	4637.8	4100.2	2331.5
东进	1381.6	204.1	1012.3	148.9	16.4

表 8.19　　黄河流域白水输入量的时空特征

单位:亿 m^3	全年	3—5 月	6—8 月	9—11 月	12 月至次年 2 月
汇总	9643.5	2287.3	3929.6	2467.5	959.0
北进	740.1	211.0	273.9	144.7	110.4
南进	6442.3	1500.0	2703.7	1718.2	520.4
西进	1878.5	461.3	564.3	535.6	317.4
东进	582.5	115.0	387.8	69.0	10.7

表 8.20　　黄河流域白水比率的时空特征

单位:%	全年	3—5 月	6—8 月	9—11 月	12 月至次年 2 月
汇总	26.2	27.7	26.1	26.8	22.4
北进	9.9	11.2	9.0	9.3	11.1
南进	47.7	54.0	42.4	50.3	55.7
西进	13.0	13.6	12.2	13.1	13.6
东进	42.2	56.4	38.3	46.3	65.3

从季节分析，黄河流域的总水物质输入量的季节差异性相对较大，四个时间段的占比分别为 22.4%、40.9%、25.0%和 11.6%；而白水输入量的时间分布基本一致，四个时间段的占比为 23.7%、40.7%、25.6%和 9.9%，相比之下，冬季的白水输入比例更小了。

从水物质输入的方向分析，黄河流域的总水物质的主要输送方向为西边和南边，分别占总水物质输入的 39.3%和 36.7%，而北边占 20.3%，最少的是东边，只有 3.8%；而白水的输入非常集中于南边，占 66.8%，西边占 19.5%，而北边和东边只有 7.7%和 6.0%。这说明黄河流域的白水主要是从南边输入的，湿润的南方水汽北上是黄河流域降水产生的主要原因。

从输入方向和季节联合分析，可以发现不同季节从不同方向输入的总水物质和白水的比例差别很大。从某个输入方向来看，东边和南边输入的总水物质，都是 6—8 月贡献多，分别为 73.3%和 47.2%，12 月至次年 2 月贡献少，分别只有 1.2%和 6.9%，白水的输入规律也基本一致，说明黄河流域在不同季节水汽输送的规律差异性大；从某个季节来看，3—5 月输入的总水物质，41.1%来自西边输入，33.6%来自南边输入，只有 22.9%和 2.5%来自北边和东边，而白水的输入差异性更大，85.8%来自南边和西边，只有 14.2%来自北边和东边。

从白水比率分析，季节间的差异性不是很大，全年平均是 26.2%，12 月至次年 2 月明显小于全年平均，只有 22.4%。但在输送方向的白水比率呈现较大的差异性，从北边输入的白水比率平均只有 9.9%，从西边输入的也只有 13.0%，虽然在数量上远大于东边输入的，但白水比率比不上东边输入的 42.2%，而最高的是南边输入的 47.7%，这与黄河流域所处地区的大气环流与水汽条件有着密切关系。

为了进一步分析总水物质输入量、白水输入量、比率、饱和度与降水的关系，分析了 1979 年到 2017 年共 39 年的上述变量的年际变化过程，如图 8.6 所示。

如图 8.6 所示，总水物质输入量、白水输入量、白水比率、白水饱和度以及降水量基本上都基本处于平稳状态，计算的特征参数与降水量之间的相关系数分别为 0.428、0.420、0.319 和 0.270，相关性并不是特别高，但各个相关系数都较长江流域的相关性要好，在一定程度上说明黄河流域的年降水量虽然具有一定的可解释性，但依然存在一定问题。

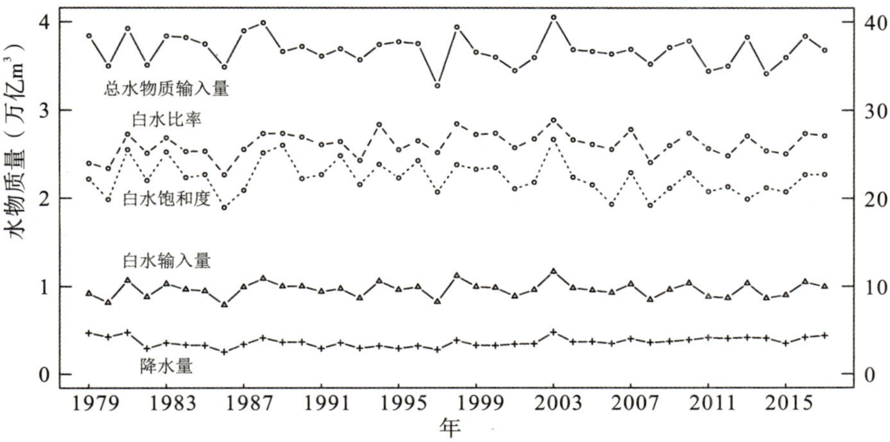

图 8.6 黄河流域总水物质输入量、白水输入量、白水比率、白水饱和度与降水年际变化

8.3.3 珠江流域

珠江流域的统计结果如表 8.21 所示。计算的珠江面积为 373334.3km^2，多年平均总水物质输送量为 71788.6 亿 m^3/a，白水输入量为 19210.6 亿 m^3/a，白水比率为 26.8%，白水饱和度为 43.3%，多年平均的降水量为 0.50 万亿 m^3/a，折合水深为 1345.5mm/a，多年平均的径流量为 2240 亿 m^3/a，折合水深 600.0mm/a，得到流域的总水物质降水转化率为 7.1%，流域的白水降水转化率为 27.8%，空间平均的总水物质降水效率为 1.99×10^{-7}m^{-1}，空间平均的白水降水效率为 7.15×10^{-7}m^{-1}，因此两者的等效输送路径长度分别为 357.2km 和 388.3km。

表 8.21 珠江流域白水的空地耦合特征参数

特征参数	多年平均值
计算流域面积 A(km^2)	373334.3
总水物质输入量 Q(亿 m^3/a)	71788.6
白水输入量 Q_W(亿 m^3/a)	19210.6
降水量 P_A(亿 m^3/a)	5023.2
降水量(mm/a)	1345.5
径流量(未还原)R_A(亿 m^3/a)	2240
径流深(未还原)(mm/a)	600.0
流域宏观白水比率 WWR_A(%)	26.8
流域宏观白水饱和度 WWS_A(%)	43.3
流域宏观总水物质降水转化率 TPR(%)	7.1
流域宏观白水降水转化率 WPR(%)	27.8

续表

特征参数	多年平均值
空间平均的总水物质降水效率$\overline{TPE}$(10^{-7} m^{-1})	1.99
空间平均的白水降水效率$\overline{WPE}$(10^{-7} m^{-1})	7.15
总水物质输送的等效路径 L_T(km)	357.2
白水输送的等效路径 L_W(km)	388.3

为了研究不同季节从不同方向输入的总水物质和白水的时空特征，计算了 1979 年到 2017 年不同季节从不同方向输入珠江流域总水物质输入量(表 8.22)、白水输入量(表 8.23)以及白水比率(表 8.24)的结果。

表 8.22　　珠江流域总水物质输入量的时空特征

单位:亿 m^3	全年	3—5 月	6—8 月	9—11 月	12 月至次年 2 月
汇总	71788.6	21914.3	24077.6	14036.5	11760.2
北进	5442.9	906.6	2071.1	1873.5	591.7
南进	36444.8	11621.7	14051.4	5460.5	5311.3
西进	23135.4	9210.6	4480.1	3647.6	5797.2
东进	6765.4	175.5	3475.0	3054.9	60.0

表 8.23　　珠江流域白水输入量的时空特征

单位:亿 m^3	全年	3—5 月	6—8 月	9—11 月	12 月至次年 2 月
汇总	19210.7	5795.8	6004.9	3981.8	3428.2
北进	627.6	75.4	247.7	253.5	51.0
南进	12871.8	4327.9	4158.7	2104.0	2281.2
西进	3593.2	1331.8	634.1	548.2	1079.0
东进	2118.1	60.7	964.4	1076.0	17.0

表 8.24　　珠江流域白水比率的时空特征

单位:%	全年	3—5 月	6—8 月	9—11 月	12 月至次年 2 月
汇总	26.8	26.4	24.9	28.4	29.2
北进	11.5	8.3	12.0	13.5	8.6
南进	35.3	37.2	29.6	38.5	43.0
西进	15.5	14.5	14.2	15.0	18.6
东进	31.3	34.6	27.8	35.2	28.4

从季节分析，珠江流域的总水物质输入量的季节差异性相对较小，四个时间段的占比分别为 30.5%、33.5%、19.6%和 16.4%；而白水输入量的时间分布基本一致，四个时间段的占比为 30.2%、31.3%、20.7%和 17.8%，相比之下，白水输入比总水物质输入更加均匀。

从水物质输入的方向分析，珠江流域的总水物质的主要输送方向为南边和西边，分别占总水物质输入的 50.8%和 32.2%，而东边占 9.4%，最少的是北边，只有 7.6%；而白水的输入则更集中于南边，占 67.0%，西边占 18.7%，而东边和北边只有 11.0%和 3.3%。这说明珠江流域主要的白水是从南边输入的，从大气环流来看主要是印度洋和南海北上的水汽。

从输入方向和季节联合分析，可以发现不同季节从不同方向输入的总水物质和白水的比例差别很大。从某个输入方向来看，东边输入的总水物质，集中在 6—11 月，占 96.6%，而 12 月至次年 2 月贡献最少，只占 0.9%，白水的输入规律也基本一致，说明珠江流域在夏秋季节从东边输送了比较多的水汽，但到了冬春季节只有少量的水汽从东边输入；从季节来看，3—5 月输入的总水物质，53.0%来自南边输入，42.0%来自西边输入，只有 4.1%和 0.8%来自北边和东边，而白水的输入差异性更大，97.7%来自南边和西边，只有 2.3%来自北边和东边，这说明在 3—5 月珠江流域受到了稳定的西南风影响。

从白水比率分析，季节间的差异性很小，全年平均是 26.8%，各个季节也基本上差不多。但在输送方向的白水比率呈现较大的差异性，从北边输入的白水比率平均只有 11.5%，从西边输入的也只有 15.5%，而东边输入的白水比率达到 31.3%，最高的是南边输入的 35.3%，但在全国来看，并不是特别高的比例。

为了进一步分析总水物质输入量、白水输入量、白水比率与降水的关系，分析了 1979 年到 2017 年共 39 年的上述变量的年际变化过程，如图 8.7 所示。

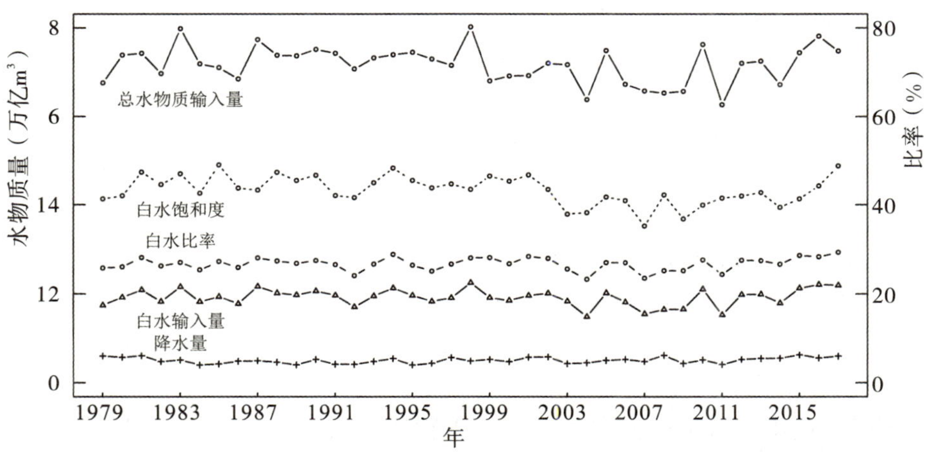

图 8.7 珠江流域总水物质输入量、白水输入量、白水比率、白水饱和度与降水年际变化

如图 8.7 所示，计算的总水物质输入量、白水输入量、白水比率、白水饱和度与降水量之间的相关系数分别为 0.105、0.341、0.522 和 0.154，对于珠江流域而言，总水物质通量与降水量的多寡基本上无相关关系，而白水比率与降水量的相关系数达到了 0.522，在一定程度上能够更有效地反映降水量多寡。

8.3.4 三江源流域

三江源流域的统计结果如表 8.25 所示。计算的三江源流域面积为 314507.5km^2，多年平均总水物质输送量为 13977.6 亿 m^3/a，白水输入量为 6219.0 亿 m^3/a，白水比率为 44.5%，白水饱和度为 28.5%，多年平均的降水量为 1536.2 亿 m^3/a，折合水深为 488.4mm/a，多年平均的径流量为 499 亿 m^3/a，折合水深 156.7mm/a，得到流域的总水物质降水转化率为 11.2%，流域的白水降水转化率为 25.7%，空间平均的总水物质降水效率为 $4.23\times 10^{-7}m^{-1}$，空间平均的白水降水效率为 $9.59\times 10^{-7}m^{-1}$，因此两者的等效输送路径长度分别为 264.5 km 和 268.3 km。

表 8.25　　三江源流域白水的空地耦合特征参数

特征参数	多年平均值
计算流域面积 A(km^2)	314507.5
总水物质输入量 Q(亿 m^3/a)	13977.6
白水输入量 Q_W(亿 m^3/a)	6219.0
降水量 P_A(亿 m^3/a)	1536.2
降水量(mm/a)	488.4
径流量(未还原)R_A(亿 m^3/a)	499
径流深(未还原)(mm/a)	158.7
流域宏观白水比率 WWR_A(%)	44.5
流域宏观白水饱和度 WWS_A(%)	28.5
流域宏观总水物质降水转化率 TPR(%)	11.2
流域宏观白水降水转化率 WPR(%)	25.7
空间平均的总水物质降水效率 $\overline{TPE}$(10^{-7} m^{-1})	4.23
空间平均的白水降水效率 $\overline{WPE}$(10^{-7} m^{-1})	9.59
总水物质输送的等效路径 L_T(km)	264.5
白水输送的等效路径 L_W(km)	268.3

为了研究不同季节从不同方向输入的总水物质和白水的时空特征，计算了 1979 年到 2017 年不同季节从不同方向输入三江源流域总水物质输入量(表 8.26)、白水输入量(表 8.27)以及白水比率(表 8.28)的结果。

表 8.26　　三江源流域总水物质输入量的时空特征

单位:亿 m^3	全年	3—5月	6—8月	9—11月	12月至次年2月
汇总	13977.6	3238.4	5400.5	3648.8	1689.8
北进	2512.6	630.5	1193.1	429.8	259.2
南进	4488.6	1001.3	1892.3	1222.8	372.2
西进	6700.7	1581.0	2075.3	1986.3	1058.1
东进	275.7	25.7	239.8	10.0	0.2

表 8.27　　三江源流域白水输入量的时空特征

单位:亿 m^3	全年	3—5月	6—8月	9—11月	12月至次年2月
汇总	6219.0	1530.6	2409.4	1634.1	644.8
北进	789.6	227.2	359.2	120.5	82.7
南进	2510.0	596.6	1021.1	689.4	203.0
西进	2766.9	689.3	900.6	818.0	359.0
东进	152.4	17.6	128.5	6.2	0.2

表 8.28　　三江源流域白水比率的时空特征

单位:%	全年	3—5月	6—8月	9—11月	12月至次年2月
汇总	44.5	47.3	44.6	44.8	38.2
北进	31.4	36.0	30.1	28.0	31.9
南进	55.9	59.6	54.0	56.4	54.5
西进	41.3	43.6	43.4	41.2	33.9
东进	55.3	68.4	53.6	62.4	66.3

从季节分析，三江源流域的总水物质输入量的季节差异性相对较大，四个时间段的占比分别为23.2%、38.6%、26.1%和12.1%；而白水输入量的时间分布基本一致，四个时间段的占比为24.6%、38.7%、26.3和10.4%，相比之下，冬季的白水输入比例更小了。

从水物质输入的方向分析，三江源流域的总水物质的主要输送方向为西边和南边，分别占总水物质输入的47.9%和32.1%，而北边占18.0%，最少的是东边，只有2.0%；而白水的输入集中于西边和南边，分别占44.5%和40.4%，而北边和东边只有12.7%和2.5%。这说明三江源流域主要的白水是从西边和南边输入的。

从输入方向和季节联合分析，可以发现不同季节从不同方向输入的总水物质和白水的比例差别很大。从方向来看，东边输入的总水物质，主要是6—8月贡献多，达到了87.0%，其余9个月只有13.0%，白水的输入规律也基本一致，说明基本上只有夏季时我国的季风才能输送到三江源地区，其余季节基本受到其他风向的控制；从季节来看，12月至次年2月输入的总水物质,62.6%来自西边输入,22.0%来自南边输入,只有 15.3%和 0.0%来自北边和东边,而白水的输入差异性更大,87.2%来自南边和西边,只有 12.8%来自北边和东边。

从白水比率分析,季节间的差异性不是很大,全年平均是 44.5%,只有 12 月至次年 2 月明显小于全年平均,只有 38.2%,但在全国来看也是非常高的水平。在输送方向的白水比率差异性也不是特别大,最差的是从北边输入的白水比率,平均只有 31.4%,从西边输入的为 41.3%,而从南边和东边输入的白水比率都超过了 50%,分别达到了 55.9%和 55.3%,这表明从南边和东边输入三江源地区的总水物质中具有较好的成云致雨条件。

为了进一步分析总水物质输入量、白水输入量、白水比率与降水的关系,分析了 1979 年到 2017 年共 39 年的上述变量的年际变化过程,如图 8.8 所示。其中总水物质输入量、白水输入量、白水比率、白水饱和度以及降水量基本上都呈现一个微弱上升的趋势,计算的总水物质输入量、白水输入量、白水比率与降水量之间的相关系数分别为 0.399、0.457、0.466 和 0.533,说明白水饱和度更能够反映降水量多寡。

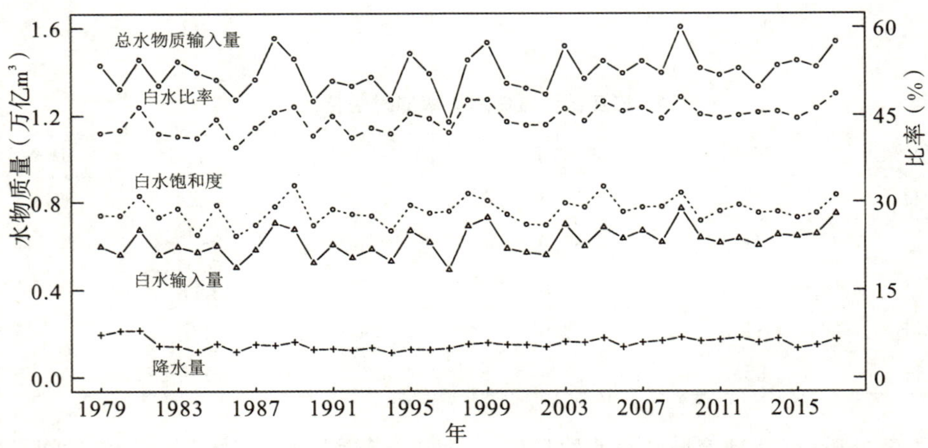

图 8.8　三江源总水物质输入量、白水输入量、白水比率、白水饱和度与降水的年际变化

8.4　相关性分析

本节尝试进一步分析流域的总水物质通量、白水(通量)、白水比率及白水饱和度与降水量的内在关系。为了区分季节的差异性,本节统计了 1979 年到 2017 年各个特征参数的逐月结果。其中总水物质通量、白水(通量)与降水量是输入水物质通量与降水通量之间的关系,代表的是输入水物质通量对降水通量的影响;而白水比率、白水饱和度与降水量是天气条件与降水量的关系,各代表了不同的含义,因此所反映出来的特征也各不一样。图 8.9 显示了长江流域的统计结果。

从图 8.9(a)中可以发现,总水物质通量的季节性非常明显,暖色调颜色的点为冬季,冷色调颜色的点为夏季,整体数据呈现一个明显集中向上的趋势。这个数据特征一是表明了长江流域处于典型的季风气候,季节的差异性非常明显;二是说明某些月份的降水量并不是主要由总水物质通量决定的。对比总水物质通量,其他三个特征参数各个月份的数据看起来相对分散一些。

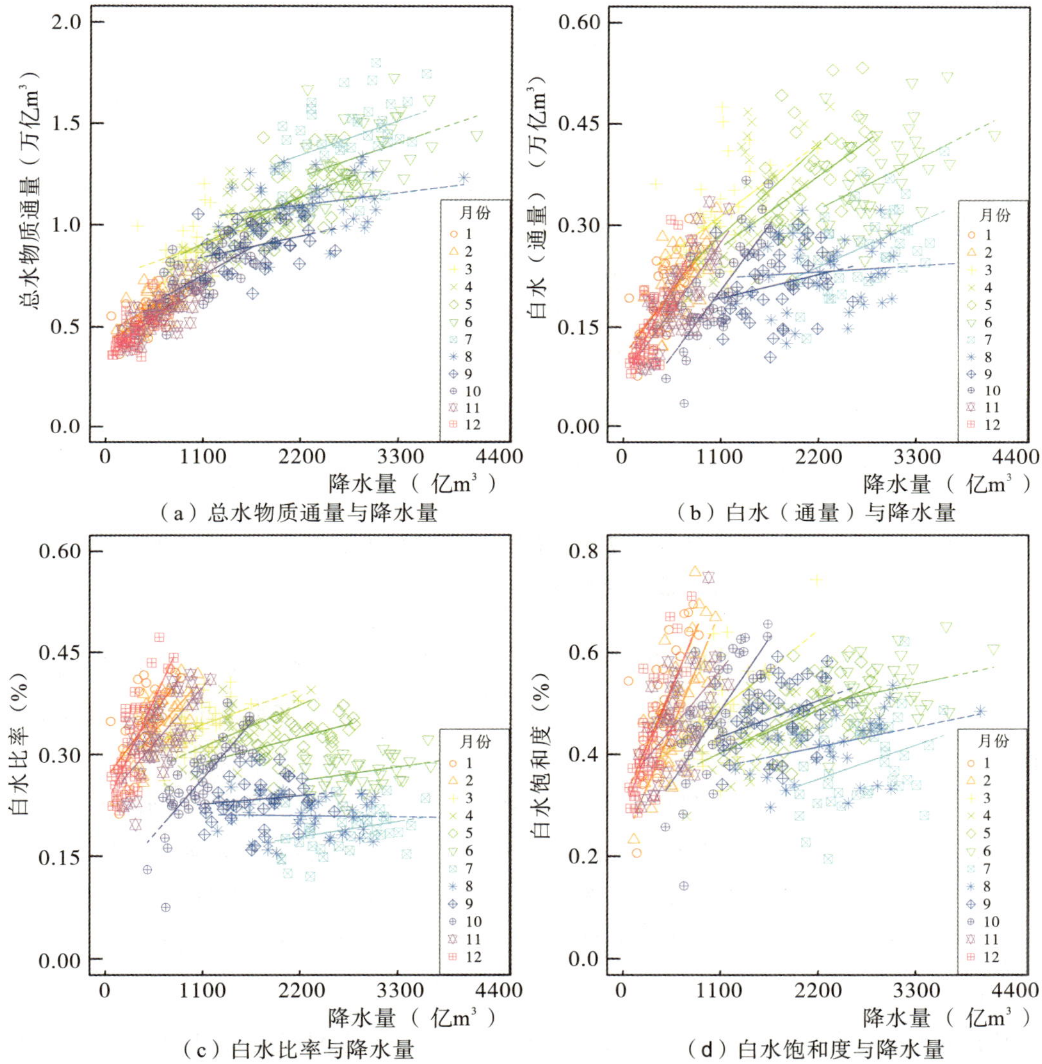

（a）总水物质通量与降水量　（b）白水（通量）与降水量

（c）白水比率与降水量　（d）白水饱和度与降水量

图 8.9　长江流域 1979 年到 2017 年各个月份总水物质通量、白水(通量)、白水比率、白水饱和度与降水量的相关统计结果

图 8.10 是四个参数与降水量的相关系数分布图。从季节来看,冬春季节的相关性好,10 月至次年 5 月的各个特征参数与降水量的相关系数都超过了 0.05 的置信度水平,大部分

相关系数在 0.5 以上；而 6—9 月，大部分相关系数都在 0.5 以下。此外，对于大部分月份，白水饱和度的相关性要优于白水比率的相关性，而白水比率的相关性要优于白水(通量)的相关性，白水(通量)的相关性要优于总水物质通量的相关性。但也存在一些例外，如 8、9 月的白水(通量)、白水比率与降水量的相关性都明显比总水物质通量与降水的相关性差，有可能是该月份存在其他因素影响了白水的相关性，也可能是该月份白水(通量)的统计有误，这有待深入研究；但在这两个月份，白水饱和度的相关性都是最好的，而且都在置信度水平以上，这说明白水饱和度在一定程度上确实反映了降水转化规律中的一些内在机理。

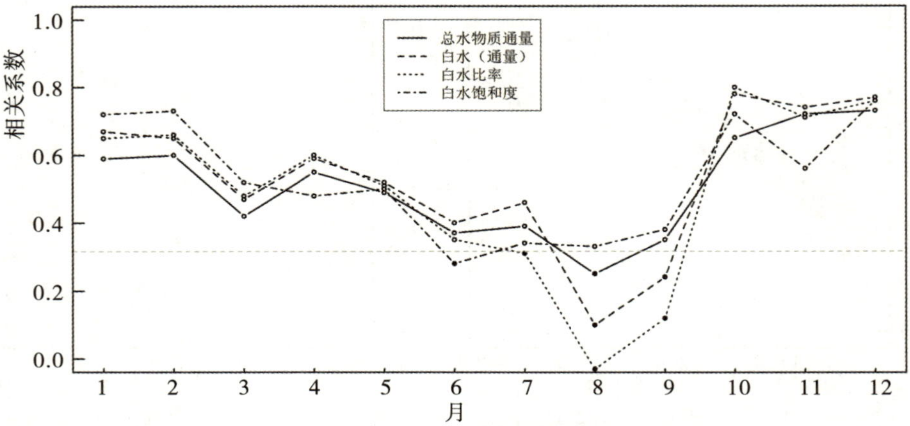

图 8.10　长江流域 1979 年到 2017 年各个月份总水物质通量、白水(通量)、白水比率、白水饱和度与降水量的相关系数

从统计结果来看，总水物质通量 12 个月平均的相关系数为 0.50，白水(通量)为 0.53，白水比率都是 0.49，而白水饱和度为 0.53，白水(通量)优于总水物质通量，而白水饱和度优于白水比率。

图 8.11 显示了黄河流域 1979 年到 2017 年各个月份总水物质通量、白水(通量)、白水比率、白水饱和度与降水量的相关统计结果。从图 8.11 可以看到黄河流域不同特征参数与降水量的季节分布特征更加明显，总水物质通量整体集中度最好，白水(通量)次之，而白水比率通过比值的方式去除了季节性，数据明显比这两个通量数据分散，白水饱和度也表现了整体分散但各月份集中的特点。

从拟合数据的斜率来看，总水物质通量的各个月份斜率相对平行；而白水(通量)开始发散，最明显的白水饱和度，各个月份的斜率随季节变化出现明显由大到小、由小到大的循环过程，显著地突出了季节差异性。

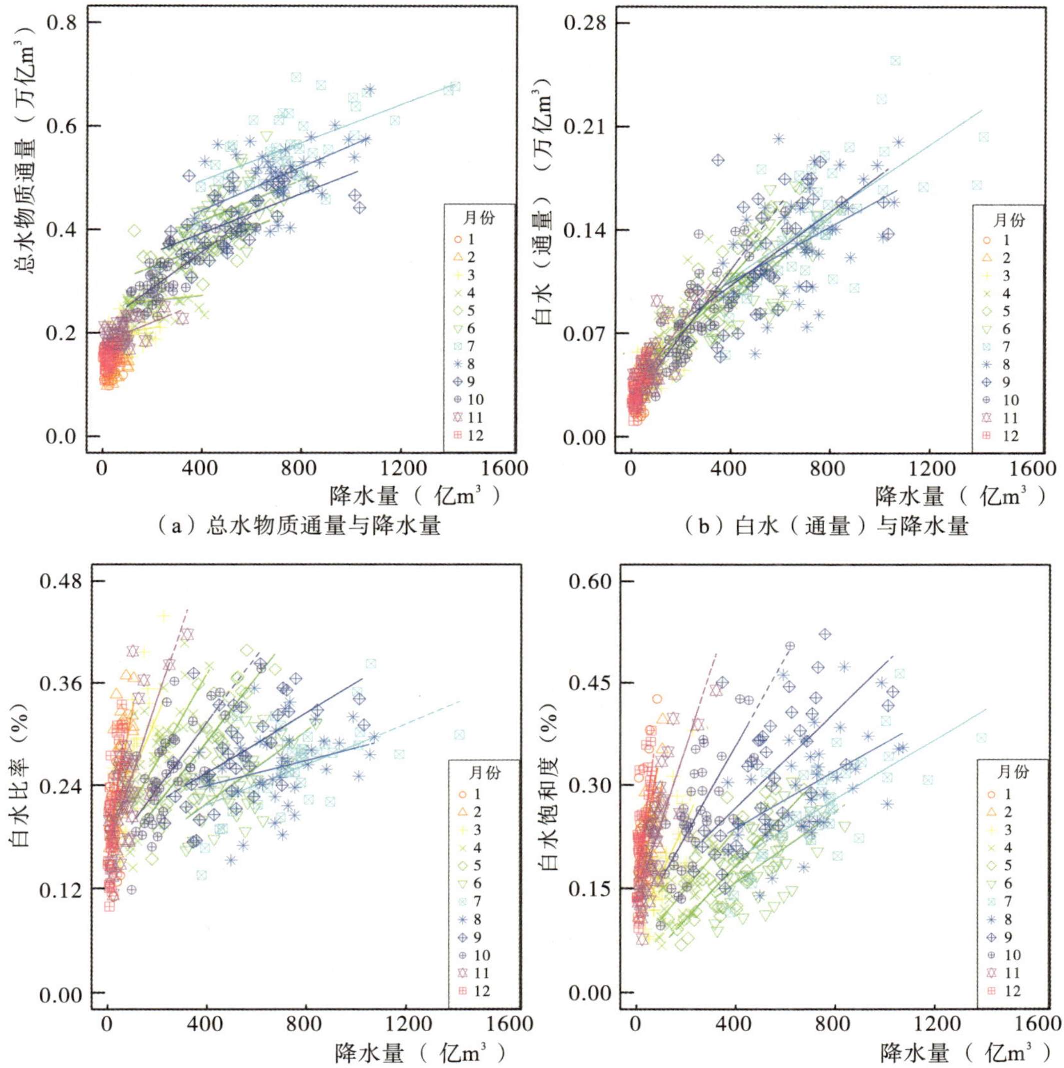

（a）总水物质通量与降水量　（b）白水（通量）与降水量

（c）白水比率与降水量　（d）白水饱和度与降水量

图 8.11　黄河流域 1979 年到 2017 年各个月份总水物质通量、白水(通量)、白水比率、白水饱和度与降水量的相关统计结果

因此,我们可以得到黄河流域 1979 年到 2017 年各个月份四个变量与降水量的相关系统分布(图 8.12),白水(通量)、白水比率及白水饱和度与降水量的相关系数要明显优于总水物质通量。与长江流域恰恰相反,黄河流域的总水物质通量与降水量的相关性在冬春季表现得不好,其中 12 月至次年 4 月基本上在置信度水平以下,仅有 2 月相关系数接近 0.4;而在夏秋季表现得较好,5—11 月均在 0.05 置信度水平以上,相关性最好的月份出现在 10 月,接近 0.8。作为对比,白水(通量)、白水比率、白水饱和度与降水量的相关性在春冬季也表现出比较好的结果。这说明对于黄河流域而言,白水及其相关特征参数能够较好地反映其降水转化的基本规律。

从统计结果来看，黄河流域总水物质通量与降水量的相关系数的 12 个月均值为 0.44，白水(通量)和白水比率都是 0.63，而白水饱和度达到了 0.69，证明白水及其相关特征参数均能显著地决定降水量的多寡，而白水饱和度的效果最佳。

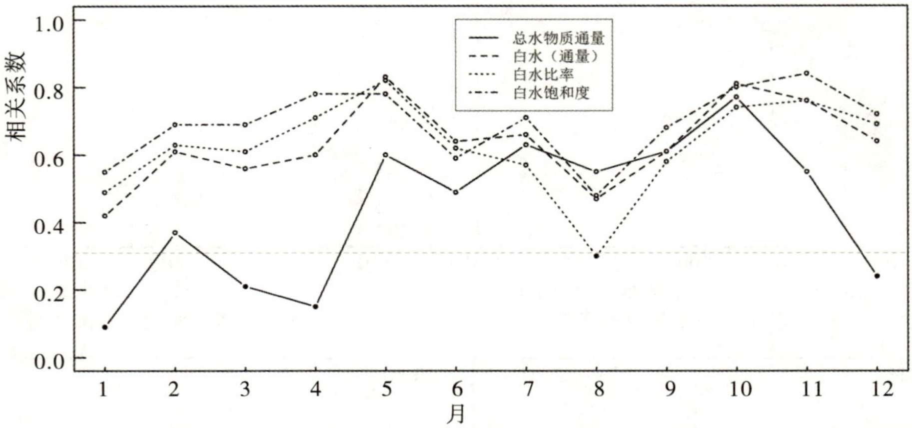

图 8.12　黄河流域 1979 年到 2017 年各个月份总水物质通量、白水(通量)、白水比率、白水饱和度与降水量的相关系数

图 8.13 显示了珠江流域 1979 年到 2017 年各个月份总水物质通量、白水(通量)、白水比率、白水饱和度与降水量的相关统计结果。珠江流域总水物质通量与降水量之间的集中度都不如长江和黄河流域，这可能与珠江流域靠近热带地区，强对流天气较多地影响降水转化有关。

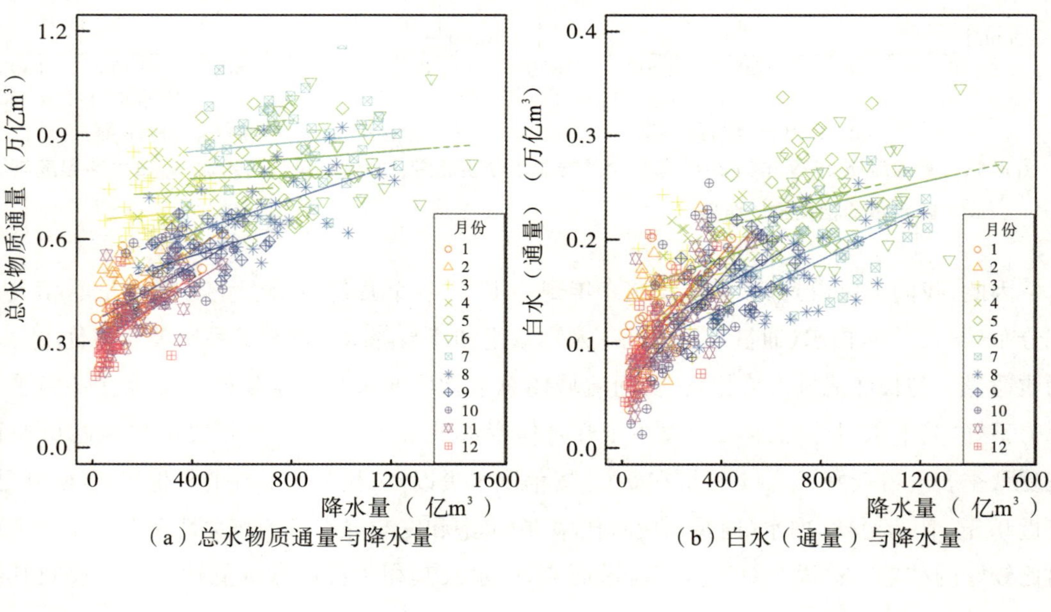

（a）总水物质通量与降水量　　（b）白水（通量）与降水量

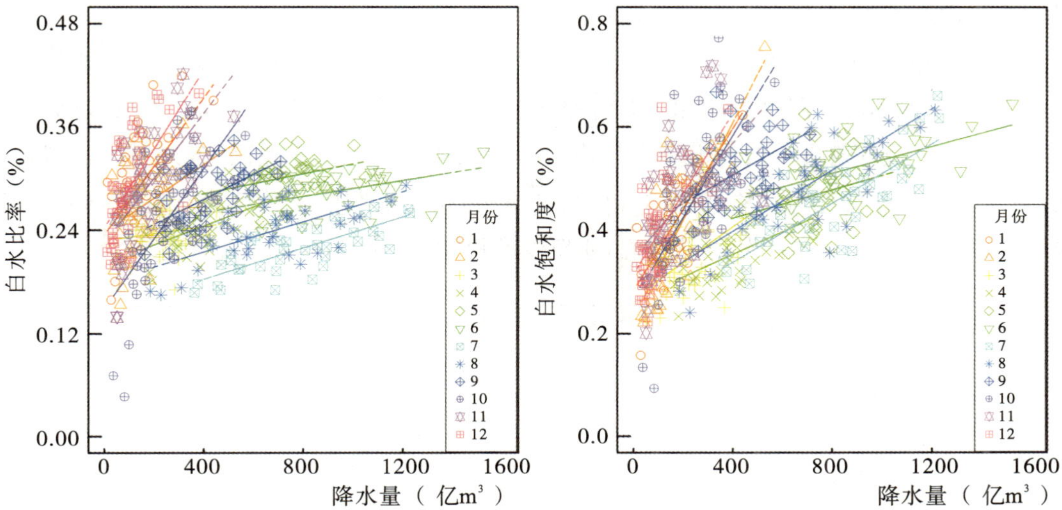

（c）白水比率与降水量　　（d）白水饱和度与降水量

图 8.13　珠江流域 1979 年到 2017 年各个月份总水物质通量、白水(通量)、白水比率、白水饱和度与降水量的相关统计结果

同理，我们得到珠江流域 1979 年到 2017 年各个月份四个变量与降水量的相关系数分布(图 8.14)，在夏、秋、冬季，珠江流域的总水物质通量、白水(通量)、白水比率及白水饱和度与降水量的相关性都处于比较好的水平，相关系数大部分超过了 0.5，而白水饱和度在 1—3 月明显要优于其他三个变量，特别是 3 月，其他三个变量的相关系数均在 0.2 以下，达不到置信度水平，但是白水饱和度与降水量的相关系数依然达到了 0.5。

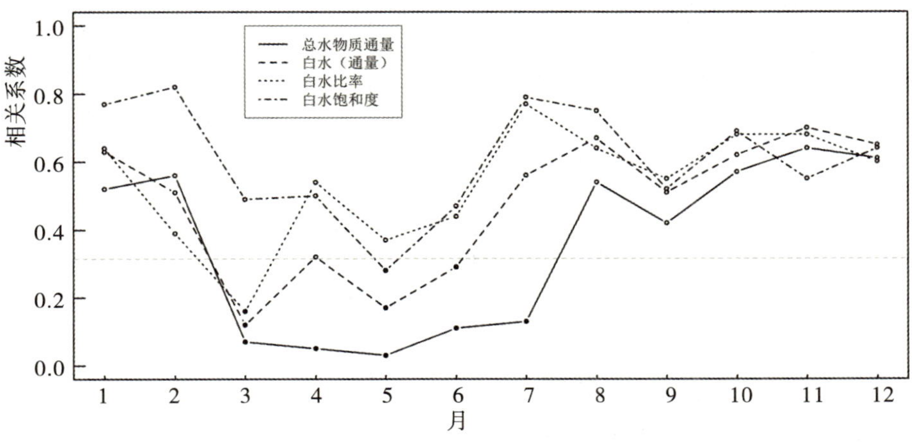

图 8.14　珠江流域 1979 年到 2017 年各个月份总水物质通量、白水(通量)、白水比率、白水饱和度与降水量的相关系数

从统计结果来看，珠江流域总水物质通量与降水量相关系数的 12 个月均值为 0.35，白水(通量)为 0.48，白水比率为 0.54，而白水饱和度达到了 0.61，可以发现，四个变量与降水量的相关性逐渐提升。

图 8.15 显示了三江源流域 1979 年到 2017 年各个月份总水物质通量、白水(通量)、白水比率、白水饱和度与降水量的相关统计结果。与前三个流域不同的是,除了白水比率,总水物质通量、白水(通量)、白水饱和度与降水量的整体集中度都比较高,各个月份的拟合曲线都比较接近,这可能与高原地区的气候特征有关,也可能与流域尺度大小有关,通常流域越小,流域内气候特征的一致性就越好,所反映的规律也就越明显。

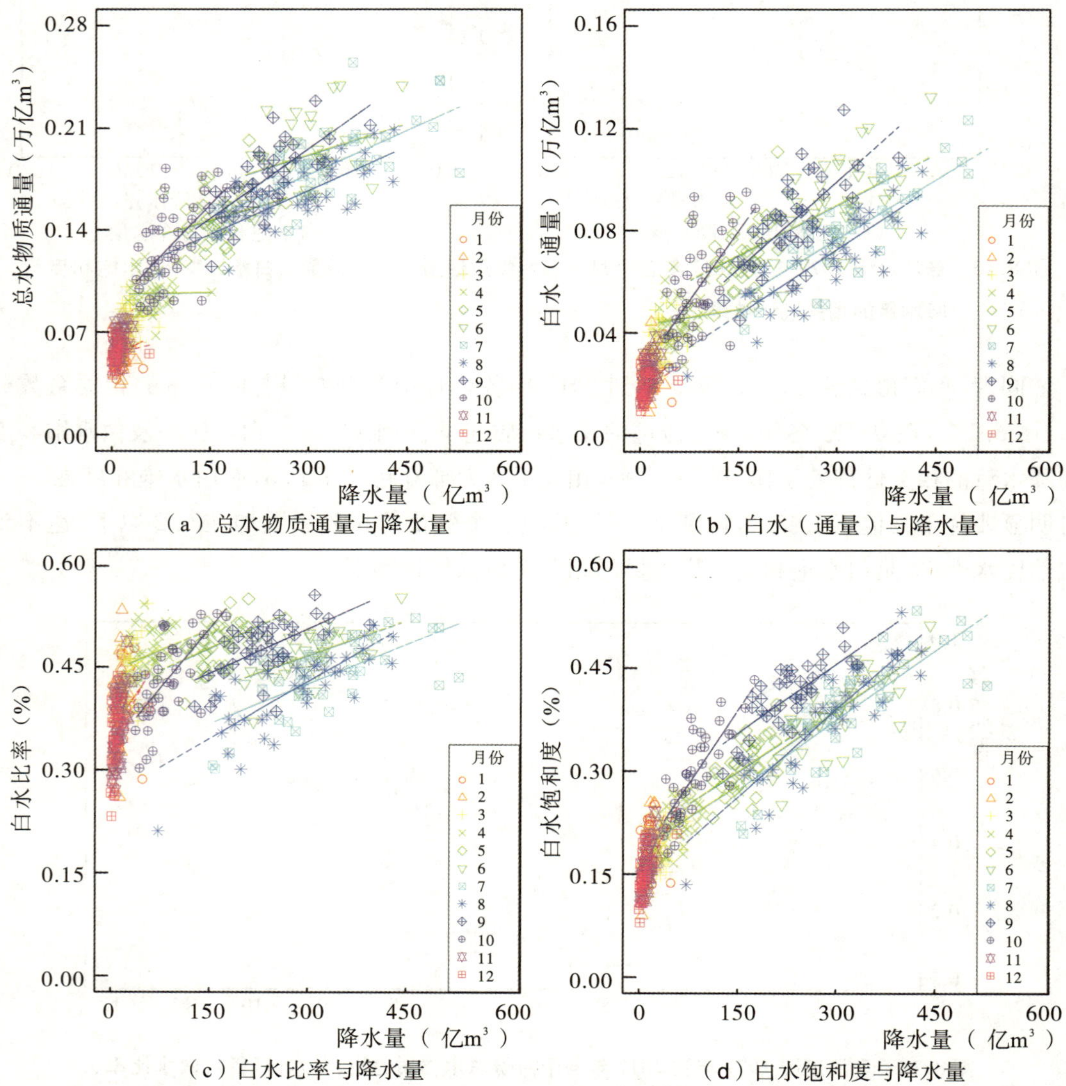

(a) 总水物质通量与降水量　(b) 白水(通量)与降水量

(c) 白水比率与降水量　(d) 白水饱和度与降水量

图 8.15　三江源流域 1979 年到 2017 年各个月份总水物质通量、白水(通量)、白水比率、白水饱和度与降水量的相关统计结果

最后,我们得到三江源流域 1979 年到 2017 年各个月份四个变量与降水量的相关系数分布(图 8.16),总体来看,总水物质通量、白水(通量)、白水比率及白水饱和度与降水量的相关性逐一变强的特征非常明显。此外,三江源流域各变量与降水量相关性的季节特性更加明显,总水物质通量与降水量的相关性在 4 月达到了谷值,只有 0.01,而峰值出现在 8 月,达到了 0.77,峰谷之间的相关系数比较均匀地变化。白水(通量)和白水比率与降水量的相关性规律也与总水物质通量的基本一致,谷值稍高一些,但在 1—4 月仍低于 0.05 的置信度水平,此时白水饱和度均超过置信度水平,且相关系数大部分接近或超过 0.5。

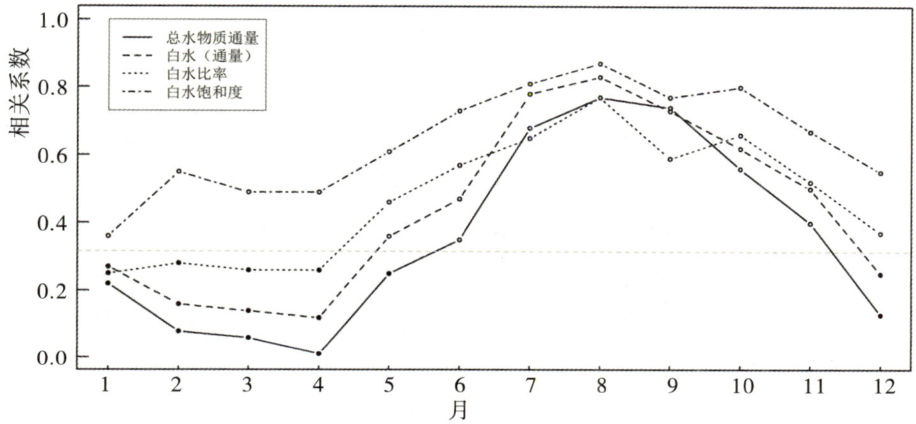

图 8.16　三江源流域 1979 年到 2017 年各个月份总水物质通量、白水(通量)、白水比率、白水饱和度与降水量的相关系数

从统计结果来看,总水物质通量与降水量相关系数的 12 个月均值为 0.35,白水(通量)为 0.44,白水比率为 0.47,而白水饱和度达到了 0.64,白水饱和度依然表现了最好的相关性。

四个流域的统计结果表明,白水及其相关特征参数与降水量都表现了较好的相关性,同时反映的独特的流域特性及季节特性主要包含以下三个方面:

1)四个流域各变量与降水量相关性的季节特性与流域所处位置有密切关系。处于南方的珠江流域 3—7 月处于低值,8 月至次年 2 月处于高值;处于中部的长江流域 6—9 月处于低值,10 月至次年 5 月处于高值;处于北部的黄河流域 12 月至次年 4 月处于低值,5—11 月处于高值;处于青藏高原东部的三江源流域 12 月至次年 5 月处于低值,6—11 月处于高值。总体来看,从南到北,低值从 3 月变到 6 月再变到 12 月,高低值出现的月份区间明显与纬度有关,其内在关系值得深入研究。

2)总水物质通量、白水(通量)、白水比率及白水饱和度与降水量的相关性具有比较明显的优劣之分。总体来说,与天气特征相关的白水比率和白水饱和度与降水量的相关性优于总水物质通量和白水(通量)与降水量的相关性;而白水饱和度与降水量的相关性要优于白水比率与降水量的相关性,白水(通量)与降水量的相关性优于总水物质通量与降水量的相关性。

3)从上述各个流域的统计结果来看,白水饱和度与降水量各月的相关系数基本上在置信度水平以上,且大多数超过 0.5,在 0.8 附近。白水饱和度在不同流域不同季节表现良好,因此可以作为降水量预测模型的关键因子之一。

总体而言,白水及其降水转化特征参数的提出有助于深入分析不同地区不同季节空中水物质特征与降水量的内在关系,为空地水转化研究提供了新的视角和分析工具。

8.5 本章小结

本章开展了全球主要流域和我国典型流域空地耦合的水物质时空分析。选取亚马孙河、密西西比河和刚果河这三个流域作为研究案例,分析了空地耦合的时空特征,统计了各流域多年平均的年总水物质输入量、年白水输入量、年降水量和年径流量;统计分析了流域的白水比率、白水饱和度、总水物质降水转化率和白水降水转化率,以及流域平均的总水物质降水效率、白水降水效率,最终得到总水物质输送的等效路径长度和白水输送的等效路径长度。结果表明,亚马孙河和刚果河流域由于处于赤道地区,基于晴空水汽法的背景水统计存在准确性问题,因此无法准确评估流入其流域的白水(通量),而对于密西西比河流域,白水比率以及白水饱和度与流域降水量的年际变化具有良好的相关性。

此外,还选取我国的长江、黄河、珠江与三江源四个流域(片)作为研究案例分析了空地耦合的时空特征,除了给出与全球主要流域一样的统计参数以外,还分析了各月份的总水物质通量、白水(通量)、白水比率、白水饱和度与降水量的相关性。结果表明,白水饱和度与降水量的相关性最好,其次是白水比率和白水(通量),最差的是总水物质通量,说明白水及其特征参数能够更直接地反映空中水物质输送特征与降水量的内在联系。

第 9 章 总结与展望

9.1 主要成果与结论

本书的核心工作是厘清了空中水资源的概念，并提出用“白水”代表空中水资源，实现了空中水资源与地表水资源（蓝水和绿水）的耦合分析，针对空中水资源的输移与转化这两个水循环过程的关键环节，建立了新的研究理论与方法。本书的主要成果包括以下两大方面：一是空中水资源的输移，采用单位输送迹线实现了降水来源的精细描述；二是建立了空中水资源的评估及降水转化理论，提出白水的概念用以代表空中水资源，围绕白水提出了白水比率、白水饱和度和白水降水效率等特征参数，建立了白水及其降水转化的分析理论，为空地水循环耦合研究提供了一个新的工具。下面将具体阐述两个方面的研究成果。

空中水资源的输移的主要研究成果及结论如下：

1）提出了迹线分解法，从自然迹线中分离出单位迹线，并通过提出单位迹线上水量的概念，将输送过程中发生的蒸发和降水定量地对应起来。这一理论为输送路径上水汽源汇对应关系的分析方法提供了基本框架。

2）提出了比湿梯度分配法，该方法被用来计算在某时刻某地表位置产生降水的不同高度层上每条单位迹线贡献的实际降水量。

3）基于不同的物理假设，分别提出了恒定法、线性法、比湿梯度分配法三种迹线沿程水量的计算方法。

4）推导了迹线水量概念表达的水量信息，即迹线水量在空间和时间上的变化量等于水汽的净增量，且满足总水量收支平衡。

5）以两种降水事件筛选策略计算了产生全球陆地强降水的水汽输送迹线，并基于图分割理论得到了全球尺度的空中流域划分结果。

6）使用 ERA-Interim 气象再分析资料计算了产生三江源地区降水的水汽输送迹线，结果表明，三江源地区夏季降水的水汽主要来源于印度洋季风环流，另外，从西北向东南输送的西风带环流水汽以及从我国中部向西北输送的水汽也对降水有显著的贡献。

空中水资源的评估及降水转化的主要研究成果及结论如下：

1）建立了白水及其降水转化的分析理论。首先，将白水定义为长时段统计通过该点具有降水潜力的空中水物质的通量，而将与降水无关的部分称为背景水；提出了计算背景水汽含量的两种不同方法：晴空水汽法与临界降水法，对比了两种方法计算得到的全球典型气候区的背景水汽含量结果，显示出背景水的物理含义和结果的可靠性。其次，在白水概念的基础上，提出了白水比率、白水饱和度和白水降水效率三个特征参数，这三个特征参数分别表征白水(通量)占总水物质通量的比值、白水的饱和程度以及白水向降水转化的效率，从多个角度定量表达了空中水物质输送通量的降水潜力特征。

2)开展了白水及其降水转化特征参数的时空分析。首先，分析了全球尺度的总水物质通量、白水(通量)、白水比率、白水饱和度以及总水物质降水效率、白水降水效率的空间分布，直观地显示了全球尺度的空中水物质输送特征与降水转化规律，并对不同季节进行了分析。结果表明，上述特征参数能直观地反映受到大气环流以及地理格局影响的水物质输送与降水转化特征。其次，对三江源地区、塔里木盆地开展了深入研究，结果表明，三江源地区白水比率、白水饱和度、白水降水效率都明显超过全国平均水平；而塔里木盆地的白水通量与降水效率相对较低，但也显示出其四周山脉的地形抬升作用对白水通量及其降水效率具有良好的促进作用。

3)建立了空地水耦合分析的流域宏观参数，包括流域的白水比率、流域的白水饱和度、流域的白水降水转化率以及白水输送的等效路径长度等，可从水循环的角度揭示流域空地水转化的基本特征，为空地水耦合分析提供了新的视角。本书开展了全球主要流域和我国典型流域的空地耦合的水物质时空分析。首先，在全球范围内选取亚马孙河、密西西比河和刚果河三个流域进行空地耦合的时空分析，讨论了总水物质通量、白水(通量)以及白水比率等的时空演变，并给出了各流域宏观的白水比率、白水饱和度与白水降水转化率等特征参数。其次，选取我国的长江、黄河、珠江与三江源四个流域(片)进行空地耦合的特征分析，给出各流域的空地水转化的特征参数。

4)对我国的长江、黄河、珠江和三江源四个流域(片)进行了总水物质通量、白水(通量)、白水比率及白水饱和度与降水量的相关性分析。结果表明，白水比率和白水饱和度与降水量的相关性优于总水物质通量与白水(通量)，且白水饱和度的结果优于白水比率，白水(通量)的结果优于总水物质通量。

9.2 主要创新点

空中水向地表水转化是水循环中的关键过程，对地表自然生态环境和水资源的形成与演变具有深远的影响。本书针对空中水资源的输移及其降水转化规律开展了一系列的研究，对促进水循环和水资源机理研究具有科学价值。本书的主要创新点可以概况为以下四个方面：

1)提出了单位迹线和迹线上水量的概念,使得水汽输送路径上蒸发和降水之间关系清晰化,解决了空中水汽输送路径解构的问题;提出了同一降水事件不同高度层上单位迹线降水量的分配方法和单位迹线沿程水量的3种计算方法,为考虑水汽源汇对应关系的迹线方法建立了模型框架,并采用多线程和共享内存技术开发了大规模迹线计算并行程序。

2)将空中水物质通量划分为具有降水潜力的白水和与降水无关的背景水两部分,提出了白水的概念。白水代表的是空中输送的与降水有关的水物质,而背景水则是与降水过程无关的水物质;白水和背景水将空中水物质通量与降水转化相关的过程一分为二,解决了采用总水物质或云水路径进行长时间降水统计分析中的评估问题。概化的白水概念使空中水与降水、地表水相互转化的长期统计分析变得简单高效,为空地水转化研究提供了新的视角和工具。

3)提出了白水比率、白水饱和度和白水降水效率三个关键特征参数,形成了白水及其降水转化的分析理论。白水比率反映了白水(通量)占总水物质通量的比值,是空中输送的水物质与降水有关的比例的定量表达;白水饱和度反映了白水的饱和程度,是空中输送的水物质降水条件的定量表达;白水降水效率反映了在单位距离上白水向降水转化比率,是不同地区的白水降水转化强度的公允表达。全球时空分布与三江源地区、塔里木盆地的典型案例分析结果表明,这些参数可以有效地评估分析不同地区的空中输送水物质状态及其降水转化的气候特征。

4)推导出了用于空地水耦合分析的流域白水的宏观特征参数,建立了流域尺度的空地水转化统计分析方法。流域的白水(通量)、白水比率和白水饱和度分别表征了进入流域的与降水有关的水物质的多寡及其状态特征。对于单点的白水降水效率,其表征的是白水输送单位距离转化为降水的比率,而流域的白水降水转化率表征了流域总降水量占白水的比值。两者均反映了白水的转化效率,前者与流域无关,后者反映了流域特性。全球和我国典型流域的空地水耦合分析的统计结果表明,上述参数能够反映流域空中水物质输送及其降水转化的宏观特性;采用我国典型流域进行流域总水物质通量、白水(通量)、白水比率和白水饱和度与流域内降水的相关性分析,验证了白水及其特征参数比总水物质通量更能反映降水量的多寡,反映了白水概念具有重要的理论意义和实际应用价值。

9.3 研究展望

本书提出了一些新的概念和方法,由于不同学科的研究视角与习惯不同,可能有些提法仍有不妥之处,将在未来工作中与不同学科的专家学者不断交流,逐渐改进。从已经开展的具体工作来看,以下方面还存在进一步研究改进的空间:

1)在水汽输送路径方面,本书提出的以单位迹线水量为核心概念表达空中水汽输送量的理论及方法在整体架构上是合理和完备的，但是在实现细节上还有诸多可优化之处。例如，本书将所有单位迹线的长度统一指定为 10 天，这是一种粗化的假设，不符合实际情况，尤其对于局部水循环非常强烈的地区不能适用。对于迹线沿程水量的计算，本书提出的三种方法基于的物理假设都非常简单，即便其中最精确的比湿梯度分配法也是如此。

2)在空中水资源的评估方法方面，背景水的估算是白水定量计算的基础，虽然本书提出的两种计算方法得到了接近的结果，但依然存在较多缺陷：晴空水汽法无法解决一个地区始终多云的情况，如亚马孙热带雨林和刚果热带雨林等，而临界降水法无法解决降水稀少地区的统计，如撒哈拉沙漠等。目前采用单一的晴空水汽法在亚马孙河流域、刚果河流域的背景水和白水统计上存在问题，导致相关分析无法开展。因此，如何结合两种判定方法或提出新的判定方法以更准确地评估背景水，是值得继续深入研究的地方。

3)本书只采用了 ERA-Interim 再分析数据集进行分析，并未使用其他再分析数据或卫星数据进行分析或验证，可能会因为 ERA-Interim 再分析数据集某些潜在的系统性误差等数据质量问题而产生研究结果的偏差。因此，进行多数据的对比分析是提高本书结果可信度的措施之一。

本书尝试从水资源的角度为空中水资源评估、空中水资源输送、空地水转化等研究提供新的工具与初步案例，希望有助于更好地认识水循环过程和水资源来源。在气候变化条件下，生态系统和人类生产生活所需的水资源可能因水循环过程的变化承受沉重压力，空中水资源的开发利用技术、空地水资源的耦合管理方法等相关工程技术与管理制度研究也宜尽早开展。空中水资源利用的效益、影响，可利用的界限将是未来研究的重点。

主要参考文献

柏睿. 大规模河网提取方法与河流结构规律[D]. 北京:清华大学,2015.

蔡淼. 中国空中云水资源和降水效率的评估研究[D]. 南京:南京信息工程大学,2013.

曹云昌,陈永奇,李炳华,等. 利用地基 GPS 测量大气水汽廓线的方法[J]. 气象科技,2006,(03):241-245.

曾勇,杨莲梅,张迎新. 新疆西部一次大暴雨过程水汽输送轨迹模拟[J]. 沙漠与绿洲气象,2017,11(03):47-54.

陈德辉,薛纪善. 数值天气预报业务模式现状与展望[J]. 气象学报,2004,(05):623-633.

陈秋萍,曾光平,冯宏芳,等. 对流云总降水量和降水效率估测[J]. 应用气象学报,2005,(02):260-263.

陈亚宁,杨青,罗毅,等. 西北干旱区水资源问题研究思考[J]. 干旱区地理,2012,35(01):1-9.

程国栋,赵文智. 绿水及其研究进展[J]. 地球科学进展,2006,(03):221-227.

程国栋,赵传燕. 西北干旱区生态需水研究[J]. 地球科学进展,2006,21(11):1101-1108.

丁一汇,胡国权. 1998 年中国大洪水时期的水汽收支研究[J]. 气象学报,2003,(02):129-145.

傅云飞,宇如聪,徐幼平,等. TRMM 测雨雷达和微波成像仪对两个中尺度特大暴雨降水结构的观测分析研究[J]. 气象学报,2003,(04):421-431,513-516.

黄美元,徐华英. 云和降水物理[M]. 北京:科学出版社,1999.

黄荣辉,张振洲,黄刚,等. 夏季东亚季风区水汽输送特征及其与南亚季风区水汽输送的差别[J]. 大气科学,1998,(04):76-85.

江志红,梁卓然,刘征宇,等. 2007 年淮河流域强降水过程的水汽输送特征分析[J]. 大气科学,2011,35(02):361-372.

雷恒池,洪延超,赵震,等. 近年来云降水物理和人工影响天气研究进展[J]. 大气科学,2008,(04):967-974.

李家叶，李铁键，王光谦，等. 空中水资源及其降水转化分析[J]. 科学通报，2018，63(26)：2785-2796.

李丽平. 大气环流概论[M]. 北京：科学出版社，2013.

李庆扬. 数值计算原理[M]. 北京：清华大学出版社，2000.

李生辰，李栋梁，赵平，等. 青藏高原“三江源地区”雨季水汽输送特征[J]. 气象学报，2009，67(04)：591-598.

李万莉，王可丽，傅慎明，等. 区域西风指数对西北地区水汽输送及收支的指示性[J]. 冰川冻土，2008，(01)：28-34.

李小雁. 流域绿水研究的关键科学问题[J]. 地球科学进展，2008，(07)：707-712.

李小雁，马育军，宋冉，等. 陆地生态系统绿水资源开发与雨水集流技术潜力分析[J]. 科技导报，2007，25(24)：52-57.

李兴宇，郭学良，朱江. 中国地区空中云水资源气候分布特征及变化趋势[J]. 大气科学，2008，(05)：1094-1106.

林振耀，吴祥定. 青藏高原水汽输送路径的探讨[J]. 地理研究，1990，(03)：33-40.

林振耀，郑度. 新疆塔里木盆地东缘水汽输送探讨[J]. 干旱区研究，1992，(02)：1-7.

林植林. 实分析中关于 Lipschitz 条件的一个充要条件[J]. 大学数学，2014，30(04)：65-67.

刘昌明. 中国水资源现状评价和供需发展趋势分析[M]. 北京：中国水利水电出版社，2001.

刘国纬，周仪. 中国大陆上空水汽输送的研究[J]. 水文，1983，(02)：29-33.

刘国纬. 中国大陆上空可降水的时空分布[J]. 水利学报，1984，(05)：1-9.

刘健文. 天气分析预报物理量计算基础[M]. 北京：气象出版社，2005.

刘文杰，张克映，张光明，等. 西双版纳热带雨林干季林冠雾露水资源效应研究[J]. 资源科学，2001，23(2)：75-80.

马梁臣，孙力，王宁. 东北地区典型暴雨个例的水汽输送特征分析[J]. 高原气象，2017，36(04)：960-970.

苗秋菊，徐祥德，施小英. 青藏高原周边异常多雨中心及其水汽输送通道[J]. 气象，2004，(12)：44-47.

强安丰，魏加华，解宏伟. 青海三江源地区气温与降水变化趋势分析[J]. 水电能源科学，2018，36(02)：10-14.

秦育婧，卢楚翰. 利用高分辨率 ERA-Interim 再分析资料对 2011 年夏季江淮区域水汽汇的诊断分析[J]. 大气科学，2013，37(06)：1210-1218.

沈桐立. 数值天气预报[M]. 北京：气象出版社，2015.

施小英，施晓晖. 夏季青藏高原东南部水汽收支气候特征及其影响[J]. 应用气象学报，2008，(01)：41-46.

宋淑丽，朱文耀，廖新浩. 地基 GPS 气象学研究的主要问题及最新进展[J]. 地球科学进展，2004，(02)：250-259.

苏人琼，陈远生. 中国降水量与农田需水量[J]. 中国农业科学导报，2002，2(2)：50-53.

孙颖，丁一汇. 1997 年东亚夏季风异常活动在汛期降水中的作用[J]. 应用气象学报，2002，(03)：277-287.

陶诗言，丁一汇，周晓平. 暴雨和强对流天气的研究[J]. 大气科学，1979，(03)：227-238.

王根绪，李琪，程国栋，等. 40 年来江河源区的气候变化特征及其生态环境效应[J]. 冰川冻土，2001，(04)：346-352.

王光谦，李铁键，李家叶，等. 黄河流域源区与上中游空中水资源特征分析[J]. 人民黄河，2016，(10)：79-82.

王光谦，钟德钰，李铁键，等. 天空河流：发现、概念及其科学问题[J]. 中国科学：技术科学，2016，46(6)：649.

王浩，秦大庸，陈晓军，等. 水资源评价准则及其计算口径[J]. 水利水电技术，2004，(02)：1-4.

王可丽，江灏，赵红岩. 西风带与季风对中国西北地区的水汽输送[J]. 水科学进展，2005，(03)：432-438.

王宁远. 比三个西湖还大的史前巨作——良渚古城外围水利系统发现纪实[J]. 杭州(周刊)，2019，(26)：26-31.

魏娜，巩远发，孙娴，等. 西北地区近 50a 降水变化及水汽输送特征[J]. 中国沙漠，2010，30(06)：1450-1457.

吴伯雄. 中国的平均可能降水量[J]. 南京大学学报(自然科学版)，1959，(06)：43-48.

夏自强，李琼芳. 土壤水资源及其评价方法研究[J]. 水科学进展，2001，12(4)：535-540.

谢安，毛江玉，宋焱云，等. 长江中下游地区水汽输送的气候特征[J]. 应用气象学报，2002，(01)：67-77.

谢启玉，巩远发，杨蓉，等. 基于 ERA-Interim 资料分析青藏高原"湿池"变化特征[J]. 自然资源学报，2015，30(07)：1163-1171.

谢潇，何金海，祁莉. 4 种再分析资料在中国区域的适用性研究进展[J]. 气象与环境学报，2011，27(05)：58-65.

徐淑英. 我国的水汽输送和水分平衡[J]. 气象学报，1958，(01)：33-43.

许健民，杨军，张志清，等. 我国气象卫星的发展与应用[J]. 气象，2010，36(07)：94-100.

阎百兴，邓伟. 三江平原露水资源研究[J]. 自然资源学报，2004，19(6)：732-737.

杨景梅，邱金桓. 我国可降水量同地面水汽压关系的经验表达式[J]. 大气科学，1996，(05)：620-626.

姚展予，袁健，李万彪，等. 用GMS-5卫星资料结合地面资料联合估算水汽分布[J]. 气候与环境研究，2001，(02)：197-202.

俞亚勋，王劲松，李青燕. 西北地区空中水汽时空分布及变化趋势分析[J]. 冰川冻土，2003，(02)：149-156.

张继群，万育生. 空中水资源的开发与利用[J]. 中国水利，2004，(07)：15-17，5.

张良，王式功，尚可政，等. 中国人工增雨研究进展[J]. 干旱气象，2006，(04)：73-81.

张亚宁，张明军，王圣杰，等. 基于比湿订正拉格朗日模型的新疆短时强降水的水汽来源[J]. 干旱区研究，2019，36(03)：698-711.

张宇，李铁键，李家叶，等. 西风带和南亚季风对三江源雨季水汽输送及降水的影响[J]. 水科学进展，2019，(1)：1-12.

赵天保，符淙斌，柯宗建，等. 全球大气再分析资料的研究现状与进展[J]. 地球科学进展，2010，25(03)：242-254.

赵阳，徐祥德，赵天良，等. 中国东部夏季暴雨极端事件与水汽输送相关流型特征[J]. 中国科学：地球科学，2016，46(08)：1123-1140.

赵志军. 中国农业起源概述[J]. 遗产与保护研究，2019，4(1)：1-7.

中国气象局. 开发空中水资源的发展趋势[OL]. 2012-03-19. http://www.cma.gov.cn/2011xzt/2012zhuant/20120302/2012030206/201203020605/201203/t20120309_164163.html.

周长艳，李跃清，李薇，等. 青藏高原东部及邻近地区水汽输送的气候特征[J]. 高原气象，2005，(06)：880-888.

Adams D K，Comrie A C. The North American Monsoon[J]. Bulletin of the American Meteorological Society，1997，78(10)：2197-2213.

Anderson G P. AFGL atmospheric constituent profiles(0. 120km)[R]. Massachusetts：Air Force Geophysics LAB Hanscom AFB，1986.

Andreev K，Racke H. Balanced graph partitioning[J]. Theory of Computing Systems，2006，39(6)：929-939.

ASCE. Policy Statement 275—Atmospheric Water Resources Management[OL]. 2018-07-13. https://www.asce.org/issues-and-advocacy/public-policy/policy-statement-275——atmosphericwater-resources-management.

Barnett K L, Facey S L. Grasslands, Invertebrates, Precipitation: A Review of the Effects of Climate Change[J]. Frontiers in Plant Science, 2016, 7: 1196.

Barras V, Simmonds I. Observation and modeling of stable water isotopes as diagnostics of rainfall dynamics over southeastern Australia[J]. Journal of Geophysical Research, 2009, 114(D23): 674.

Beier C, Beierkuhnlein C, Wohlgemuth T, et al. Precipitation manipulation experiments—challenges and recommendations for the future[J]. Ecology Letters, 2012, 15 (8): 899-911.

Benton G S, Estoque M A. Water-vapor transfer over the North American Continent [J]. Journal of Meteorology, 1954, 11(6): 462-477.

Berrisford P, Kallberg P, Kobayashi S, et al. Atmospheric conservation properties in ERA-Interim[J]. Quarterly Journal of the Royal Meteorological Society, 2011, 137(659): 1381-1399.

Bevis M, Businger S, Herring T A, et al. GPS meteorology: Remote sensing of atmospheric water vapor using the global positioning system[J]. Journal of Geophysical Research, 1992, 97(D14): 15787.

Bogacki P, Shampine L F. A 3(2) pair of Runge-Kutta formulas[J]. Applied Mathematics Letters, 1989, 2(4): 321-325.

Bosilovich M G, Robertson F R, Takacs L, et al. Atmospheric Water Balance and Variability in the MERRA-2 Reanalysis[J]. Journal of Climate, 2017, 30(4): 1177-1196.

Braham R R. The water and energy budgets of the thunderstorm and their relation to thunderstorm development[J]. Journal of Meteorology, 1952, 9(4): 227-242.

Brubaker K L, Dirmeyer P A, Sudradjat A, et al. A 36-yr Climatological Description of the Evaporative Sources of Warm-Season Precipitation in the Mississippi River Basin[J]. Journal of Hydrometeorology, 2001, 2(6): 537-557.

Brubaker K L, Entekhabi D, Eagleson P S. Estimation of Continental Precipitation Recycling[J]. Journal of Climate, 1993, 6(6): 1077-1089.

Buluç A, Meyerhenke H, Safro I, et al. Recent advances in graph partitioning[M]. Cham: Springer, 2016.

Chen B, Xu X-D, Yang S, et al. On the origin and destination of atmospheric moisture and air mass over the Tibetan Plateau[J]. Theoretical and Applied Climatology, 2012, 110

(3):423-435.

Chen M,Shi W,Xie P,et al. Assessing objective techniques for gauge-based analyses of global daily precipitation[J]. Journal of Geophysical Research,2008,113(D4):1147.

Chen Y,Luo Y. Analysis of paths and sources of moisture for the South China rainfall during the presummer rainy season of 1979-2014[J]. Journal of Meteorological Research, 2018,32(5):744-757.

Chen Z,Shen H T,Zhou X. Discovering popular routes from trajectories[A]. In:2011 IEEE 27th International Conference on Data Engineering[C]. Hannover: IEEE, 2011, 900-911.

Cleveland W S. Lowess—a program for smoothing scatterplots by robust locally weighted regression[J]. American Statistician,1981,35(1):54.

Cleveland W S. Robust Locally Weighted Regression and Smoothing Scatterplots[J]. Journal of the American Statistical Association,1979,74:829-836.

Committee on Science, Space, and Technology. House Hearing, 112th Congress: To Observe and Protect:How Noaa Procures Data for Weather Forecasting[R]. New York:U. S. Government Printing Office,2012.

Dee D P,Uppala S M,Simmons A J,et al. The ERA-Interim reanalysis:configuration and performance of the data assimilation system[J]. Quarterly Journal of the Royal Meteorological Society,2011,137(656):553-597.

Dimri A P. Atmospheric water budget over the western Himalayas in a regional climate model[J]. Journal of Earth System Science,2012,121(4):963-973.

Ding Y H,Chan J C. The East Asian summer monsoon:an overview[J]. Meteorology and Atmospheric Physics,2005,89(1-4):117-142.

Dirmeyer P A,Brubaker K L. Characterization of the Global Hydrologic Cycle from a Back-Trajectory Analysis of Atmospheric Water Vapor[J]. Journal of Hydrometeorology, 2007,8(1):20-37.

Dirmeyer P A, Brubaker K L. Contrasting evaporative moisture sources during the drought of 1988 and the flood of 1993[J]. Journal of Geophysical Research, 1999, 104 (D16):19383-19397.

Dong W, Lin Y, Wright J S, et al. Summer rainfall over the southwestern Tibetan Plateau controlled by deep convection over the Indian subcontinent [J]. Nature Communications,2016,7:10925.

Dormand J R,Prince P J. A family of embedded Runge-Kutta formulae[J]. Journal of Computational and Applied Mathematics,1980,6(1):19-26.

Douglas M W,Maddox R A,Howard K,et al. The Mexican Monsoon[J]. Journal of Climate,1993,6(8):1665-1677.

Drake F. Global cloud cover and cloud water path from ISCCP C2 data [J]. International Journal of Climatology,1993,13(6):581-605.

Draxler R R, Hess G D. An overview of the HYSPLIT_4 modeling system of trajectories,dispersion,and deposition[J]. Australian Meteorological magazine,1998,47:295-308.

Eagleson P S. Dynamic hydrology[M]. New York:McGraw-Hill Book Company,1970.

Eltahir E A B,Bras R L. Precipitation recycling in the Amazon basin[J]. Quarterly Journal of the Royal Meteorological Society,1994,120(518):861-880.

Falkenmark M. Coping with water scarcity under rapid population growth [C]. Pretoria:Conference of SADC ministers,1995.

Falkenmark M,Lannerstad M. Consumptive water use to feed humanity—curing a blind spot[J]. Hydrology and Earth System Sciences,2005,9(1-2):15-28.

Fiduccia C M,Mattheyses R M. A linear-time heuristic for improving network partitions[A]. In:19th Design Automation Conference[C]. New York:IEEE,1982.

Fu B T,Zeng X F. Variations of Water Vapor Transports in Three Rivers' Headstream during 1971—2010[J]. Advanced Materials Research,2014(1):1760-1763.

Fujisada H,Urai M,Iwasaki A. Technical Methodology for ASTER Global DEM[J]. IEEE Transactions on Geoscience and Remote Sensing,2012,50(10):3725-3736.

Gaffney S. Probabilistic curve-aligned clustering and prediction with regression mixture models[D]. Irvine:University of California,2004.

Gat J R,Matsui E. Atmospheric water balance in the Amazon basin:An isotopic evapotranspiration model[J]. Journal of Geophysical Research,1991,96(D7):13179.

Gimeno L,Drumond A,Nieto R,et al. On the origin of continental precipitation[J]. Geophysical Research Letters,2010,37(13):1-5.

Gleick P H. Water in Crisis:A Guide to the World's Fresh Water Resources[M]. Cambridge:Oxford University Press,1993.

Godel N,Nunn N,Warburton T,et al. Scalability of higher-order discontinuous Galerkin FEM computations for solving electromagnetic wave propagation problems on

GPU clusters[J]. IEEE Transactions on Magnetics,2010,46(8):3469-3472.

Grody N. Remote sensing of atmospheric water content from satellites using microwave radiometry[J]. IEEE Transactions on Antennas and Propagation,1976,24(2):155-162.

Hagen L,Kahng A B. New spectral methods for ratio cut partitioning and clustering[J]. IEEE transactions on computer-aided design of integrated circuits and systems,1992,11(9):1074-1085.

Hagos S, Ruby Leung L, Zhao C, et al. How Do Microphysical Processes Influence Large-Scale Precipitation Variability and Extremes? [J]. Geophysical Research Letters,2018,45(3):1661-1667.

Hegerl G C,Black E,Allan R P,et al. Challenges in Quantifying Changes in the Global Water Cycle[J]. Bulletin of the American Meteorological Society,2015,96(7):1097-1115.

Heymsfield A J. Precipitation Development in Stratiform Ice Clouds:A Microphysical and Dynamical Study[J]. Journal of the Atmospheric Sciences,1977,34(2):367-381.

Higgins R W,Yao Y,Wang X L. Influence of the North American Monsoon System on the U. S. Summer Precipitation Regime[J]. Journal of Climate,1997,10(10):2600-2622.

Hobbs P V,Matejka T J,Herzegh P H,et al. The Mesoscale and Microscale Structure and Organization of Clouds and Precipitation in Midlatitude Cyclones. I:A Case Study of a Cold Front[J]. Journal of the Atmospheric Sciences,1980,37(3):568-596.

Holloway C E,Neelin J D. Moisture Vertical Structure,Column Water Vapor,and Tropical Deep Convection[J]. Journal of the Atmospheric Sciences,2009,66(6):1665-1683.

Horton R E. Erosional Development of Streams and Their Drainage Basins; Hydrophysical Approach to Quantitative Morphology[J]. Geological Society of America Bulletin,1945,56(3):275.

Hou A Y,Kakar R K,Neeck S,et al. The Global Precipitation Measurement Mission [J]. Bulletin of the American Meteorological Society,2014,95(5):701-722.

Hoyos I,Dominguez F,Cañón-Barriga J,et al. Moisture origin and transport processes in Colombia,northern South America[J]. Climate Dynamics,2018,50(3-4):971-990.

Iqbal M. An Introduction To Solar Radiation[M]. Oxford:Elsevier Science,1983.

Jiang Z,Jiang S,Shi Y,et al. Impact of moisture source variation on decadal-scale changes of precipitation in North China from 1951 to 2010[J]. Journal of Geophysical Research:Atmospheres,2017,122(2):600-613.

Joyce R J,Janowiak J E,Arkin P A,et al. CMORPH:A Method that Produces Global Precipitation Estimates from Passive Microwave and Infrared Data at High Spatial and Temporal Resolution[J]. Journal of Hydrometeorology,2004,5(3):487-503.

Karam H N,Bras R L. Estimates of Net Atmospheric Moisture Flux Convergence over the Amazon Basin: A Comparison of Reanalysis Products [J]. Journal of Hydrometeorology,2008,9(5):1035-1047.

Karypis G, Kumar V. A fast and high quality multilevel scheme for partitioning irregular graphs[J]. SIAM Journal on scientific Computing,1998a,20(1):359-392.

Karypis G,Kumar V. Multilevelk-way partitioning scheme for irregular graphs[J]. Journal of Parallel and Distributed computing,1998,48(1):96-129.

Karypis G,Kumar V. Multilevel algorithms for multi-constraint graph partitioning [A]. In:SC'98:Proceedings of the 1998 ACM/IEEE Conference on Supercomputing[C]. New York:IEEE,1998.

Kawanishi T,Kuroiwa H,Kojima M,et al. TRMM Precipitation Radar[J]. Advances in Space Research,2000,25(5):969-972.

Kernighan B W,Lin S. An efficient heuristic procedure for partitioning graphs[J]. Bell System Technical Journal,1970,49(2):291-307.

Kimmel J S,Alfieri R A,De F M A,et al. Operating system for a non-uniform memory access multiprocessor system:US6105053A[P]. 2008-8-15.

Knapp A K, Beier C, Briske D, et al. Consequences of More Extreme Precipitation Regimes for Terrestrial Ecosystems[J]. BioScience,2008,58(9):811-821.

Knapp A K,Fay P A,Blair J M,et al. Rainfall variability,carbon cycling,and plant species diversity in a mesic grassland[J]. Science(New York),2002,298(5601):2202-2205.

Kröpelin S,Verschuren D,Lézine A-M,et al. Climate-driven ecosystem succession in the Sahara:the past 6000 years[J]. Science(New York),2008,320(5877):765-768.

Kummerow C, Barnes W, Kozu T, et al. The Tropical Rainfall Measuring Mission (TRMM) Sensor Package[J]. Journal of Atmospheric and Oceanic Technology,1998,15(3):809-817.

Lee J G,Han J,Whang K Y. Trajectory clustering:a partition-and-group framework [A]. In:Proceedings of the 2007 ACM SIGMOD international conference on Management of data[C]. Now York:ACM,2007.

Li L,Dolman A J,Xu Z. Atmospheric Moisture Sources,Paths,and the Quantitative

Importance to the Eastern Asian Monsoon Region[J]. Journal of Hydrometeorology, 2016a,17(2):637-649.

Li X, Zhou W, Chen Y D. Detecting the origins of moisture over southeast China: Seasonal variation and heavy rainfall[J]. Advances in Atmospheric Sciences,2016b,33(3): 319-329.

Liu J, Stewart R E, Szeto K K. Moisture Transport and Other Hydrometeorological Features Associated with the Severe 2000/01 Drought over the Western and Central Canadian Prairies[J]. Journal of Climate,2004,17(2):305-319.

Liu J,Zehnder A J B, Yang H. Global consumptive water use for crop production: The importance of green water and virtual water[J]. Water Resources Research, 2009, 45 (5):65.

Manabe S,Bryan K,Spelman M J. A Global Ocean-Atmosphere Climate Model. Part I. The Atmospheric Circulation[J]. Journal of Physical Oceanography,1975,5(1):3-29.

Martz L W, Garbrecht J. An outlet breaching algorithm for the treatment of closed depressions in a raster DEM[J]. Computers & Geosciences,1999,25(7):835-844.

Martz L W, Jong E. Catch: A Fortran program for measuring catchment area from digital elevation models[J]. Computers & Geosciences,1988,14(5):627-640.

Matsuyama H,Oki T,Shinoda M,et al. The Seasonal Change of the Water Budget in the Congo River Basin[J]. Journal of the Meteorological Society of Japan. Ser. Ⅱ,1994,72 (2):281-299.

Montgomery D R,Dietrich W E. Source areas,drainage density,and channel initiation [J]. Water Resources Research,1989,25(8):1907-1918.

Montgomery D R,Foufoula-Georgiou E. Channel network source representation using digital elevation models[J]. Water Resources Research,1993,29(12):3925-3934.

Moore I D, Turner AK, Wilson J P, et al. GIS and land surface-subsurface modeling [A]. In:Goodchild M F,Parks B O,Steyaert L T. Environmental modeling with GIS[C]. Cambridge:Oxford University Press,1993:196-230.

Munné-Bosch S, Nogues S, Alegre L. Diurnal variations of photosynthesis and dew absorption by leaves in two evergreen shrubs growing in Mediterranean field conditions[J]. New Phytologist,1999,144(1):109-119.

Newman M E. Modularity and community structure in networks[J]. Proceedings of the national academy of sciences,2006,103(23):8577-8582.

Numaguti A. Origin and recycling processes of precipitating water over the Eurasian continent：Experiments using an atmospheric general circulation model[J]. Journal of Geophysical Research：Atmospheres，1999，104(D2)：1957-1972.

Oki T，Musiake K，Matsuyama H，et al. Global atmospheric water balance and runoff from large river basins[J]. Hydrological Processes，1995，9(5-6)：655-678.

Palmén E，Newton C W. Atmospheric circulation systems：Their structure and physical interpretation[M]. New York：Acad. Press，1969.

Parkinson C L. Aqua：an earth-observing satellite mission to examine water and other climate variables[J]. IEEE Transactions on Geoscience and Remote Sensing，2003，41(2)：173-183.

Petterssen S. Weather analysis and forecasting：a textbook on synoptic meteorology [M]. London：McGraw-Hill Book Company，1940.

Pokam W M，Djiotang L A T，Mkankam F K. Atmospheric water vapor transport and recycling in Equatorial Central Africa through NCEP/NCAR reanalysis data[J]. Climate Dynamics，2012，38(9-10)：1715-1729.

Pruppacher H R，Klett J D. Microphysics of clouds and precipitation[R]. London：Kluwer Academic，1997.

Randel D L，Greenwald T J，Vonder Haar T H，et al. A New Global Water Vapor Dataset[J]. Bulletin of the American Meteorological Society，1996，77(6)：1233-1246.

Rasmusson E M. Atmospheric Water Vapor Transport and the Water Balance of North America：PART I. Characteristics of the Water Vapor Flux Field[J]. Monthly Weather Review，1967，95(7)：403-426.

Ringersma J. Green Water：Definitions and Data for Assessment[R]. Wageningen：ISRIC，2003.

Rockström J. On-farm green water estimates as a tool for increased food production in water scarce regions[J]. Physics and Chemistry of the Earth，Part B：Hydrology，Oceans and Atmosphere，1999，24(4)：375-383.

Rockström J，Gordon L. Assessment of green water flows to sustain major biomes of the world：Implications for future ecohydrological landscape management[J]. Physics and Chemistry of the Earth，Part B：Hydrology，Oceans and Atmosphere，2001，26(11-12)：843-851.

Rossow W B，Schiffer R A. ISCCP Cloud Data Products[J]. Bulletin of the American

Meteorological Society, 1991, 72(1): 2-20.

Savenije H H G. Water scarcity indicators; the deception of the numbers[J]. Physics and Chemistry of the Earth, Part B: Hydrology, Oceans and Atmosphere, 2000, 25(3): 199-204.

Shahzad F, Gloaguen R. TecDEM: A MATLAB based toolbox for tectonic geomorphology, Part 1: Drainage network preprocessing and stream profile analysis[J]. Computers & Geosciences, 2011, 37(2): 250-260.

Shi J, Malik J. Normalized cuts and image segmentation[J]. Departmental Papers (CIS), 2000, 1: 107.

Shukla J, Nobre C, Sellers P. Amazon deforestation and climate change[J]. Science (New York), 1990, 247(4948): 1322-1325.

Shuttleworth W J. Evaporation from Amazonian rainforest[J]. Proceedings of the Royal Society of London. Series B. Biological Sciences, 1988, 233(1272): 321-346.

Simmonds I, Bi D, Hope P. Atmospheric Water Vapor Flux and Its Association with Rainfall overChina in Summer[J]. Journal of Climate, 1999, 12(5): 1353-1367.

Simmons A, Uppala S, Dee D, et al. ERA-Interim: New ECMWF reanalysis products from 1989 onwards[J]. ECMWF Newsletter, 2007, (110): 25-35.

Sodemann H, Schwierz C, Wernli H. Interannual variability of Greenland winter precipitation sources: Lagrangian moisture diagnostic and North Atlantic Oscillation influence[J]. Journal of Geophysical Research, 2008, 113(D3): 1939.

Sodemann H, Stohl A. Asymmetries in the moisture origin of Antarctic precipitation [J]. Geophysical Research Letters, 2009, 36(22): 149.

Solheim F, Godwin J R, Westwater E R, et al. Radiometric profiling of temperature, water vapor and cloud liquid water using various inversion methods[J]. Radio Science, 1998, 33(2): 393-404.

Stein A F, Draxler R R, Rolph G D, et al. NOAA's Hysplit Atmospheric Transport and Dispersion Modeling System[J]. Bulletin of the American Meteorological Society, 2015, 96(12): 2059-2077.

Stephens G L, Vane D G, Boain R J, et al. The Cloudsat Mission and the A-Train[J]. Bulletin of the American Meteorological Society, 2002, 83(12): 1771-1790.

Stohl A, Forster C, Frank A, et al. Technical note: The Lagrangian Particle Dispersion Model Flexpart version 6.2[J]. Atmospheric Chemistry and Physics, 2005, 5(9):

2461-2474.

Stohl A, James P. A Lagrangian Analysis of the Atmospheric Branch of the Global Water Cycle. Part Ⅱ: Moisture Transports between Earth's Ocean Basins and River Catchments[J]. Journal of Hydrometeorology, 2005b, 6(6): 961-984.

Stohl A, James P. A Lagrangian Analysis of the Atmospheric Branch of the Global Water Cycle. Part I: Method Description, Validation, and Demonstration for the August 2002 Flooding in Central Europe[J]. Journal of Hydrometeorology, 2004, 5(4): 656-678.

Stohl A. Computation, Accuracy and Applications of Trajectories—A Review and Bibliography[J]. Atmospheric Environment, 1998, 32(6): 947-966.

Strahler A N. Quantitative Analysis of Watershed Geomorphology[J]. Transactions, American Geophysical Union, 1957, 38(6): 913.

Stroud W G. Initial Results of the TIROS I Meteorological Satellite[J]. Journal of Geophysical Research, 1960, 65(5): 1643.

Sui C H, Li X, Yang M J. On the Definition of Precipitation Efficiency[J]. Journal of the Atmospheric Sciences, 2007, 64(12): 4506-4513.

Sun B, Wang H. Analysis of the major atmospheric moisture sources affecting three sub-regions of East China[J]. International Journal of Climatology, 2015, 35(9): 2243-2257.

Sun B, Wang H. Moisture Sources of Semiarid Grassland in China Using the Lagrangian Particle Model Flexpart[J]. Journal of Climate, 2014, 27(6): 2457-2474.

Sun Q, Miao C, Duan Q, et al. A Review of Global Precipitation Data Sets: Data Sources, Estimation, and Intercomparisons[J]. Reviews of Geophysics, 2018, 56(1): 79-107.

Tao H, Gemmer M, Bai Y, et al. Trends of streamflow in the Tarim River Basin during the past 50years: Human impact or climate change? [J]. Journal of Hydrology, 2011, 400(1-2): 1-9.

Trenberth K E, Fasullo J T, Mackaro J. Atmospheric Moisture Transports from Ocean to Land and Global Energy Flows in Reanalyses[J]. Journal of Climate, 2011, 24(18): 4907-4924.

Trenberth K E, Smith L, Qian T, et al. Estimates of the Global Water Budget and Its Annual Cycle Using Observational and Model Data[J]. Journal of Hydrometeorology, 2007, 8(4): 758-769.

Trenberth K E, Stepaniak D P, Caron J M. The Global Monsoon as Seen through the Divergent Atmospheric Circulation[J]. Journal of Climate, 2000, 13(22): 3969-3993.

Trenberth K E, Stepaniak D P, Hurrell J W, et al. Quality of Reanalyses in the Tropics [J]. Journalof Climate, 2001, 14(7): 1499-1510.

Trenberth K E. Atmospheric moisture residence times and cycling: Implications for rainfall rates and climate change[J]. Climatic Change, 1998, 39(4): 667-694.

Tuinenburg O A, Hutjes R W A, Kabat P. The fate of evaporated water from the Ganges basin[J]. Journal of Geophysical Research: Atmospheres, 2012, (D1): 117.

UN. Water Development and Management [A]. In: Proceedings of the UN Water Conference 1977[C]. Oxford: Programon Press, 1978.

Van der Ent R J, Savenije H H G, Schaefli B, et al. Origin and fate of atmospheric moisture over continents[J]. Water Resources Research, 2010, 46(9): 61.

Van der Ent R J, Savenije H H G. Length and time scales of atmospheric moisture recycling[J]. Atmospheric Chemistry and Physics, 2011, 11(5): 1853-1863.

Van der Ent R J, Tuinenburg O A, Knoche H-R, et al. Should we use a simple or complex model for moisture recycling and atmospheric moisture tracking? [J]. Hydrology and Earth System Sciences, 2013, 17(12): 4869-4884.

Vörösmarty C J. Global River Discharge Database (RivDIS V1. 0) [R]. Paris: Unesco, 1996.

Wang B, LinHo. Rainy Season of the Asian-Pacific Summer Monsoon[J]. Journal of Climate, 2002, 15(4): 386-398.

Weiser A, Zarantonello S E. A note on piecewise linear and multilinear table interpolation in many dimensions[J]. Mathematics of Computation, 1988, 50(181): 189.

Weng F, Grody N C. Retrieval of cloud liquid water using the special sensor microwave imager(SSM/I)[J]. Journal of Geophysical Research, 1994, 99(D12): 25535.

Willemse S, Furger M. From weather observations to atmospheric and climate sciences in Switzerland: Celebrating 100 years of the Swiss Society for Meteorology[M]. Zürich: Vdf Hochschulsverlag AG an der ETH Zürich, 2016.

Wilson J P. Digital terrain modeling[J]. Geomorphology, 2012, 137(1): 107-121.

Wohl E E. Hydrology and Discharge[A]. In: Gupta A. Large rivers: Geomorphology and management[C]. Chichester: J. Wiley, 2007.

Xie P, Chen M, Yang S, et al. A Gauge-Based Analysis of Daily Precipitation over East Asia[J]. Journal of Hydrometeorology, 2007, 8(3): 607-626.

Xu Z, Liu Z, Fu G, et al. Trends of major hydroclimatic variables in the Tarim River basin during the past 50 years[J]. Journal of Arid Environments, 2010, 74(2): 256-267.

Yang C, Wong D W, Yang R, et al. Performance-improving Techniques in Web-based GIS[J]. International Journal of Geographical Information Science, 2005, 19(3): 319-342.

Yoon J H, Chen T C. Water Vapor Budget of the Indian Monsoon Depression[J]. Tellus A: Dynamic Meteorology and Oceanography, 2005, 57(5): 770-782.

Zhang R. Relations of Water Vapor Transport from Indian Monsoon with that over East Asia and the Summer Rainfall in China[J]. Advances in Atmospheric Sciences, 2001, 18(5): 1005-1017.

Zhang Y, Zhang S, Xia J, et al. Temporal and spatial variation of the main water balance components in the three rivers source region, China from 1960 to 2000[J]. Environmental Earth Sciences, 2013, 68(4): 973-983.

Zheng Y. Trajectory data mining: an overview[J]. ACM Transactions on Intelligent Systems and Technology(TIST), 2015, 6(3): 29.

Zhu Y, Newell R E. A Proposed Algorithm for Moisture Fluxes from Atmospheric Rivers[J]. Monthly Weather Review, 1998, 126(3): 725-735.

Zhu Y, Newell R E. Atmospheric rivers and bombs[J]. Geophysical Research Letters, 1994, 21(18): 1999-2002.

Zeng X F, Zhao N, Huo J Q, et al. Variation Characteristics of Water Vapor Transport and Precipitation in the Three Rivers' Headstream Region during the Recent Several Decades[J]. Journal of Water Resources Research, 2014, 03(02): 95-106.

附录　符号说明

A	流域集水面积，量纲为[L^2]
P	一段时间内的降水深，量纲为[LT^{-1}]
PA	一段时间内流域内累积降水量，量纲为[L^3T^{-1}]
R	一段时间内的径流深，量纲为[LT^{-1}]
RA	一段时间内流域的累积径流量，量纲为[L^3T^{-1}]
ET	一段时间内的蒸散发深，量纲为[LT^{-1}]
ETA	一段时间内流域的累积蒸散发量，量纲为[L^3T^{-1}]
$TCW/TCAW$	垂直积分水物质含量，量纲为[L]
TCC	云覆盖量，无量纲
$T2M$	地表/海洋表面 2 米处气温，量纲为[K]
$TCBW$	背景水汽含量，量纲为[L]
$\overline{TCBW}$	流域平均的背景水汽含量，量纲为[L]
$TCWW$	具有降水潜力的水物质含量，量纲为[L]
$TCSW$	垂直积分饱和水汽含量，量纲为[L]
q	单位宽度总水物质通量，量纲为[L^2T^{-1}]
e_T	总水物质通量的平均输送方向，无量纲
q_B	单位宽度背景水通量，量纲为[$L^2\ T^{-1}$]
e_B	背景水通量的平均输送方向，无量纲
q_W	单位宽度白水(通量)，量纲为[$L^2\ T^{-1}$]
e_W	白水(通量)的平均输送方向，无量纲
Q	进入某个流域内的总水物质通量，量纲为[$L^3\ T^{-1}$]
Q_B	进入某个流域内的背景水通量，量纲为[$L^3\ T^{-1}$]
Q_W	进入某个流域内的白水(通量)，量纲为[$L^3\ T^{-1}$]
Q_{out}	流出某个流域的总水物质通量，量纲为[$L^3\ T^{-1}$]
WWR	白水(通量)比率，无量纲
WWS	白水(通量)饱和度，无量纲
WPE	白水(通量)降水效率，量纲为[L^{-1}]
TPE	总水物质降水效率，量纲为[L^{-1}]

$\overline{WPE}$	流域平均的白水降水效率,量纲为$[L^{-1}]$
$\overline{TPE}$	流域平均的总水物质降水效率,量纲为$[L^{-1}]$
WWR_A	流域宏观白水比率,无量纲
WWS_A	流域宏观白水饱和度,无量纲
WPR	流域宏观白水降水转化率,无量纲
TPR	流域宏观总水物质降水转化率,无量纲
L_W	流域白水输送的等效路径长度,量纲为$[L]$
L_T	流域总水物质输送的等效路径长度,量纲为$[L]$
$R, R(t)$	自然迹线
$\hat{R}, \hat{R}(t)$	单位迹线
$x, x^{\hat{R}}(t)$	迹线的三维坐标
$x, x^{\hat{R}}(t)$	迹线的经度
$y, y^{\hat{R}}(t)$	迹线的纬度
$z, z^{\hat{R}}(t)$	迹线的垂直气压高度
$v, v(t, x)$	风速
$v, v(t, x, y, z)$	经向风速
$u, u(t, x, y, z)$	纬向风速
$w, w(t, x, y, z)$	垂直风速
$e, e^{R}(t)$	自然迹线上水汽的吸收率
$\hat{e}, \hat{e}^{\hat{R}}(t)$	单位迹线上水汽的有效蒸发率
$p, p^{R}(t)$	自然迹线上水汽的损失率
$q, q^{R}(t), q^{\hat{R}}(t)$	迹线上的比湿
$h, h^{\hat{R}}(t)$	单位迹线的水量
$\Re$	单位迹线的集合
P_c	地面降水量
$P, P^{\hat{R}}$	单位迹线的降水量
$E, \hat{E}^{\hat{R}}$	单位迹线的有效蒸发量
ΔE	单位迹线上一段时间内比湿的蒸发量
t_0	单位迹线的起点时刻
t_e	单位迹线的终点时刻
$t_i, t_i^{\hat{R}}$	单位迹线的离散点
$\bar{h}, \bar{h}_i^{\hat{R}}$	单位迹线水量的离散值
$\Delta\bar{h}, \Delta\bar{h}(t_i^{\hat{R}})$	单位迹线离散点的水量变化

$\Delta\hat{E},\Delta\hat{E}(t_i^{\hat{R}})$	单位迹线离散点的有效蒸发量
$\Delta P,\Delta P(t_i^{\hat{R}})$	单位迹线离散点的降水量
$G,G(\mathbf{V},\mathbf{E})$	图,水汽输送网络
$\mathbf{V}$	顶点集
$\mathbf{E}$	边集
v,v_i	顶点
$s,s(v)$	顶点的权重
$e,e_i,e_{i,j}$	边
$w,w(e)$	边的权重
$d,d(v)$	顶点的度
$d^+,d^+(v)$	顶点的入度
$d^-,d^-(v)$	顶点的出度
$\mathfrak{B}$	单位迹线离散点的集合
$(t_i^{\hat{R}},t_{i+1}^{\hat{R}})$	单位迹线的离散区间
$\mathfrak{B}^2$	单位迹线离散区间的集合
$x(v)$	顶点的经度
$y(v)$	顶点的纬度
$e_{i-1,i}^{\hat{R}}$	迹线离散区间对应的边
$v(t_i^{\hat{R}})$	迹线离散点对应的顶点
$\Delta\hat{E}(v)$	顶点的有效蒸发量
$\Delta P(v)$	顶点的降水量
$\Delta w(v)$	顶点的出度与入度之差
$w^{\hat{R}}(e)$	单位迹线对边权重的贡献
V,V_i,V_c	水汽输送网络中的区域
V^*	空中流域
$s(V_c)$	区域的面积
W	空中流域之间的水汽输送量
g	最大面积比
k	流域数量
ε	平衡因子
$P,P(G,k,g)$	空中流域的划分
$\overline{w},\overline{w}(P)$	边平均水汽交换量

图书在版编目(CIP)数据

空中水资源的输移与转化 / 李铁键等著.
—武汉：长江出版社，2019.10
（三江源科学研究丛书）
ISBN 978-7-5492-6722-4

Ⅰ.①空… Ⅱ.①李… Ⅲ.①雨水资源—研究 Ⅳ.
①TV21

中国版本图书馆 CIP 数据核字(2019)第 233893 号

空中水资源的输移与转化　　李铁键 等著

责任编辑：高婕妤
装帧设计：刘斯佳
出版发行：长江出版社
地　　址：武汉市解放大道 1863 号　　**邮　　编**：430010
网　　址：http://www.cjpress.com.cn
电　　话：(027)82926557（总编室）
(027)82926806（市场营销部）
经　　销：各地新华书店
印　　刷：武汉精一佳印刷有限公司
规　　格：787mm×1092mm　1/16　13.25 印张 8 页彩页　320 千字
版　　次：2019 年 10 月第 1 版　2019 年 11 月第 1 次印刷
ISBN 978-7-5492-6722-4
定　　价：68.00 元